普通高等院校计算机基础教育"十四五"系列教材

U0180513

# 大学信息技术基础

## （第二版）

汪钰斌　袁黎晖◎主　编

徐颖慧◎副主编

马朝圣◎主　审

中国铁道出版社有限公司

CHINA RAILWAY PUBLISHING HOUSE CO., LTD.

# 内 容 简 介

本书以教育部高等学校大学计算机课程教学指导委员会编制的《大学计算机基础课程教学基本要求》为指导，根据目前计算机的实际应用、人们对知识的认知规律及编者的教学经验而编写，精心汇集了计算机知识中的重要知识点和使用计算机的方法与具体步骤，帮助学生有效提高计算机的知识水平和应用能力。

本书共分七章，采用"功能介绍""问题驱动""实例操作"相结合的形式组织内容，从软件界面、专业名词介绍开始，通过案例引导知识点与实践相结合，让学生灵活掌握软件的使用。本书以办公软件 Office 2016 为基础，系统地讲述了文字处理软件 Word 2016、电子表格处理软件 Excel 2016、演示文稿制作软件 PowerPoint 2016 的应用，计算机网络与安全以及移动互联网知识。每章均配有一定量的习题，供学生加深理解和掌握相关内容。

本书适合作为普通高等院校应用型本科大学计算机基础课程的教材，也可以作为 Office 系列软件培训教材，还可供计算机爱好者参考。

## 图书在版编目（CIP）数据

大学信息技术基础 / 汪钰斌，袁黎晖主编 .—2 版 .—北京：中国铁道出版社有限公司，2023.8（2024.8重印）

普通高等院校计算机基础教育"十四五"系列教材

ISBN 978-7-113-30416-4

Ⅰ.①大⋯ Ⅱ.①汪⋯ ②袁⋯ Ⅲ.①电子计算机 - 高等学校 -教材 Ⅳ.① TP3

中国国家版本馆 CIP 数据核字（2023）第 147175 号

书　　名：大学信息技术基础
作　　者：汪钰斌　袁黎晖

策　　划：曹莉群　　　　　　　　　　　　编辑部电话：（010）51873202
责任编辑：刘丽丽　徐盼欣
封面设计：尚明龙
责任校对：苗　丹
责任印制：樊启鹏

出版发行：中国铁道出版社有限公司（100054，北京市西城区右安门西街 8 号）
网　　址：https://www.tdpress.com/51eds/
印　　刷：河北京平诚乾印刷有限公司
版　　次：2020 年 8 月第 1 版　2023 年 8 月第 2 版　2024 年 8 月第 2 次印刷
开　　本：787 mm×1 092 mm 1/16　印张：16.5　字数：401 千
书　　号：ISBN 978-7-113-30416-4
定　　价：52.00 元

# 前　言

党的二十大报告对推动高质量发展作出一系列部署，明确提出建设现代化产业体系。要求加快建设制造强国、质量强国、航天强国、交通强国、网络强国、数字中国。其中，加快建设网络强国、数字中国是顺应信息革命潮流的战略选择。加快信息化发展、推动数字化转型成为抢占先机、赢得未来的必然选择。

近年来，我国超级计算机、高性能隐形飞机、航天事业等方面都取得了重大发展。5G 宽带移动上网、网络搜索引擎等现代科学技术，也已经在各个方面影响着人们的工作与生活。以计算机、微电子和通信技术为特征的当今社会，离不开具备信息技术、计算机应用能力和素养的人才。因此，计算机技术基础教学应从传统知识型、研究型教学转变到注重培养提高学生应用能力和素养上来。

本书第一版自 2020 年出版以来，被普通高等院校选作教材，教学效果良好，受到了广大师生的喜爱。为适应新时代的教学需求，本书在第一版的基础上进行了修订，更新了信息技术、软硬件发展、教学案例等内容。

本次修订仍以教育部高等学校大学计算机课程教学指导委员会编制的《大学计算机基础课程教学基本要求》为指导，根据目前计算机的实际应用、人们对知识的认知规律及编者的教学经验，特别针对应用型本科的教学特点组织编写，比高职教材更具知识性，比研究型本科教材更具应用性，对知识性、应用性做了平衡优化处理，精心汇集了重要的计算机知识点和使用计算机的方法与具体步骤，帮助学生有效提高计算机的知识水平和计算机的应用能力。

本书保留第一版的编写架构，分七章，采用"功能介绍""问题驱动""实例操作"相结合的形式组织内容，从软件界面、专业名词介绍开始，通过案例引导知识点与实践相结合，让学生灵活掌握软件的使用。本书以办公软件 Office 2016 为基础，系统地讲述了文字处理软件 Word 2016、电子表格处理软件 Excel 2016、演示文稿制作软件 PowerPoint 2016 的应用、计算机网络与安全以及移动互联网知识。每章均配有一定量的习题，供学生加深理解和掌握相关内容。

本书特色如下：

① 教学内容与当前国家、社会就业市场需求紧密结合。

② 突出实用性，强调"技能"，面向问题，面向应用。

③ 应用性和概念性内容与时俱进，具有先进性。

④ 知识内容模块化组织，可供不同院校根据专业需求进行选用，具有良好的教学适用性，文理兼顾。

⑤ 在编写中既注重了各知识点的特点，又加强了知识之间的相互渗透，能提高学生综合利用现有软件解决实际问题的能力。

本书建议安排 48 个学时，其中 24 个学时为理论教学，24 个学时为实践上机操作。

本书由江西农业大学南昌商学院计算机教研室的教师联合编写，汪钰斌、袁黎晖任主编，徐颖慧任副主编。第 1 章由袁黎晖编写，第 2 章由徐颖慧编写，第 3、4 章由汪钰斌编写，第 5 ～ 7 章由袁黎晖编写。全书由马朝圣主审。本书的编写获得江西农业大学南昌商学院教材建设立项资助，属于农商书系。

本书案例中所使用的人名、电话号码、通信地址等均为虚构。

由于编写时间仓促，书中疏漏之处在所难免，敬请读者提出宝贵意见！

编　者

2023 年 4 月

# 目 录

# 第1章

## 计算机基础知识

21世纪是一个崭新的信息化时代。在信息社会中，信息是一种像材料和能源一样重要的资源，以开发和利用信息资源为目的的信息技术的发展彻底改变了人们工作、学习和生活的方式。在这一改变中，计算机起到了举足轻重的作用，无论是从信息的获取和存储，还是从信息的加工、传输和发布来看，计算机都是名副其实的信息处理机，是信息社会的重要支柱。为了更有效地传输和处理信息，计算机网络应运而生。

## ▌1.1　信息与计算机

随着计算机技术的发展，计算机应用已渗透到人们的工作和生活中。本节讨论信息和信息技术相关的基础知识、计算机的发展及其主要应用领域、因特网的发展及其主要应用领域。

### 1.1.1　信息与信息技术

#### 1. 信息

当今社会是信息社会，人们都在谈论信息，那什么是"信息"呢？对于信息，目前尚无统一的定义。从不同的角度和不同的层次出发，信息可以有许多不同的解释。

广义地说，信息就是消息。一切存在都是信息。对人类而言，人的感官生来就是为了感受信息的，它们是信息的接收器，它们所感受到的一切都是信息，读过的书，听到的音乐，看到的事物，想到或感受到的事情，都是信息。

不过，人们一般说到的信息多指信息的交流。信息还可被存储和使用。

还可以认为，信息就是经过加工后的数据，它对接收者的决策或行为有现实或潜在的价值。信息的表达是以数据为基础的，根据不同的目的，可以从原始数据中得到不同的信息。例如，10%是一项数据，但这一数据除了数字上的意义外，并不表示任何内容，而"股票涨了10%"对接收者而言是有意义的，"股票涨了10%"不仅仅有数据，更重要的是对数据有一定的解释，从而使接收者得到了股票信息。虽然信息都是从数据中提取的，但并非一切数据都能产生信息。

#### 2. 信息技术

信息技术（information technology，IT）是研究信息的获取、传输、存储、处理和应用的工程技术。

在远古时代，人类靠感觉器官来获取信息，用语言和动作表达、传递信息，用大脑存储和处理信息。在发明文字、造纸术和印刷术之后，人类利用文字、书籍来传递信息。19世纪末，电报、电话的诞生扩大了人们信息交流的空间，缩短了信息交流的时间。20世纪，随着无线电技术、电子计算机技术和网络通信技术的发展，人类传输和处理信息的能力得到极大的提高，能够利用收音机收听新闻，通过电视机收看节目，用传真机传送图文资料，在计算机网络上检索信息、进行远程教育等。

信息技术主要包括传感技术、通信技术、计算机技术和缩微技术等。传感技术的任务是延长人的器官收集信息的功能；通信技术的任务是延长人的神经系统传递信息的功能；计算机技术的任务是延长人的思维器官处理信息和决策的功能；缩微技术的任务是延长人的记忆器官存储信息的功能。当然，这种划分只是相对的、大致的，没有明确的界限。

## 1.1.2　信息社会与信息素养

### 1. 信息社会

物质、能源和信息是现代社会发展的三大基本要素。物质可以被加工成材料，能源可以被转化为动力，信息则可以被提炼为知识和智慧。

信息化是社会生产力发展的必然趋势。信息化是指在信息技术的驱动下，由以传统工业为主的社会向以信息产业为主的社会演进的过程，是培育、发展以计算机为主的智能化工具为代表的新生产力，并使之造福于社会的历史过程。信息社会是信息化的必然结果。

信息社会也称信息化社会，一般是指这样一种社会：信息产业高度发达且在产业结构中占据优势，信息技术高度发展且在社会经济发展中广泛应用，信息资源充分开发利用且成为经济增长的基本资源。在这个社会里，信息是人类赖以生存和发展的重要资源，各种各样的"信息"无处不在，几乎覆盖了现代社会的所有领域。计算机网络的普及和"信息高速公路"的建设，彻底改变了人们的生活、学习和工作方式。

### 2. 信息素养

在飞速发展的信息时代，信息日益成为社会各领域中最活跃、最具有决定意义的因素之一，基本的学习能力实际上体现为对信息资源的获取、加工、处理以及对信息工具的掌握和使用等，其中还涉及信息伦理、信息意识等。开展信息教育、培养学习者的信息意识和信息能力成为当前教育改革的必然趋势。

在这样的背景下，信息素养（information literacy）正在引起世界各国越来越广泛的重视，并逐渐加入从小学到大学的教育、目标与评价体系之中，成为评价人才综合素质的一项重要指标。

信息素养这一概念是美国信息产业协会主席保罗·泽考斯基（Paul Zurkowski）于1974年提出的。1989年，美国图书馆协会下属的"信息素养总统委员会"正式给信息素养下的定义为："要成为一个有信息素养的人，他必须能够确定何时需要信息，并已具有检索、评价和有效使用所需信息的能力。"

1998年，美国图书馆协会和美国教育传播与技术协会制定了学生学习的九大信息素养标准：能够有效地和高效地获取信息，能够熟练地、批判性地评价信息，能够精确地、创造性地使用信息，能探求与个人兴趣有关的信息，能欣赏对信息进行创造性表达的内容，能力争在信息查询和知识创新中做得最好，能认识信息对社会的重要性，能履行与信息和信息技术相关的符合伦理道德的行为规范，能积极参与活动来探求和创建信息。

完整的信息素养应包括文化素养（知识层面）、信息意识（意识层面）、信息技能（技术层面）三个层面。

信息素养不仅包括诸如信息的获取、检索、表达、交流等技能，还包括以独立学习的态度和方法，将已获得的信息用于信息问题解决、进行创新性思维的综合的信息能力。

信息素养的教育注重知识的更新，而知识的更新是通过对信息的加工得以实现的。因此，把纷杂无序的信息转化成有序的知识，是教育适应现代化社会发展需求的当务之急，是培养信息素养需首要解决的问题，即文化素养与信息意识的关系问题。

## 1.1.3　信息处理的历史与计算机

### 1. 信息处理的历史

人类在认识世界和改造世界的过程中，认识了信息，利用了信息，并且发展了信息。在人类的整个历史发展中，信息处理工具和手段的每一次革命性的变革，都给人类利用信息的过程和效果带来了飞跃式的进步，从而对人类社会的发展产生巨大的推动力，这就是信息革命。纵观人类社会信息处理的历史过程，可将其分为四个阶段。

（1）信息处理的原始阶段

语言是思维的工具，也是传播信息的工具。信息处理的原始阶段是指人类大脑器官思维能力及其表达能力——语言的形成。语言的产生促进了大脑的发展，最终使人同动物彻底区别和分离开来。人类利用大脑存储信息，使用语言交流和传播信息，标志着人类信息活动范围和效率的飞跃性提高，人类的信息活动从具体走向抽象。

（2）信息处理的手工阶段

文字的产生和使用是一次信息载体和传播手段的重要革命。文字是由于人们记载、传递及交流信息的需要而产生的。人类使用文字可记载自然变化、生产活动、生活经验和历史变革等信息，促进了信息的大量积累和广泛传播，实现了信息由声音传播转变为物质传播，使信息的传播超越了时间和地域的局限，从而使信息可以传播得更久更远。与此同时，纸张的产生和印刷术的进步使信息记载和信息传递有了很好的载体，使书籍和报刊成为信息存储和传播的重要媒介，使人类信息传递的速度和范围急剧地扩展，人类信息存储能力进一步增强，并初步实现了广泛的信息共享，极大地提高了人类交流信息的水平。

（3）信息处理的机电阶段

以蒸汽机的出现为标志，工业革命开创了一个全新的时代。工业革命的思想和技术在信息处理方面同样产生了一系列成果。始于19世纪30年代的电报、电话、广播、电视的发明和普及应用，是人类信息传播手段的又一次伟大革命。电报和电话的发明无疑是人类信息传播史上的一个杰出的贡献，使得人们即使相距千里也能快速地相互传递信息，大大缩短了人们交流信息的时空界限，提高了时间、距离的利用率。

（4）信息处理的现代阶段

始于20世纪40年代的电子计算机、现代通信技术和控制技术的发展和应用，对人类社会产生了空前的影响，使信息数字化成为可能，信息产业应运而生。电子计算机的出现是信息革命的一个最重要的标志。计算机以处理速度快、存储容量大、计算精度高和通用性强等特点，扩大和延伸了人脑的思维功能。计算机作为信息处理工具，在信息的存储、交流和传播方面，是目前任何其他技术都无法与之相比的。现代通信技术的出现是信息革命的第二个重要的标志，全球性的通信网络使人类信息的交流和传播在时间和空间上大大缩短，消除了距离的限制，加快了信息交流的速度，实现了文字、图像及声音等多媒体信息的高速传递和处理。

### 2. 计算机的发展

现代计算机孕育于英国、诞生于美国。1936年，英国科学家图灵向伦敦权威的数学杂志投了一篇论文。在这篇开创性的论文中，图灵提出了"图灵机"（Turing machine）的设想。"图灵机"不是一种具体的机器，而是一种理论模型，可用来制造一种十分简单但运算能力极强的计算装置。正是因为图灵奠定的理论基础，人们才有可能发明20世纪以来最伟大的发明之一——计算机。因此人们称图灵为"计算机理论之父"。

世界上第一台计算机是阿塔纳索夫 - 贝瑞计算机（通常简称ABC计算机）。世界上第二台计算机和第一台通用计算机于1946年2月15日在美国宾夕法尼亚大学正式投入运行，它的名称为埃尼阿克（ENIAC），全称为electronic numerical integrator and computer，即电子数字积分计算机，如图1-1所示。它的功率为150 kW，占地170 m$^2$，质量达30 t，每秒可进行5 000次加法运算。虽然它的功能还比不上今天最普通的一台微型计算机，但在当时它已是运算速度的绝对冠军，并且其运算的精确度和准确度也是史无前例的。以圆周率（π）的计算为例，中国古代科学家祖冲之利用算筹，耗费多年心血，才把圆周率计算到小数点后7位数。一千多年后，英国人香克斯以毕生精力计算圆周率，才计算到小数点后707位。而使用ENIAC进行计算，仅用了40 s就达到了这个记录，还发现香克斯的计算中，第528位是错误的。ENIAC奠定了电子计算机的发展基础，开辟了一个计算机科学技术的新纪元。

图 1-1　第一台通用电子数字积分计算机 ENIAC

ENIAC诞生后短短的几十年间，计算机的发展突飞猛进。计算机所用的主要电子器件相继使用了真空电子管，晶体管，中、小规模集成电路和大规模、超大规模集成电路，引起计算机的几次更新换代。每次更新换代都使计算机的体积和耗电量大大减少，功能大大增强，应用领域进一步拓宽。

（1）计算机的发展史

① 从第一台电子计算机的出现直至20世纪50年代后期，这一时期的计算机属于第一代计算机，其重要特点是采用真空电子管作为主要的电子器件。它体积大、能耗高、速度慢、容量小、价格昂贵，应用仅限于科学计算和军事目的。

② 20世纪50年代后期到60年代中期出现的第二代计算机采用晶体管作为主要的电子器件，计算机的应用领域从科学计算扩展到了事务处理。与第一代计算机相比，晶体管计算机的优点是体积小、成本低、功能强、可靠性高。

③ 1958年，世界上第一个集成电路（integrated circuit，IC）诞生了，它包括一个晶体管、两个电阻和一个电阻与电容的组合。集成电路在一块小小的硅片上，可以集成上百万个电子器件，因此人们常把它称为芯片。1964年4月，IBM公司推出了IBM 360计算机，标志着使用中、小规模集成电路的第三代计算机的诞生。

④ 在1967年和1977年，分别出现了大规模集成电路和超大规模集成电路，并在20世纪70年代中期在计算机上得到了应用。由大规模、超大规模集成电路作为主要电子器件的计算机称为第四代计算机。

⑤ 当代计算机的特点是高度集成电路的微型化，带来了全新的电子应用，但这是否是所谓的"第五代计算机"一直没有定论。但有一点是比较得到公认的：下一代计算机是以"人工智能"为技术标志，是一种更接近于人的人工智能计算机，如对自然语言的理解。尽管在许多新的操作系统中（如Windows操作系统）中使用了"自然语言查询"，但基本上不认为是"人工智能"。第五代计算机应该是能"思考"的计算机，能帮助人进行推理、判断，具有逻辑思维能力。

第五代计算机是指具有人工智能的新一代计算机，它具有推理、联想、判断、决策、学习等功能。计算机的发展将在什么时候进入第五代？什么是第五代计算机？对于这样的问题，当前并没有一个明确统一的说法。

但有一点可以肯定，在未来社会中，计算机、网络、通信技术将会三位一体化。未来，计算机将把人从重复、枯燥的信息处理中解脱出来，从而改变人们的工作、生活和学习方式，给人类和社会拓展了更大的生存和发展空间。

（2）未来的计算机

① 能识别自然语言的计算机。未来的计算机将在模式识别、语言处理、句式分析和语义分析的综合处理能力上获得重大突破。它可以识别孤立单词、连续单词、连续语言和特定或非特定对象的自然语言（包括口语）。今后，人类将越来越多地同机器对话。他们将向个人计算机"口授"信件，同洗衣机"讨论"保护衣物的程序，或者用语言"制服"不听话的录音机。键盘和鼠标的时代或将渐渐结束。

② 高速超导计算机。高速超导计算机的耗电仅为半导体器件计算机的几千分之一，它执行一条指令只需十亿分之一秒，比半导体元件快几十倍。以目前的技术制出的超导计算机的集成电路芯片只有3～5 $mm^2$大小。

③ 激光计算机。激光计算机是利用激光作为载体进行信息处理的计算机，又称光脑，其运

算速度将比普通的电子计算机至少快 1 000 倍。它依靠激光束进入由反射镜和透镜组成的阵列中来对信息进行处理。

与电子计算机相似之处是，激光计算机也靠一系列逻辑操作来处理和解决问题。光束在一般条件下互不干扰的特性，使得激光计算机能够在极小的空间内开辟很多平行的信息通道，密度大得惊人。一块截面相当于硬币大小的棱镜，其通过能力就远超全球现有全部电缆。

④ 分子计算机。分子计算机正在酝酿。美国惠普公司和加州大学 1999 年 7 月 16 日宣布成功研制出分子计算机中的逻辑门电路，其线宽只有几个原子直径之和。分子计算机的运算速度是目前计算机的 1 000 亿倍，最终可能会取代硅芯片计算机。

⑤ 量子计算机。量子力学证明，个体光子通常不相互作用，但是当它们与光学谐腔内的原子聚在一起时，相互之间会产生强烈影响。光子的这种特性可用来发展量子力学效应的信息处理器件——光学量子逻辑门，进而制造量子计算机。量子计算机利用原子的多重自旋进行。量子计算机可以在量子位上计算，可以在 0 和 1 之间计算。在理论方面，量子计算机的性能能够超过任何可以想象的标准计算机。

⑥ DNA 计算机。科学家研究发现，脱氧核糖核酸（deoxyribonucleic acid，DNA）有一种特性，能够携带生物体的大量基因物质。数学家、生物学家、化学家以及计算机专家从中得到启迪，正在合作研究制造未来的液体 DNA 计算机。这种 DNA 计算机的工作原理是以瞬间发生的化学反应为基础，通过和酶的相互作用，将发生过程进行分子编码，把二进制数翻译成遗传密码的片段，每一个片段就是双螺旋的一个链，然后对问题以新的 DNA 编码形式加以解答。

和普通的计算机相比，DNA 计算机的优点是体积小，但存储的信息量却超过现在世界上所有的计算机。

⑦ 神经元计算机。人类神经网络的强大与神奇是人所共知的。将来，人们将制造能够完成类似人脑功能的计算机系统，即神经元计算机。神经元计算机最有前途的应用领域是国防，它可以识别物体和目标，处理复杂的雷达信号，决定要击毁的目标。神经元计算机的联想式信息存储、对学习的自然适应性、数据处理中的平行重复现象等性能都将非常有效。

⑧ 生物计算机。生物计算机主要是以生物电子元件构建的计算机。它利用蛋白质的开关特性，用蛋白质分子作元件从而制成生物芯片。其性能是由元件与元件之间电流启闭的开关速度来决定的。用蛋白质制成的计算机芯片，它的一个存储点只有一个分子大小，所以它的存储容量可以达到普通计算机的十亿倍。由蛋白质构成的集成电路，其大小只相当于硅片集成电路的十万分之一。而且其运行速度更快，大大超过人脑的思维速度。

未来计算机的技术：

① 芯片级节能技术。芯片级节能技术主要包括 CPU 功耗控制、CPU 频率调整和专用低功耗部件。CPU 加工工艺的不断提升、多核及 CPU 中集成内存控制器，在提高性能的同时，降低了主板芯片组的功耗。另外，通过降低电压和频率，也可以降低 CPU 的动态功耗。在 CPU 功耗控制方面，有 Intel 推出的动态功耗节点管理器（dynamic node management）是一个内嵌于英特尔服务器芯片组的带外功率管理策略引擎。它与 BIOS 和操作系统功耗管理协作，动态地调整平台功耗，从而实现服务器性能/功耗的最大化。在专用低功耗部件研究方面，有上海澜起公司研发的高级内存缓存 AMB 芯片、SSD 固态电子硬盘等技术与产品。

② 基础架构级节能技术。基础架构级节能技术主要包括液冷、存储制冷、高效能电源、高效能散热冷却等诸多技术。

高效能散热冷却技术包括研究效率更高的散热方式和性能更好的冷却设备，如 HP PARSEC 体系结构、IBM 的机房冷却系统等。存储制冷（stored cooling）指预先基于制冷设备存储部分制冷能力，在需要时再有效释放，类似电池的储电功能，如 IBM 基于存储冷却技术的机房冷却方案。液冷技术包括水冷及液态金属制冷，由于其导热能力强并且热容更大，因此能够更快地缓解负载突变造成的散热压力并吸收更多的热量，在当前大型计算机中使用越来越普遍，如 IBM CoolBlue 机柜系统。

③ 系统级节能技术。在解决功耗方面，除采用上述 CPU 功耗控制、CPU 工作频率调整、液体冷却、低功耗专用芯片、芯片级冷却等技术以外，学术界和企业界也在研究系统级节能技术和产品，包括：基于负载情况动态调整系统状态、实施部分节点或部件的休眠；根据各进程能耗的不同对 CPU 任务队列进行调整，如将一些产生较多热量的任务从温度较高的 CPU 迁移到温度较低的 CPU，从而实现能耗的均衡。例如，国家高性能计算机工程技术研究中心开发的自适应功耗管理系统，可实现基于能效的作业调度策略。IBM PowerExecutive 允许用户"计量"任何单一物理系统或一组物理系统的实际电力使用数据和趋势数据，并可对实际用电量进行监视，在系统、机箱或机架层次上对数据中心中的电耗和热耗进行有效分配。

3. 计算机的特点

（1）处理速度快

处理速度是计算机的一个重要性能指标。计算机的处理速度可以用每秒执行加法的次数来衡量。计算机的运算速度已由早期的每秒几千次发展到现在的最高可达每秒几千亿次乃至万亿次。计算机的高速处理能力极大地提高了工作效率，把人们从浩繁的脑力劳动中解放出来。过去用人工很久才能完成的运算，计算机在"瞬间"即可完成。这是计算机广泛使用的主要原因之一。

（2）运算精度高

科学研究和工程设计对运算结果的精度有很高的要求。计算机对数据结果的精度可达到十几位、几十位有效数字，根据需要甚至可达到任意的精度。

（3）存储能力强

计算机可以存储大量信息，这使计算机具有了"记忆"的功能。今天没有做完的工作，可以放到计算机中"记忆"，明天再继续进行。这为人们提供了很大的便利。

（4）具有逻辑判断能力

计算机除了能够完成基本的算术运算外，还具有进行比较、判断等逻辑运算的能力。这种能力是计算机处理逻辑推理问题、实现信息处理自动化的前提。

（5）可靠性高

由于采用了集成电路技术，因此计算机具有非常高的可靠性，可以连续无故障地运行几个月甚至几年。

4. 计算机的分类

根据计算机用途的不同，可以将计算机分为通用计算机和专用计算机。通用计算机能解决多种类型的问题，应用领域广泛；专用计算机用于解决某个特定方面的问题，如火箭上使用的计算机就是专用计算机。

根据计算机处理对象的不同，可以将计算机分为数字计算机、模拟计算机和数字模拟混合计算机。数字计算机的输入/输出都是离散的数字量；模拟计算机直接处理连续的模拟量，如电压、温度、速度等；数字模拟混合计算机的输入/输出既可以是数字量也可以是模拟量。

通用计算机按其综合性能可以分为巨型计算机、大型计算机、中型计算机、小型计算机、微型计算机、单片计算机以及工作站。

巨型计算机主要用于解决大型的、复杂的问题，巨型计算机已成为衡量一个国家经济实力和科技水平的重要标志；单片计算机只由一块集成电路芯片构成，主要应用于家用电器等方面；综合性能介于巨型计算机和单片计算机之间的大型计算机、中型计算机、小型计算机和微型计算机的综合性能依次递减；工作站既具有大、中、小型计算机的性能，又有微型计算机的操作简便和良好的人机界面，最突出的特点是图形图像处理能力强，在工程领域，特别是计算机辅助设计领域得到了广泛应用。

一般所说的计算机是指电子数字通用计算机。

5. 计算机的应用

自计算机诞生以来，人们一直在探索计算机的应用模式，尝试着利用计算机去解决各领域中的问题。归纳起来，计算机的应用主要有以下几方面：

（1）科学计算

科学计算又称数值计算，是指用计算机来解决科学研究和工程技术中所提出的复杂的数学问题。早期的计算机主要用于科学计算。目前，科学计算仍然是计算机应用的一个重要领域，如高能物理、工程设计、地震预测、气象预报、航天技术等。由于计算机具有高运算速度和精度，以及逻辑判断能力，因此出现了计算力学、计算物理、计算化学、生物控制论等新的学科。

（2）信息处理

信息处理又称数据处理或事务处理。信息处理是目前计算机应用最广泛的一个领域。人们利用计算机进行信息的收集、存储、加工、分类、检索、传输和发布，最终目的是将信息资源作为管理和决策的依据。许多机构纷纷建设自己的管理信息系统（management information system，MIS），办公自动化（office automation，OA）就是计算机信息处理的典型应用。生产企业也开始采用制造资源规划软件（material resource planning，MRP），商业流通领域则逐步使用电子数据交换系统（electronic data interchange，EDI），即无纸贸易。目前，计算机在信息处理方面的应用占所有应用的80%左右。

（3）自动控制

自动控制是指利用计算机对动态的过程进行控制、指挥和协调。用于自动控制的计算机要求可靠性高、响应及时。计算机先将模拟量（如电压、温度、速度、压力等）转换成数字量，然后进行处理，计算机处理后输出的数字量再经过转换，变成模拟量去控制对象。

（4）计算机辅助系统

计算机辅助系统有计算机辅助设计（computer aided design，CAD）、计算机辅助制造（computer aided manufacturing，CAM）、计算机辅助测试（computer aided test，CAT）、计算机

集成制造系统（computer integrated manufacturing systems，CIMS）和计算机辅助教学（computer aided instruction，CAI）等。

① 计算机辅助设计是指利用计算机来帮助设计人员进行产品设计。

② 计算机辅助制造是指利用计算机进行生产设备的管理、控制和操作。

③ 计算机辅助测试是指利用计算机来进行自动化的测试工作。

④ 计算机集成制造系统是指借助计算机软硬件，综合运用现代管理技术、制造技术、信息技术、自动化技术、系统工程技术，将企业生产全过程中有关的人和组织、技术、经营管理三要素与其信息流、物流有机地集成并优化运行，实现企业整体优化，从而使企业赢得市场竞争。

⑤ 计算机辅助教学是将计算机所具有的功能用于教学的一种教学形态。在教学活动中，利用计算机的交互性传递教学过程中的教学信息，达到教育目的，完成教学任务。计算机直接介入教学过程，并承担教学中某些环节的任务，从而达到提高教学效果、减轻师生负担的目的。

（5）人工智能

人工智能（artificial intelligence，AI）又称智械、机器智能，是指由人制造出来的机器所表现出来的智能。通常，人工智能是指通过普通计算机程序来呈现人类智能的技术。人工智能于一般教材中的定义领域是"智能主体（intelligent agent）的研究与设计"，智能主体是指一个可以观察周遭环境并做出行动以达到目标的系统。约翰•麦卡锡于1955年的定义是"制造智能机器的科学与工程"。安德里亚斯•卡普兰（Andreas Kaplan）和迈克尔•海恩莱因（Michael Haenlein）将人工智能定义为"系统正确解释外部数据，从这些数据中学习，并利用这些知识通过灵活适应实现特定目标和任务的能力"。人工智能的研究是高度技术性和专业的，各分支领域都是深入且各不相通的，因而涉及范围极广。

人工智能的核心问题包括建构能够跟人类似的推理、知识、规划、学习、交流、感知、移物、使用工具和操控机械的能力等。当前大量的工具应用了人工智能，包括搜索和数学优化、逻辑推演。而基于仿生学、认知心理学，以及基于概率论和经济学的算法等也在逐步探索当中。

## 1.1.4　信息的表示

### 1. 二进制数字表示

在十进制系统中有10个数：0、1、2、3、4、5、6、7、8、9；而在二进制系统中只有两个数：0和1。

无论是什么类型的信息，在计算机内部都采用了二进制形式来表示，包括数字、文本、图形、图像以及声音、视频等一切信息。

在计算机中，之所以使用二进制数，而不使用人们习惯的十进制数，原因如下：

① 二进制数在物理上最容易实现。因为具有两种稳定状态的电子器件是很多的，如电压的"低"与"高"，恰好可以表示为0和1。假如采用十进制数，要制造具有10种稳定状态的电子器件是非常困难的。

② 二进制数运算简单。采用十进制数，有55种求和与求积的运算规则，而二进制数仅有

三种，因而简化了计算机的设计。

③ 二进制数的0和1正好与逻辑命题的两个值"否"和"是"（或称"假"和"真"）相对应，为计算机实现逻辑运算和逻辑判断提供了便利的条件。

尽管计算机内部均用二进制数来表示各种信息，但计算机与外部的交往仍采用人们熟悉和便于阅读的形式，其间的转换由计算机系统来实现。

### 2. 信息存储单位

（1）位（bit）

位是计算机内部存储信息的最小单位。一个二进制位只能表示0或1，要想表示更大的数，就得把更多的位组合起来。

（2）字节（byte）

字节是计算机内部存储信息的基本单位。一个字节由8个二进制位组成，即1 B=8 bit。

在计算机中，其他经常使用的信息存储单位还有：千字节（kilobyte，KB）、兆字节（megabyte，MB）、吉字节（gigabyte，GB）和太字节（terabyte，TB），其中1 KB = 1 024 B，1 MB=1 024 KB，1 GB = 1 024 MB，1 TB = 1 024 GB。

（3）字（word）

一个字通常由若干字节组成，是计算机进行信息处理时一次存取、加工和传送的数据长度。字长是衡量计算机性能的一个重要指标，字长越长，计算机一次所能处理信息的实际位数就越多，运算精度就越高，最终表现为计算机的处理速度越快。常用的字长有8位、16位、32位和64位等。

### 3. 非数字信息的表示

文本、图形、图像、声音之类的信息，称为非数字信息。在计算机中用得最多的非数字信息是文本字符。由于计算机只能够处理二进制数，这就需要用二进制的0和1按照一定的规则对各种字符进行编码。

计算机内部按照一定的规则表示西文或中文字符的二进制编码称为机内码。

（1）字符与编码的发展

从计算机对多国语言的支持角度看，字符与编码的发展大致可以分为三个阶段，见表1-1。

表1-1　字符与编码的发展阶段

| 阶　段 | 系统内码 | 说　　明 | 系统示例 |
|---|---|---|---|
| 阶段1 | ASCII码 | 计算机刚开始只支持英语，其他语言不能在计算机上存储和显示 | 英文DOS |
| 阶段2 | ANSI编码（本地化） | 为使计算机支持更多语言，通常使用0x80~0xFF范围的2个字节来表示1个字符。比如，汉字"中"在中文操作系统中，使用[0xD6,0xD0]这两个字节存储。<br><br>不同的国家和地区制定了不同的标准，由此产生了GB 2312、BIG5、JIS等各自的编码标准。这些使用2个字节来代表一个字符的各种汉字延伸编码方式，称为ANSI编码。在简体中文系统下，ANSI编码代表GB 2312编码，在日文操作系统下，ANSI编码代表JIS编码。<br><br>不同ANSI编码之间互不兼容，当信息在国际交流时，无法将属于两种语言的文字存储在同一段ANSI编码的文本中 | 中文DOS，中文Windows 95/98、日文Windows 95/98 |

| 阶　　段 | 系统内码 | 说　　明 | 系统示例 |
| --- | --- | --- | --- |
| 阶段 3 | Unicode（国际化） | 为了使国际信息交流更加方便，国际组织制定了 Unicode 字符集，为各种语言中的每一个字符设定了统一并且唯一的数字编号，以满足跨语言、跨平台进行文本转换、处理的要求 | Windows 10、Windows 11、Linux |

（2）常用的编码简介

常用的编码及说明见表1-2。

表 1-2　常用编码及说明

| 分　　类 | 编码标准 | 说　　明 |
| --- | --- | --- |
| 单字节字符编码 | ISO-8859-1 | 最简单的编码规则，每一个字节直接作为一个 Unicode 字符。比如，[0xD6，0xD0] 这两个字节，通过 ISO-8859-1 转化为字符串时，将直接得到 [0x00D6，0x00D0] 两个 Unicode 字符，即"ÖÐ"。反之，将 Unicode 字符串通过 ISO-8859-1 转化为字节串时，只能正常转化 0～255 范围的字符 |
| ANSI 编码 | GB 2312，BIG5，Shift_JIS，ISO-8859-2 … | 把 Unicode 字符串通过 ANSI 编码转化为字节串时，根据各自编码的规定，一个 Unicode 字符可能转化成一个字节或多个字节。反之，将字节串转化成字符串时，也可能多个字节转化成一个字符。比如，[0xD6，0xD0] 这两个字节，通过 GB 2312 转化为字符串时，将得到 [0x4E2D] 一个字符，即"中"字。<br>ANSI 编码的特点：①ANSI 编码标准都只能处理各自语言范围之内的 Unicode 字符；②Unicode 字符与转换出的字节之间的关系是人为规定的 |
| Unicode 编码 | UTF-8，UTF-16，UnicodeBig … | 与 ANSI 编码类似，把字符串通过 Unicode 编码转化成字节串时，一个 Unicode 字符可能转化成一个字节或多个字节。<br>与 ANSI 编码不同的是：①Unicode 编码能够处理所有的 Unicode 字符；②Unicode 字符与转换出的字节之间是可以通过计算得到的 |

实际上无须去深究每一种编码具体把某一个字符编码成了哪几个字节，只需要知道"编码"的概念就是把"字符"转化成"字节"即可。对于 Unicode 编码，由于它们是可以通过计算得到的，因此，在特殊的场合，可以去了解某一种 Unicode 编码是什么样的规则。

### 4. 信息转换

数字、文本、图形、图像、声音等各种各样的信息都可以在计算机内存储和处理，而计算机内表示它们的方法只有一个，就是采用二进制编码。不同的信息需要不同的编码方案，如西文字符和中文字符的编码。图形、图像、声音之类的信息编码和处理比字符信息要复杂得多。

计算机的外部信息需要经过某种转换变为二进制信息后，才能被计算机接收；同样，计算机的内部信息必须经过转换后才能恢复信息的"本来面目"。这种转换通常是由计算机自动实现的。

## 1.1.5　因特网

### 1. 因特网的含义

信息社会的基础是计算机和互联计算机的网络。计算机网络于 20 世纪 60 年代萌芽，于 70 年代兴起，于 80 年代继续发展和逐步完善，于 90 年代迎来了发展高潮。

因特网（Internet）作为当今世界上最大的计算机网络，将人们带入了一个完全信息化的时代，它正改变着人们的生活和工作方式。在信息社会里，人们必须学会在网络环境下使用计算机，通过网络进行交流，获取信息。

在英语中 Inter 的含义是"交互的"，net 是指"网络"。简单地讲，因特网是一个计算机交互网络，又称"网络中的网络"，它是一个全球性的巨大的计算机网络体系，把全球数万个甚至更多计算机网络、数千万台主机连接起来，包含了难以计数的信息资源，向全世界提供信息服务。因特网的出现，是世界从工业化走向信息化的必然和象征。今天的因特网已经远远超过了一个网络的含义，它是信息社会的一个缩影。

### 2. 因特网的应用

建立因特网的目的是共享信息，信息共享方式的不同也就代表不同的网络信息服务。这里简单介绍因特网信息服务的部分典型应用。

（1）信息浏览

WWW（world wide web，简称 Web）中文译作"万维网"，是因特网最主要的应用，对大多数用户来说，上网就是为了浏览 Web。用户通过一个称作浏览器（browser）的程序浏览 Web。微软的 Edge 是目前比较流行的浏览器，其他常见的浏览器还有 360 浏览器、傲游浏览器、Opera 浏览器等。

（2）信息检索

信息检索就是在因特网上检索所需要的信息。在因特网上检索信息需要利用现有的信息检索工具。搜索引擎（search engine）是一种信息检索工具。搜索引擎是因特网上的一些网站，它们有自己的数据库，分类保存了因特网上很多网页的信息，并且不断进行更新。用户搜索有关信息时实际上是借助于搜索引擎在这些特定的数据库中进行查询。常用的搜索引擎有百度等。

（3）E-mail

E-mail 即电子邮件，是使用因特网进行信息传递的主要途径之一。电子邮件和通过邮局收发的信件从功能上讲没有什么不同。它们都是一种信息载体，是用来帮助人们进行沟通的工具，只是实现方式有所不同。电子邮件是在计算机上编写，并通过因特网发送的信件。与普通信件相比，电子邮件不仅传递迅速，而且可靠性高，可以传送文字信息，也可以传送声音、图片等各种多媒体信息。

使用电子邮件的首要条件是要拥有一个电子邮箱。电子邮箱是指因特网上某台计算机为用户分配的专用于存放往来信件的磁盘存储区域，提供这种服务的计算机称为电子邮件服务器。因特网上有很多电子邮件服务器，并由专门提供电子邮政服务的机构建立和管理，它们就像一个个"邮局"，从用户计算机发出的电子邮件要经过多个诸如此类的"邮局"中转，才能到达最终目的地。电子邮箱地址组成为：用户名@电子邮件服务器名。表示以用户名命名的电子邮箱是建立在符号"@"后面说明的电子邮件服务器上，该服务器就是向用户提供电子邮政服务的"邮局"。例如，rabbit8848@163.com、12345678@qq.com。

（4）BBS

BBS（bulletin board system）的中文名称为"电子公告板"。在 BBS 中可以和陌生的朋友交流、和网友一起讨论各种感兴趣的问题、从热心人那里得到帮助，当然也可以为其他人提供自已掌握的信息。

像日常生活中的黑板报一样，BBS按不同的主题分成很多栏目。栏目的设立是以大多数BBS网友的要求和喜好为依据的。

（5）ICQ

ICQ俗称"网上寻呼机"，它是以色列Mirabilis公司1996年开发出的一种即时信息传输软件。ICQ可以即时传送文字信息、语音信息、视频聊天和发送文件等，判别网友是否在线，而且它还具有很强的"一体化"功能，可以将手机、电子邮件等多种通信方式集于一身。

要使用ICQ，必须安装ICQ软件，并注册申请一个ICQ号码。在开始使用前，必须先知道网友的ICQ号码，建立好友名单。只要一上网，ICQ即会自动工作，便可以与装好ICQ的网友一起在线上联络。

（6）微博

微博（Weibo），即微型博客（microblog）的简称，是一种通过关注机制分享简短实时信息的广播式的社交网络平台。微博包括新浪微博、腾讯微博、网易微博、搜狐微博等，但如若没有特别说明，微博就是指新浪微博。微博是一个基于用户关系信息分享、传播以及获取的平台。用户可以通过Web、Wap等各种客户端组建个人社区，以百余字（包括标点符号）的文字更新信息，可以发布图片、分享视频，并实现即时分享。微博的关注机制分为可单向、可双向两种。微博作为一种分享和交流平台，更注重时效性和随意性。微博客更能表达出每时每刻的思想和最新动态，而博客则更偏重于梳理自己在一段时间内的所见、所闻、所感。

微博有字数的长度限制，对于西文，以英文为例，一个英文单词加上空格平均也要五六个字符，而中文以双字词为主流，这样每条微博能够传达的信息量，就只有一条中文微博的1/3左右。如果用信息密度更低的语言（如西班牙语）写微博，所传达的信息量就更少了。

微博用户既可以作为观众，在微博上浏览感兴趣的信息；也可以作为发布者，在微博上发布内容供别人浏览。微博最大的特点就是：发布信息快速，信息传播的速度快。

相对于强调版面布置的博客来说，微博的内容组成只是由简单的只言片语组成，从这个角度来说，对用户的技术要求门槛很低，而且在语言的编排组织上要求没有博客那么高。其次，微博开通的多种应用程序编程接口（API）使得大量的用户可以通过手机、网络等方式来即时更新自己的个人信息。

微博网站即时通信功能非常强大，在有网络的地方，只要有智能手机就可即时更新自己的内容。

（7）微信

微信（Wechat）是腾讯公司于2011年1月21日推出的一个为智能终端提供即时通信服务的免费社交程序。微信支持跨通信运营商、跨操作系统平台通过网络快速发送免费（需消耗少量网络流量）语音短信、视频、图片和文字，也可以使用通过共享流媒体内容的资料和基于位置的社交插件（如"摇一摇""漂流瓶""朋友圈""公众平台""语音记事本"等）。

微信提供公众平台、朋友圈、消息推送等功能，用户可以通过"摇一摇""搜索号码""附近的人""扫二维码"等方式添加好友和关注公众平台，将内容分享给好友以及将看到的精彩内容分享到微信朋友圈。

微信的软件优势有：

① 跨平台：支持多平台，沟通无障碍。微信支持主流的智能操作系统，不同系统间互发信息畅通无阻。

② 轻松聊天：不透露信息是否已读，降低收信压力。

③ 图片压缩传输，节省流量。

④ 输入状态实时显示，带给用户手机聊天极速新体验。

⑤ 移动即时通信：楼层式消息对话使聊天简洁方便。

⑥ 和QQ相比，无好友在线状态、QQ空间动态等信息，更省流量。

## 1.1.6 大数据

### 1. 大数据的概念

大数据（big data），或称巨量资料，是指所涉及的资料量规模巨大到无法通过目前主流软件工具，在合理时间内达到采取、管理、处理并整理成为帮助企业经营决策的资讯。大数据及海量、高增长率和多样化的信息资产，以及对海量数据的利用，意味着能以完全不同的方式解决问题。大数据的特点可以用5V（volume、variety、velocity、value、vague）来概括。

（1）volume（大容量）

大容量是大数据区分于传统数据最显著的特征。传统的数据处理没有处理足量的数据，并不能发现很多数据潜在的价值。大数据时代，随着数据量和数据处理能力的提升，使从大量数据中挖掘出更多的数据价值变为可能。

（2）variety（多样性）

多样性主要是指大数据的结构属性。数据结构包括结构化、半结构化、"准"结构化和非结构化，如图1-2所示。

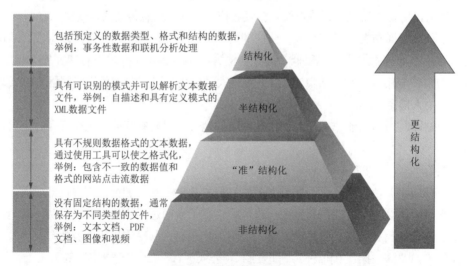

图 1-2 大数据结构化图

（3）velocity（快速率）

从数据产生的角度来看，数据产生的速度非常快，很可能刚建立起来的数据模型在下一刻就改变了。从数据处理的角度来看，在保证服务和质量的前提下，大数据应用必须要讲究时效性，因为很多数据的价值随着时间在不断地流逝。

（4）value（价值性）

大数据的价值性可以从以下两方面进行理解：

① 数据质量低、数据的价值密度低。

② 数据的高价值性，即无数个单一数据记录的集合体存在巨大的价值。

（5）vague（模糊性）

采集手段的多样化、传感器本身监测精度与范围的局限性、监测信息变化的非线性和随机性、自然环境的强干扰性等，使采集得到的数据具有模糊性。在大数据处理过程中模糊性也会带来巨大的影响。

**2. 大数据的相关技术**

（1）大数据采集技术

大数据采集是指通过射频识别（radio frequency identification，RFID）数据、传感器数据、社交网络交互数据及移动互联网数据等方式获得各种类型的结构化、半结构化（或称之为弱结构化）及非结构化的海量数据，是大数据知识服务模型的根本。重点要突破分布式高速高可靠数据爬取或采集、高速数据全映像等大数据收集技术；突破高速数据解析、转换与装载等大数据整合技术；设计质量评估模型，开发数据质量技术。

大数据采集一般分为智能感知层和基础支撑层。智能感知层主要包括数据传感体系、网络通信体系、传感适配体系、智能识别体系及软硬件资源接入系统，实现对结构化、半结构化、非结构化的海量数据的智能化识别、定位、跟踪、接入、传输、信号转换、监控、初步处理和管理等。必须着重攻克针对大数据源的智能识别、感知、适配、传输、接入等技术。基础支撑层提供大数据服务平台所需的虚拟服务器，结构化、半结构化及非结构化数据的数据库及物联网络资源等基础支撑环境。

（2）大数据预处理技术

大数据预处理主要完成对已接收数据的辨析、抽取、清洗等操作。

① 辨析：在处理大数据之前，首先需要判断它的性质、质量、种类等关键要素，辨明其方向，从而为大数据的抽取和清洗做好充分的准备工作。

② 抽取：因获取的数据可能具有多种结构和类型，数据抽取过程可以将这些复杂的数据转化为单一的或者便于处理的构型，以达到快速分析处理的目的。

③ 清洗：大数据并不全是有价值的，有些数据并不是人们所关心的内容，而也有一些数据则是完全错误的干扰项。因此，要对数据过滤"去噪"，从而提取出有效数据。

（3）大数据存储及管理技术

大数据存储与管理要用存储器把采集到的数据存储起来，建立相应的数据库，并进行管理和调用。重点解决复杂结构化、半结构化和非结构化大数据管理与处理技术。主要解决大数据的可存储、可表示、可处理、可靠性及有效传输等关键问题。开发可靠的分布式文件系统（distributed file system，DFS）、能效优化的存储、计算融入存储、大数据的去冗余及高效低成本的大数据存储技术；突破分布式非关系型大数据管理与处理技术，异构数据的数据融合技术、数据组织技术，研究大数据建模技术；突破大数据索引技术；突破大数据移动、备份、复制等技术；开发大数据可视化技术。

数据库分为关系型数据库、非关系型数据库以及数据库缓存系统。关系型数据库包含了传统关系数据库系统以及 NewSQL 数据库。非关系型数据库主要是指 NoSQL 数据库，分为键值数据库、列存数据库、图存数据库以及文档数据库等类型。

大数据安全技术包括改进数据销毁、透明加解密、分布式访问控制、数据审计等技术；突破隐私保护和推理控制、数据真伪识别和取证、数据持有完整性验证等技术。

（4）大数据分析及挖掘技术

大数据分析技术：改进已有数据挖掘和机器学习技术；开发数据网络挖掘、特异群组挖掘、图挖掘等新型数据挖掘技术；突破基于对象的数据连接、相似性连接等大数据融合技术；突破用户兴趣分析、网络行为分析、情感语义分析等面向领域的大数据挖掘技术。

数据挖掘就是从大量的、不完全的、有噪声的、模糊的、随机的实际应用数据中，提取隐含在其中的、人们事先不知道的但又潜在有用的信息和知识的过程。

数据挖掘涉及的技术方法很多，有多种分类方法。根据挖掘任务可分为分类或预测模型发现、数据总结、聚类、关联规则发现、序列模式发现、依赖关系或依赖模型发现、异常和趋势发现等；根据挖掘对象可分为关系数据库、面向对象数据库、空间数据库、时态数据库、文本数据源、多媒体数据库、异质数据库、遗产数据库以及环球网 Web；根据挖掘方法可大致分为机器学习方法、统计方法、神经网络方法和数据库方法。机器学习方法中，可细分为归纳学习方法（决策树、规则归纳等）、基于范例学习、遗传算法等。统计方法中，可细分为回归分析（多元回归、自回归等）、判别分析（贝叶斯判别、费歇尔判别、非参数判别等）、聚类分析（系统聚类、动态聚类等）、探索性分析（主元分析法、相关分析法等）等。神经网络方法中，可细分为前向神经网络（BP 算法等）、自组织神经网络（自组织特征映射、竞争学习等）等。数据库方法主要是多维数据分析或联机分析处理（OLAP）方法，另外还有面向属性的归纳方法。

从挖掘任务和挖掘方法的角度，着重要突破：

① 可视化分析。数据可视化无论对于普通用户还是数据分析专家而言都是最基本的功能。数据图像化可以让数据自己说话，让用户直观地感受到结果。

② 数据挖掘算法。图像化是将机器语言翻译给人看，而数据挖掘就是机器的母语。人们通过分割、集群、孤立点分析等算法精炼数据、挖掘价值。这些算法要能够应付大数据的量，同时具有很高的处理速度。

③ 预测性分析。预测性分析可以让人们根据图像化分析和数据挖掘的结果做出一些前瞻性判断。

④ 语义引擎。语义引擎需要设计成有足够的人工智能，以从数据中主动地提取信息。语言处理技术包括机器翻译、情感分析、舆情分析、智能输入、问答系统等。

⑤ 数据质量和数据管理。数据质量和数据管理是管理的最佳实践，通过标准化流程和机器对数据进行处理可以确保获得预设质量的分析结果。

（5）大数据展现与应用技术

大数据技术能够将隐藏于海量数据中的信息和知识挖掘出来，为人类的社会经济活动提供依据，从而提高各个领域的运行效率，大大提高整个社会经济的集约化程度。在我国，大数据将重点应用于三大领域：商业智能、政府决策、公共服务。例如，商业智能技术、政府决策技术、电信数据信息处理与挖掘技术、电网数据信息处理与挖掘技术、气象信息分析技术、环境监测技术、警务云应用系统（道路监控、视频监控、网络监控、智能交通、反电信诈骗、指挥调度等公安信息系统）、大规模基因序列分析比对技术、Web信息挖掘技术、多媒体数据并行化处理技术、影视制作渲染技术以及其他各行业的云计算和海量数据处理应用技术等。

## 1.1.7　物联网

### 1. 概述

物联网是新一代信息技术的重要组成部分，也是"信息化"时代的重要发展阶段。其英文名称是Internet of things（IoT）。顾名思义，物联网就是物物相连的互联网。这有两层意思：其一，物联网的核心和基础仍然是互联网，是在互联网基础上的延伸和扩展的网络；其二，其用户端延伸和扩展到了任何物品与物品之间，进行信息交换和通信，也就是物物相息。物联网通过智能感知、识别技术与普适计算等通信感知技术，广泛应用于网络的融合中，也因此被称为继计算机、互联网之后世界信息产业发展的第三次浪潮。物联网是互联网的应用拓展，与其说物联网是网络，不如说物联网是业务和应用。因此，应用创新是物联网发展的核心，以用户体验为核心的创新2.0是物联网发展的灵魂。

### 2. 物联网应用中的三项关键技术

（1）传感器技术

传感器也是计算机应用中的关键技术。大家都知道，到目前为止绝大部分计算机处理的都是数字信号。自从有计算机以来就需要传感器把模拟信号转换成数字信号，计算机才能处理。

（2）RFID技术

RFID也是一种传感器技术。RFID技术是融无线射频技术和嵌入式技术为一体的综合技术。RFID在自动识别、物品物流管理有着广阔的应用前景。

（3）嵌入式系统技术

嵌入式系统是综合计算机软硬件、传感器技术、集成电路技术、电子应用技术为一体的复杂技术。经过几十年的演变，以嵌入式系统为特征的智能终端产品随处可见：小到人们身边的智能手机，大到航天航空的卫星系统。嵌入式系统正在改变着人们的生活，推动着工业生产以及国防工业的发展。如果把物联网用人体做一个简单比喻，传感器相当于人的眼睛、鼻子、皮肤等感官，网络就是神经系统用来传递信息，嵌入式系统则是人的大脑，在接收到信息后要进行分类处理。这个比喻很形象地描述了传感器、嵌入式系统在物联网中的位置与作用。

### 3. 发展趋势

物联网将是下一个推动世界高速发展的"重要生产力"，是继通信网之后的另一个万亿级市场。物联网一方面可以提高经济效益，大大节约成本；另一方面已经成为全球信息科技发展的重要趋势之一。美国、欧盟等都在深入研究探索物联网。我国也正在高度关注、重视物联网的研究，工业和信息化部会同有关部门，在新一代信息技术方面正在开展研究，以形成支持新一代信息技术发展的政策措施。

此外，物联网普及以后，用于动物、植物和机器、物品的传感器与电子标签及配套的接口装置的数量将大大超过手机的数量。物联网的推广将会成为推进经济发展的又一个驱动器，为产业开拓又一个潜力无穷的发展机会。按照对物联网的需求，需要按亿计的传感器和电子标签，这将大大推进信息技术元件的生产，同时增加大量的就业机会。物联网拥有业界最完整的专业物联产品系列，覆盖从传感器、控制器到云计算的各种应用。产品服务于智能家居、交通物流、环境保护、公共安全、智能消防、工业监测、个人健康等各种领域。这构建了"质量好、技术优、专业性强，成本低，满足客户需求"的综合优势，能够持续为客户提供有竞争力的产品和服务。物联网产业是当今世界经济和科技发展的战略制高点之一。

5G的到来加速了物联网的发展，5G标准的推出给物联网的发展带来了更多的机会。5G标准的制定充分考虑了物联网的需求，在安全性、容量和速率方面都提出了相应的解决方案。可以说，5G标准的推出对车联网、农业物联网、工业物联网和可穿戴设备等领域带来了更多的机会。

# ‖ 1.2　计算机系统

虽然计算机的功能越来越强，应用也越来越复杂，但一个标准的计算机系统仍然由硬件和软件两大系统组成。本节介绍与计算机系统相关的基础知识。

## 1.2.1　计算机硬件系统

计算机硬件系统是计算机中所有物理设备的总和，由五个基本部分组成：控制器、运算器、存储器、输入设备和输出设备。控制器和运算器合起来构成了计算机硬件系统的核心——中央处理器（central processing unit，CPU）。存储器可分为内部存储器和外部存储器。

图1-3给出了计算机硬件系统结构图。

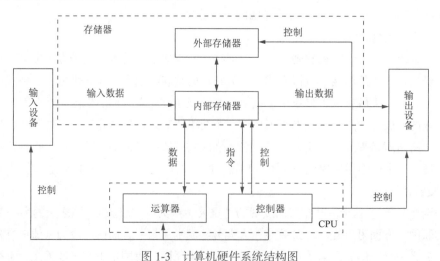

图 1-3　计算机硬件系统结构图

### 1. 控制器

控制器负责存取指令、解释指令和执行指令，对运算器及计算机的所有部件进行控制。

#### 2. 运算器

运算器负责对数据进行运算处理，包括算术运算和逻辑运算。运算器内部有算术逻辑运算部件（arithmetical logical unit，ALU）和存放运算数据和运算结果的寄存器。

目前的CPU生产厂家主要有AMD、Intel和IBM。在家用计算机上所用的CPU多数是Intel和AMD生产的。图1-4和图1-5分别展示了这两家公司生产的CPU。

图 1-4　Intel 处理器　　　　　　　　　图 1-5　AMD 处理器

#### 3. 存储器

存储器的主要功能是存放各种程序、原始数据和程序运行时的一些中间结果。存储器中有许多存储单元，所有存储单元都按顺序编号，这些编号称为地址。存储器中存储单元的总和称为存储容量。存储容量的常用单位有千字节（KB）、兆字节（MB）、吉字节（GB）和太字节（TB）。

存储器可分为内部存储器和外部存储器。移动存储设备作为外存的补充，受到广大用户的喜爱。

（1）内部存储器

内部存储器简称内存，又称主存储器，由大规模或超大规模集成电路芯片所构成。内存分为随机存取存储器（random access memory，RAM）和只读存储器（read-only memory，ROM）两类。RAM用来存放正在运行的程序和数据，它允许以任意顺序访问其存储单元。一旦关闭计算机或断电，RAM中的信息将会丢失。ROM中的信息一般只能读出不能写入，关机或断电后，ROM中的信息仍被保留，而当计算机重新开启后，ROM中的信息仍可被读出。因此，一些计算机工作时所需要的固定不变的程序和信息通常被存放于ROM中。

图1-6显示的是目前市场主流的内存，其型号为金士顿骇客神条FURY 16 GB（2×8 GB）DDR4 3200（HX432C18FB2K2/16），容量为16 GB，工作频率为3 200 MHz。

（2）外部存储器

外部存储器简称外存，又称辅助存储器，其存储容量大，用来存储当前不在CPU的系统软件、待处理的程序和数据。计算机若要使用存储在外存中的程序和数据时，需要先将它们从外存读到内存中才能运行。外存只同内存交换信息，而不能被计算机的其他部件所访问。

外存按存储材料可以分为磁存储器和光存储器。

① 磁存储器中较常用的是硬盘，是将信息记录在涂有磁性材料的金属或塑料圆盘上，凭借磁头存取信息。硬盘由电路板、硬盘驱动器和硬盘片组成。硬盘驱动器和硬盘片被密封在一个金属壳中，并固定在电路板上，如图1-7所示。

图 1-6　内存　　　　　　　　　　　　图 1-7　硬盘及其内部结构

② 光存储器由光盘驱动器和光盘片组成。光存储器的存取速度要慢于硬盘。常用的光存储器主要有 CD、DVD 和蓝光光盘。

CD（compact disc）俗称光盘，是高密度盘。和磁存储器不同，光存储器通过激光将信息从光盘中读取或写入到光盘。普通 CD 光盘为只读光盘，容量一般在 650 MB 左右。一次写入型光盘（CD-R）可以分一次或多次进行写入，已写入的数据只能读取，不能擦除或修改。可擦写型光盘（CD-RW）可以将数据多次写入或删除。

DVD（digital versatile disc）是数字多用途光盘，和 CD 同属于光存储器。DVD 和 CD 的外形尺寸相同，但 DVD 大大提高了信息存储密度，扩大了存储空间。DVD 光盘的容量一般在 4.7 GB 左右。

蓝光光盘（blu-ray disc，BD），是由于其采用波长 405 nm 的蓝色激光光束来进行读/写操作而得名的，是 DVD 之后的下一代光盘格式之一，用以存储高品质的影音以及高容量的数据，如图 1-8 所示。一个单层的蓝光光碟的容量为 25 GB 或 27 GB。

固态硬盘（solid state drive，SSD）简称固盘，是用固态电子存储芯片阵列而制成的硬盘，由控制单元和存储单元（Flash 芯片、DRAM 芯片）组成。固态硬盘在接口的规范和定义、功能及使用方法上与普通硬盘完全相同，在产品外形和尺寸上也完全与普通硬盘一致。它被广泛应用于军事、车载、工控、视频监控、网络监控、网络终端、电力、医疗、航空、导航设备等领域。图 1-9 所示为金士顿固态硬盘。

（3）移动存储设备

作为外存的补充，移动存储设备主要包括 U 盘和移动硬盘，其容量大，读/写速度快，体积小，携带方便。现在的移动硬盘容量已超过太字节（TB），U 盘的容量也可以达到几十吉字节（GB）。图 1-10 所示为容量为 16 GB 的 U 盘。

图 1-8　蓝光光盘　　　　　图 1-9　金士顿固态硬盘　　　　　图 1-10　U 盘

### 4. 输入设备

输入设备用于向计算机输入原始数据、命令和程序等。常见的输入设备包括键盘、鼠标、手写绘图输入设备、扫描仪、数码照相机等。

（1）键盘

键盘（keyboard）是计算机最常用也是最主要的输入设备。键盘有机械式和电容式、有线和无线之分。目前用于计算机的键盘有多种规格，普遍使用的是104键的键盘。为了减轻用户长时间击打键盘的劳累，键盘厂商还根据人体的自然结构特征设计出人体工学键盘，给用户最佳使用感受，美观而且实用性强。

图1-11显示的是罗技键盘。

图 1-11　罗技键盘

（2）鼠标

随着操作系统和应用软件的发展，计算机系统中越来越多地要使用图形界面。这时候，为了方便用户的使用，鼠标应运而生。在Windows操作系统中，鼠标除了用于在屏幕上定位外，还可以用不同的指针来表示不同的状态，如系统忙、移动中、拖放中等。

鼠标根据接口类型可分为串行鼠标、PS/2鼠标、总线鼠标、USB鼠标（多为光电鼠标）四种。串行鼠标是通过串行口与计算机相连，有9针接口和25针接口两种；PS/2鼠标通过一个六针微型DIN接口与计算机相连，与键盘的接口类似；总线鼠标的接口在总线接口卡上；USB鼠标直接插在计算机的USB接口上。另外，鼠标根据工作原理可分为机械式和光电式，根据线缆连接方式可分为有线和无线，根据按键数目可分为单键、两键、三键以及滚轮鼠标。图1-12所示为1968年设计的原始鼠标，由道格拉斯博士发明。

鼠标被发明之后，首先于1973年被Xerox公司应用到经过改进的Alto计算机系统中。1981年，Xerox公司推出了实用鼠标，并应用于GUI操作系统的Star 8010计算机。现在，Windows操作系统的广泛使用更进一步推广了鼠标和图形用户界面的应用，使得鼠标逐渐流行起来，并最终成为计算机的标准配置。

图1-13显示的是罗技G502无线鼠标，按键数为11键，最高分辨率为12 000 dpi。

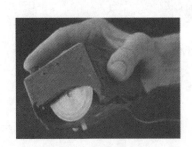

图 1-12　原始鼠标

图 1-13　无线鼠标

（3）手写绘图输入设备

手写绘图输入设备兼有鼠标、键盘和书写笔的功能，通常会包括一块手写板和一支手写笔。对于不熟悉键盘输入文字的用户来说，可以使用这种设备来输入文字和符号；对于专业的艺术创作人员来说，可以使用高精度的数位板来进行绘图制作。图1-14所示为汉王输入板。

（4）扫描仪

扫描仪（scanner）是常用的图像输入设备，通过捕获照射在图像上的反射光把光信号转换为数字信号，再借助相关的软件对照片、文本、图画等进行处理。

分辨率是扫描仪最主要的技术指标，其单位为ppi（pixels per inch），指每英寸长度上的像素点数目，表示扫描仪所记录图像的细致度。

在对所扫描的图像分辨率要求不高的环境下，如办公场所，多使用集扫描、传真和打印功能于一体的多功能机，如图1-15所示。

图1-14　汉王输入板

图1-15　扫描仪

（5）数码照相机

数码照相机（digital camera，DC）是一种利用电子传感器把光学影像转换成电子数据的照相机。当数码照相机的光电器件表面受到光线照射时，能把光线转换成数字信号，数字信号经过压缩后存放在数码照相机内部的"闪存"（flash memory）存储器中。和传统照相机相比，数码照相机不需要使用胶卷，也不需要冲印，可以即时看到拍摄的效果，并可以把照片传输到计算机进行保存和处理。和数码照相机类似的视频输入设备还有摄像头。图1-16所示的是分辨率达2 620万像素的单反数码照相机。

图1-16　单反数码照相机

其他的输入设备还包括传声器（又称麦克风、话筒）和网卡等。

5. 输出设备

输出设备用来输出各种计算结果或中间过程。常见的输出设备包括显示器和显卡、打印机、声卡和音箱等。

（1）显示器和显卡

显示器是计算机最主要的输出设备。实际上计算机显示系统包括显卡和显示器。计算机使用的显示器主要有两类：CRT（阴极射线管）显示器和LCD（液晶显示器）。由于LCD显示器质量小、体积小、能耗低，因此CRT显示器已退出市场。

图1-17所示为MAC设计生产的CRT显示器；图1-18所示为美格的LCD显示器，尺寸为21.5英寸（1英寸=0.025 m）。

图 1-17　CRT 显示器　　　　　　　　　　图 1-18　LCD 显示器

显卡的作用是将计算机系统所需要的显示信息进行转换驱动，并向显示器提供行扫描信号，控制显示器的正确显示。普通计算机中显卡图形芯片供应商主要包括AMD和NVIDIA。图1-19所示为NVIDIA GeForce GTX 1080Ti显卡，拥有显存容量11 264 MB、核心频率1 480/1 582 MHz、显存频率11 000 MHz、显存位宽352 bit。

（2）打印机

打印机用来把计算机的处理结果打印在相关介质上，可分为针式打印机、喷墨打印机和激光打印机三类。衡量打印机的性能指标有分辨率、打印速度和噪声三项。针式打印机主要用于财务报表和发票等的打印，喷墨打印机主要用于照片的打印，而激光打印机主要用于办公文档的打印。现在的打印机正向轻、小、低功耗、高速度、智能化和网络化的方向发展。图1-20所示为常用的激光打印机。

图 1-19　显卡　　　　　　　　　　　　图 1-20　激光打印机

（3）声卡和音箱

声卡（sound card）是多媒体技术中最基本的组成部分之一，负责把来自传声器、磁带、光盘或者通过计算机加工制作的声音信号加以转换，输出到耳机、扬声器、扩音机、录音机等声响设备中去。

音箱的作用是把音频电能转换成相应的声能。音箱及其功放性能的好坏是一个音响系统好坏的决定性因素。

图1-21所示为德国坦克1723 Mini声卡；图1-22所示为惠威H System桌面式音箱。

图 1-21　声卡　　　　　　　　　　　　　　　图 1-22　音箱

在计算机系统中，通常把控制器、运算器和内存称为计算机的主机，输入设备、输出设备以及外存称为计算机的外围设备。

在计算机中，各个基本组成部分之间通过系统总线（internal bus）相连。总线是计算机内部传输各种信息的通道。总线中传输的信息有地址信息、数据信息和控制信息三种类型。

## 1.2.2　计算机软件系统

计算机软件是计算机系统的重要组成部分，没有安装任何软件的计算机只是一堆物理设备的简单硬件连接，不能有效地工作。只有在相应软件的支持下，计算机才能发挥其应有的功能。

### 1. 指令和程序

计算机之所以能够按照人们的要求自动工作，是因为在内存中存储了程序。计算机在控制器的控制下，逐条从内存中读取指令、解析指令、执行指令以完成相应的操作。

（1）指令

计算机指令（instruction）是控制计算机的代码，告诉计算机要进行什么样的操作、参与此项操作的数据来源以及执行结果的输出目的。

一条指令通常包括操作码和操作数两个部分。操作码用来指明该指令要完成的操作的类型或性质；操作数用来指明操作对象的内容或所在的存储单元地址。

（2）程序

程序（program）是为完成某项任务而用计算机语言编写的命令的有序集合。

用机器指令编写的程序，计算机可直接对其进行识别和执行，称为目标程序。用指令的助记符编写的程序称为汇编语言源程序，计算机不能直接对其进行识别和执行，需经汇编程序汇编生成目标程序才能被计算机执行。用高级语言编写的高级语言源程序由语句构成，只有将高级语言源程序编译成目标程序才能被计算机识别和执行。

### 2. 计算机软件的分类

计算机软件是为了能够正常使用计算机并完成一定功能而定制开发的程序、数据及相关文档的集合，可分为系统软件和应用软件两大类，如图1-23所示。

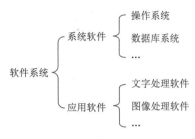

图 1-23　计算机软件分类

（1）系统软件

系统软件是控制和协调计算机系统及软硬件资源的程序，可为用户提供一个友好的操作界面，其主要功能包括：计算机的启动，存储、加载和执行应用程序，支持应用软件开发和运行，调度、监控和维护计算机系统等。

系统软件主要包括操作系统、程序设计语言及其开发环境、数据库管理系统等。

常见的系统软件包括微软公司的 Windows 系列、Linux 等。

（2）应用软件

应用软件是指为解决各类实际问题而开发的软件产品。

微软公司的 Office 是目前应用最广泛的办公自动化软件之一，主要包括文字处理软件 Word、电子表格处理软件 Excel、演示文稿制作软件 PowerPoint、数据库管理软件 Access 以及网页制作软件 FrontPage 等。

Adobe 公司的 Photoshop 是图形图像处理领域的软件。Photoshop 提供的强大功能可以让创作者充分表达设计创意，进行艺术创作。

3. 计算机软件的发展

计算机软件的发展与计算机应用和计算机硬件相互推动、制约，其过程大致可分为三个阶段。

（1）第一阶段（1946—1956 年），从第一个程序开始到高级程序设计语言出现之前

在这一阶段，计算机的应用领域主要局限于科学计算，编写程序主要采用机器语言和汇编语言，人们只重点考虑程序本身，而对和程序有关文档的重要性认识不足，尚未出现软件一词。

（2）第二阶段（1956—1968 年），从高级程序设计语言出现到软件工程出现之前

随着计算机应用领域的逐步扩大，为了提高程序开发人员的效率，出现了高级程序设计语言，并产生了操作系统和数据库管理系统。20 世纪 50 年代后期，人们逐渐认识到文档的重要性。20 世纪 60 年代初期，出现软件（software）一词。但当时软件的复杂度迅速提高，开发时间变长，正确性难以保证，可靠性问题突出，出现了"软件危机"。

（3）第三阶段（1968 年至今），软件工程出现以后至今

为了应对"软件危机"，在 1968 年召开的学术会议上提出了"软件工程"概念，试图建立并使用完善的工程化原则，以较经济的手段获得能在实际环境下有效运行的可靠软件。除此之外，人们还着重研究以智能化、自动化、集成化、并行化和自然化为标志的软件新技术。

4. 操作系统

操作系统（operating system，OS）是计算机系统中最重要的系统软件。操作系统能对计算

机系统中的软件和硬件资源进行有效的管理和控制，合理地规划计算机的工作流程，起到用户和计算机之间的接口作用。

操作系统主要实现以下功能：

（1）进程管理

进程管理帮助系统进行资源分配和调度，并对其运行进行有效的控制和管理。

（2）存储管理

存储管理的主要任务是合理利用主存储器空间，为程序运行提供良好的环境，按照一定的策略给用户分配或回收存储空间，提高存储器的利用率。

（3）设备管理

设备管理负责合理使用外围设备，以保证输入/输出设备高效、有序地工作。设备管理包括管理缓冲区、进行I/O调度、中断处理等。

（4）文件管理

文件管理负责管理和存取文件信息，支持文件的存储、查找、删除和修改等操作，并保证文件的安全性。

（5）作业管理

作业管理是对作业的执行情况进行调度和控制，提供良好的操作环境，让用户有效地组织工作流程。

### 5. 程序设计语言

程序设计语言是一组用来定义计算机程序的语法规则。程序员使用程序设计语言来定义计算机所需要的数据以及在何种情况下应采取何种动作。程序设计语言包括机器语言、汇编语言和高级语言。汇编语言和机器语言一般被称为低级语言。

（1）机器语言

机器语言（machine language）是计算机诞生和发展初期使用的语言，采用二进制编码形式，由0和1组成，是计算机唯一可以直接识别、直接运行的语言。机器语言的执行效率高，但不易记忆和理解，程序难以修改和维护。

（2）汇编语言

汇编语言（assembly language）是面向机器的程序设计语言，和机器语言基本上是一一对应的。汇编语言在表示方法上引入了助记符（memonic）代替操作码，用地址符号（symbol）或标号（label）代替地址码，因此汇编语言被称为符号语言。汇编语言比机器语言直观，容易记忆，提高了编写程序的效率。计算机不能直接识别使用汇编语言编写的程序，要由一种程序将汇编语言翻译成机器语言，这种程序称为汇编程序，是系统软件中的语言处理系统软件。

（3）高级语言

高级语言诞生于20世纪50年代中期，其语法和结构类似于普通英文，便于学习、使用、阅读和理解。高级语言的产生大大提高了编写程序的效率，促进了计算机的广泛应用和普及。和汇编语言类似，计算机不能够直接识别使用高级语言编写的程序，必须通过翻译程序将高级语言转换为机器语言后才能执行。

### 1.2.3　计算机基本工作原理

#### 1. 冯·诺依曼的设计思想

埃尼阿克诞生后，美籍匈牙利数学家冯·诺依曼提出了新的设计思想，主要有两点：其一，计算机应该以二进制为运算基础；其二，计算机应该采用"存储程序和程序控制"方式工作。他还进一步明确指出整个计算机的结构应该由运算器、控制器、存储器、输入设备和输出设备五个部分组成。冯·诺依曼的这一设计思想对后来计算机的发展起到了决定性的作用。

20世纪40年代末期诞生的EDVAC（electronic discrete variable automatic computer）是第一台具有冯·诺依曼设计思想的电子数字计算机。虽然计算机技术发展很快，但冯·诺依曼的设计思想至今仍然是计算机内在的基本工作原理，是理解计算机系统功能与特征的基础。

指令是一种采用二进制表示的、要计算机执行某种操作的命令。每一条指令都规定了计算机所要执行的一种基本操作。程序就是完成既定任务的一组指令序列，计算机按照程序规定的流程依次执行一条条的指令，最终完成程序所要实现的目标。

计算机利用存储器来存放所要执行的程序，中央处理器依次从存储器中取出程序的每一条指令，并加以分析和执行，直至完成全部指令任务，这就是计算机的"存储程序和程序控制"工作原理。

计算机不但能够按照指令的存储顺序依次读取并执行指令，还能根据指令执行的结果进行程序的灵活转移，这就让计算机具有了类似于人的大脑的判断思维能力，再加上它的高速运算特征，计算机才真正成为人类脑力劳动的有力助手。

#### 2. 计算机的指令系统

一台计算机可以有许多指令，指令的作用也各不相同，所有指令的集合称为计算机的指令系统。

#### 3. 程序的自动执行

计算机执行程序的过程就是一条一条执行指令的过程。程序中的指令和需要处理的数据都存放在存储器中，由中央处理器负责从存储器中逐条取出并执行它所规定的操作。

中央处理器执行每一条指令都需要分成若干步骤，每一步完成一个操作。一条指令的执行过程大致如下：

① 取出指令。中央处理器从存储器中取得一条指令。

② 分析指令。中央处理器对得到的指令进行分析。

③ 获取操作数。中央处理器根据指令分析结果计算操作数的地址，并根据地址从存储器中获取操作数。

④ 运算。中央处理器根据操作码的要求，对操作数完成指定的运算。

⑤ 若有必要，可以将运算结果保存到存储器中。

⑥ 修改指令地址。为中央处理器获取下一条指令做好准备。

启动一个程序的执行只需要将程序的第一条指令的地址放入中央处理器即可。

### 1.2.4　个人计算机

个人计算机（personal computer，PC）一词源自1978年IBM公司的第一部台式微型计算机的型号。今天，个人计算机是使用最广泛的计算机。

## 1. 个人计算机的启动

个人计算机的启动分为冷启动和热启动。

（1）冷启动

冷启动是指计算机在关机状态下打开电源启动计算机的操作，又称加电启动或开机。开机的步骤为：先打开外围设备电源开关，如要使用打印机的，则打开打印机电源开关，若显示器电源是独立的（不与主机电源相连接），则应打开显示器电源开关，最后打开主机电源开关。关机时则顺序相反。现在的个人计算机支持自动关机功能，可以通过 Windows 操作系统提供的关机命令，用软件的方法关闭计算机；有的还可以用键盘上的【Power】键关机。

（2）热启动

计算机在开机状态下使用过程中因某种原因造成死机时，可以用热启动的方式重新启动计算机。一种方式是按【Ctrl+Alt+Delete】组合键，在 Windows 操作系统下会出现一个窗口，选择"注销"命令。另一种方式是按下计算机主机箱上的 Reset（复位）按钮。

需要注意的是，计算机关机后不要立即加电启动，等待 15～20 s 再开机，否则容易损坏计算机的电源甚至主机。

## 2. 个人计算机的主要性能指标

个人计算机的主要性能指标包括以下几个方面。

（1）主频

主频就是计算机 CPU 的工作频率。CPU 主频越高，计算机的运行速度就越快。CPU 主频是以 MHz（兆赫）、GHz（吉赫）为单位的。

（2）字长

字长是指 CPU 内部各寄存器之间一次能够传递的数据位，即在单位时间内（同一时间）能一次处理的二进制数的位数。CPU 内部有一系列用于暂时存放数据或指令的存储单元，称为寄存器。如果 CPU 的字长为 16 位，则每执行一条指令可以处理 16 位二进制数据。如果要处理更多位的数据，则需要几条指令才能完成。字长反映出 CPU 内部运算处理的速度和效率。理论上，相同主频的处理器，字长越长，速度越快。当前计算机的字长多为 64 位。

（3）内存容量和存取周期

内存容量是指内存中能存储信息的总字节数。内存容量越大，存取周期越小，计算机的综合性能就越高，因为内存是计算机处理器存放各种临时数据的地方。

把信息代码写入存储器称为"写"，把信息代码从存储器中读出称为"读"。存储器进行一次"读"或"写"操作所需的时间称为存储器的访问时间（或读写时间），而连续启动两次独立的"读"或"写"操作（如连续的两次"读"操作）所需的最短时间称为存取周期（或存储周期）。存取周期大于存取时间。微型机的内存储器由大规模集成电路制成，其存取周期一般为几十纳秒。

（4）高速缓冲存储器（Cache）

高速缓冲存储器简称高速缓存，用来平衡高速的处理器与低速外设之间速度不一致的矛盾，对提高计算机的速度有重要的作用。高速缓存的存取速度比内存快，但容量不大，主要用来存放当前内存中使用最多的程序和数据，并以接近 CPU 的速度向 CPU 提供程序指令和数据，减少高速处理器对低速外设的等待时间。高速缓存分为一级缓存（L1-Cache，也称内部缓存）、二级缓存（L2-Cache，也称外部缓存）和三级缓存。一级缓存在CPU内部，二级缓存位于内存和CPU之间。

（5）总线速度

总线是计算机各种内外设备连接的电子线路。总线速度决定了CPU和高速缓存、内存和输入输出设备之间的信息传输容量。如同高速公路可以加快物流，提高经济发展，总线速度的高低对计算机的性能有重大影响。

计算机的运算速度是一项综合性的指标，是包括上述因素在内的多种因素的综合衡量，其单位是MIPS（百万条指令每秒）。

3. 微处理器

个人计算机中的中央处理器又称微处理器，它将传统的运算器和控制器等集成在一块超大规模集成电路芯片上。目前微处理器生产厂家有Intel公司、AMD公司、IBM公司等。微处理器的发展已经有几十年的历史了，迄今经历了多代产品。

第一代微处理器是1971年Intel公司研制的4位微处理器4004。

第二代微处理器是1974年Intel公司研制的8位微处理器8080。

第三代微处理器是Intel公司1978年和1979年研制的准16位微处理器8086和8088，以及在1982年推出的全16位微处理器80286。1981年，8088微处理器被首先应用于IBM PC中。

第四代微处理器开始于1985年，这年Intel公司推出了第一种32位的微处理器80386。1989年又研制了80486。

1993年Intel公司研制了Pentium（奔腾）微处理器。1995年推出了新一代高性能的32位微处理器Pentium Pro。为了弥补Pentium Pro的某些缺陷，Intel公司在Pentium Pro的基础上推出了Pentium II。

1999年Intel公司研制了Pentium III微处理器。2000年3月Intel公司推出了Pentium III 1 GHz的微处理器，这是个人计算机上CPU的主频首次突破吉赫。同时，Intel公司推出了Pentium III微处理器的简化版Celeron（赛扬）微处理器，抢占低端市场。此后Intel公司推出的微处理器分为高端的Pentium微处理器和低端的Celeron微处理器。

2000年11月Intel公司正式发布了Pentium 4微处理器，如图1-24所示。2003年Intel公司研制了Pentium M微处理器，主要用于便携式计算机中。

图 1-24　Pentium 4 微处理器

2005年，Intel Pentium D处理器首颗内含两个处理核心的Intel Pentium D处理器登场，正式揭开x86处理器多核心时代。

2006年，Intel公司发布Intel Core 2 Duo处理器。这是基于Core微架构的产品体系统称。其E6700 2.6GHz型号比先前推出之最强的Intel Pentium D 960（3.6 GHz）处理器在性能方面提升了40%，省电效率增加40%。Core 2 Duo处理器内含2.91亿个晶体管。

2008年，Intel公司推出凌动处理器Atom。凌动处理器采用45 nm制造工艺，2.5 W超低功耗，价格低廉且性能满足基本需求，主要为上网本（Netbook）和上网机（Nettop）使用。作为具有简单易用、经济实惠的上网设备——上网本和上网机，它们主要具有较好的互联网功能，还可以进行学习、娱乐、图片、视频等应用，是经济与便携相结合的产品。英特尔凌动处理器分为两款，为上网本设计的凌动N270与为上网机设计的凌动230，搭配945GM芯片组，可以满足基本的视频、图形、浏览需求，并且体积小巧，同时价格能控制在低于主流计算机的价位。

2008年，Intel公司发布Core i7处理器。Intel官方正式确认，基于全新Nehalem架构的新一代桌面处理器沿用Core（酷睿）名称，命名为Intel Core i7系列，至尊版的名称是Intel Core i7 Extreme系列。Core i7处理器是64位四核心CPU，沿用x86-64指令集，并以Intel Nehalem微架构为基础，取代Intel Core 2系列处理器。

2009年，Intel公司发布Core i5处理器。Core i5处理器同样基于Intel Nehalem微架构。与Core i7支持三通道存储器不同，Core i5只会集成双通道DDR3存储器控制器。另外，Core i5集成了一些北桥的功能，集成了PCI-Express控制器。接口亦与Core i7的LGA 1366不同，Core i5采用全新的LGA 1156。处理器核心方面，采用45 nm制程的Core i5有四个核心，不支持超线程技术，总共提供四个线程。L2缓冲存储器方面，每一个核心拥有各自独立的256 KB，并且共享一个8 MB的L3缓冲存储器。芯片组方面，采用Intel P55。它除了支持Lynnfield外，还支持Havendale处理器。后者虽然只有两个处理器核心，却集成了显示核心。P55采用单芯片设计，功能与传统的南桥相似，支持SLI和Crossfire技术。但是，与高端的X58芯片组不同，P55不采用较新的QPI连接，而使用传统的DMI技术。接口方面，可以与其他5系列芯片组兼容。

2010年，Intel公司发布Core i3处理器。Core i3作为Core i5的进一步精简版，是面向主流用户的CPU家族标识。拥有Clarkdale（2010年）、Arrandale（2010年）、Sandy Bridge（2011年）等多款子系列。

2011年，Intel公司发布Sandy Bridge处理器。Sandy Bridge（SNB）是新一代处理器微架构，这一构架的最大意义莫过于重新定义了"整合平台"的概念，与处理器"无缝融合"的"核芯显卡"终结了"集成显卡"的时代。这一创举得益于全新的32 nm制造工艺。由于Sandy Bridge构架下的处理器采用了比之前的45 nm工艺更加先进的32 nm制造工艺，理论上实现了CPU功耗的进一步降低，及其电路尺寸和性能的显著优化，这就为将整合图形核心（核芯显卡）与CPU封装在同一块基板上创造了有利条件。此外，第二代酷睿还加入了全新的高清视频处理单元。视频转解码速度的高低跟处理器是有直接关系的，由于高清视频处理单元的加入，新一代酷睿处理器的视频处理时间比老款处理器至少提升了30%。

2012年，Intel公司发布Ivy Bridge处理器。22 nm Ivy Bridge将执行单元的数量翻了一番，达到最多24个，带来了性能上的进一步跃进。Ivy Bridge加入了支持DX11的集成显卡。另外，XHCI USB 3.0控制器共享其中四条通道，从而提供最多四个USB 3.0，从而支持原生USB 3.0。CPU的制作采用3D晶体管技术，耗电量会减少一半。

2023年主流的是第六代智能英特尔酷睿处理器。

第六代智能英特尔酷睿处理器家族适用于一系列功耗各异的设计，能够满足所有这些设备的需求。英特尔酷睿M处理器能够让高端平板电脑的性能提高一倍，其所包括的酷睿M3、M5和M7三个不同品牌级别，旨在帮助用户在选择搭载英特尔酷睿M处理器设备的时候，能够更加清楚地选择满足其特定需求的设备。

第六代智能英特尔酷睿处理器基于新的Skylake微处理器架构，该架构采用了英特尔领先的 14 nm 制程技术。与平均使用时间五年的计算机相比，该处理器可以提升 2.5 倍的性能、3 倍的电池续航时间以及 30 倍的图形性能，唤醒时间更短。

新一代英特尔处理器在移动设计领域取得了一系列突破：一款未锁频的移动 K 处理器，允许用户进行超频等更多自主控制，赋予用户更加自由的选择；新的四核英特尔酷睿 i5 处理器可使多任务处理的速度提升 60%；英特尔至强 E3 处理器家族可以支持移动工作站。第六代智能英特尔酷睿处理器还大幅提升了图形性能，为游戏、4K 内容制作和媒体播放带来了更加震撼的视觉效果。英特尔 Speed Shift 技术提高了移动设备的响应速度。

多款基于第六代智能英特尔酷睿处理器的 2 合 1 设备、笔记本式计算机和一体机中都将搭载前置或后置英特尔实感技术摄像头，将可实现新的深度传感功能和沉浸式体验，让用户可以拍摄和分享逼真的 3D 自拍照，对物体进行 3D 扫描和打印，以及在视频聊天中轻松地消除或更改背景。

第六代智能英特尔酷睿处理器还推进了英特尔的 No Wires 计划，为英特尔无线显示技术及英特尔 Pro 无线显示技术提供最佳的体验。

第六代智能英特尔酷睿处理器优化了 Windows Cortana 和 Windows Hello 等一系列功能，从而实现更加无缝、自然的人机互动。采用英特尔实感技术和 Windows Hello 设备，可以让用户通过脸部识别安全登录。

第六代智能英特尔酷睿处理器的编号采用字母数字的排列形式，即以品牌及其标识符开头，随后是代编号和产品系列名。四个数字序列中的第一个数字表示处理器的代编号，接下来的三位数是库存量（SKU）编号。在适用的情况下，处理器名称末尾有一个代表处理器系列的字母后缀。英特尔高端台式机处理器依其各自的功能组合采用不同的编号方法。

4. 主板

计算机机箱主板又称主机板（mainboard）、系统板（systemboard）或母板（motherboard），分为商用主板和工业主板两种。它安装在机箱内，是微机最基本也是最重要的部件之一。主板一般为矩形电路板，上面安装了组成计算机的主要电路系统，一般有 BIOS 芯片、I/O 控制芯片、键和面板控制开关接口、指示灯插接件、扩充插槽、主板及插卡的直流电源供电接插件等元件。

主板采用了开放式结构，上面有 6～15 个扩展插槽，供 PC 外围设备的控制卡（适配器）插接。通过更换这些插卡，可以对微机的相应子系统进行局部升级，使厂家和用户在配置机型方面有更大的灵活性。总之，主板在整个微机系统中扮演着举足轻重的角色。可以说，主板的类型和档次决定着整个微机系统的类型和档次。主板的性能影响着整个微机系统的性能。

主板是构成复杂电子系统如电子计算机的中心或者主电路板。图 1-25 所示为基于 Intel 的微架构主板，全固态电容设计，支持 SATA 接口的 Intel 第六代智能酷睿处理器，提供 M.2 接口和 HDMI/DVI/VGA 视频输出，满足高清用户的使用需要。

图 1-25　主板

（1）主板芯片组

主板芯片组是构成主板的灵魂和核心，它决定了主板的性能和级别。主板芯片组可以分为"北桥"和"南桥"芯片组，它们就像人的左脑和右脑一样，分别完成不同的任务。"北桥"负责与CPU的接口，控制Cache、内存以及图形接口等；"南桥"负责输入/输出接口以及硬盘等外围设备的控制。CPU必须与主板芯片组搭配才能发挥最佳性能。

（2）基本输入/输出系统

个人计算机开机后自动将操作系统加载到内存并运行起来，这个过程称为系统引导。在主板上有一块"闪存"芯片，里面存放着一段检测和启动计算机的程序，称为基本输入/输出系统（basic input/output system，BIOS）。BIOS的功能是否强大在很大程度上决定了主板性能是否优劣。

（3）CMOS

除了BIOS外，在计算机中还有一个"小内存"，即CMOS（complementary metal-oxide-semiconductor，互补金属氧化物半导体），它保存着计算机当前的配置信息，如日期和时间、硬盘的格式和容量、内存容量等。这些信息也是计算机加载操作系统之前必须读取的信息。CMOS由主板上的电池来供电，关闭计算机电源后，CMOS中的信息仍能保留。

（4）CPU插座

CPU插座是主板与CPU连接的接口。不同的CPU插座有不同的外观及针脚数目，配置的CPU也不相同。CPU酷睿i7 7代系列采用LGA 1151插槽，一般是方形的白色引脚接口，其中一个角缺针，边上有一根推杆。安装CPU时只要推起推杆，将CPU缺针的一角对齐插座缺针的一角，轻轻放入，然后压下推杆，固定CPU即可。

（5）扩展插槽

主板上的扩展插槽是主板通过总线与其他部件联系的通道，用来扩展系统功能的各种电路板卡都插在扩展槽中。主板上的扩展插槽数量可以反映个人计算机的扩展能力。

① 内存插槽：用于安装内存条（将存储器芯片、电容、电阻等电子器件焊接在一个条形的电路板上组装起来，称之为内存条），每条插槽两端各有一个卡子用来固定内存条。内存插槽中有不对称的定位点，与内存条上的缺口一一对应，可以防止内存条插错方向。

安装内存条时，首先扳开内存插槽两端的卡子，将内存条的缺口对准内存插槽上的定位点，垂直用力插入，内存插槽两端的卡子会自动竖立并卡住内存条两侧的缺口。

目前，个人计算机上常用的内存条是单内联存储器模块内存条（single inline memory module，SIMM）、双列直插式存储模块（dual inline memory module，DIMM）和（rambus inline memory module，RIMM）。每种内存条上有不同数量的针脚。所谓针脚就是指内存条与内存插槽插接时接触点的个数，这些接触点俗称"金手指"。

② 硬盘插槽：通过扁平电缆将硬盘与硬盘插槽连接，使硬盘能够与内存交换信息。硬盘插槽的一侧都有一个缺口，而扁平电缆插头的一侧都会有一个突出部分，连接时只要将扁平电缆的突出部分对准插槽的缺口，用力按下扁平电缆插头即可。硬盘上的接口有同样的缺口防止用户插错电缆方向，用相同的方法可以将扁平电缆和硬盘连接。

③ PCI插槽：用来安装PCI接口类型的设备，如声卡、网卡等。PCI插槽上有一个定位点，而PCI接口设备在对应位置上有一个缺口用来防止反向安装。安装时，首先取下PCI插槽前面的挡片，然后将PCI接口设备上的缺口对准PCI插槽上的定位点，垂直用力按下即可，最后拧上螺钉固定。主板上有多个PCI插槽。

④ PCI Express插槽：根据总线位宽不同而有所差异，包括X1、X4、X8及X16（X2模式将用于内部接口而非插槽模式）。较短的PCI Express卡可以插入较长的PCI Express插槽中使用。PCI Express接口能够支持热插拔。PCI Express卡支持的三种电压分别为3.3 V、3.3 Vaux以及12 V。用于取代AGP接口的PCI Express接口位宽为X16，将能够提供5 GB/s的带宽，即便有编码上的损耗但仍能够提供4 GB/s左右的实际带宽，远远超过AGP 8X的2.1 GB/s的带宽。

⑤ 电池和电源插座：在主板上有一块充电式纽扣电池，它的寿命一般为2～3年。CMOS中所存储的信息不随电源的关闭而消失正是由于电池存在的原因。此电池可以在计算机开机时通过主板充电。它还有一个用途是清除开机密码，即如果忘记了开机密码可以通过将CMOS放电的形式将密码清除。电源插座是主板连接电源的接口，负责为CPU、内存、扩展插槽上的各种电路板卡等供电。现在主板使用的是ATX电源。ATX电源插座是20芯双列插座，具有防插错结构。在软件的配合下，ATX电源可以实现软件关机等电源管理功能。

5. 外部存储器

计算机的外存可用来长期保存信息，外存上的信息主要由操作系统进行管理，外存一般只和内存进行信息交换。

① 现在个人计算机上的硬盘都支持S.M.A.R.T（自我监测、分析和报告技术），某些硬盘还采用了"液态轴承"技术，来降低硬盘片高速旋转产生的噪声和热量，提高硬盘的抗震能力。

从整体的角度上，硬盘接口分为IDE、SATA、SCSI、光纤通道和SAS这五种。IDE接口硬盘多用于家用产品中，也部分应用于服务器。SCSI接口的硬盘主要应用于服务器市场。光纤通道只用在高端服务器上，价格昂贵。SATA是种新生的硬盘接口类型，还正处于市场普及阶段，在家用市场中有着广泛的前景。在IDE和SCSI的大类别下，又可以分出多种具体的接口类型，各自拥有不同的技术规范，具备不同的传输速度。例如，ATA 100和SATA，Ultra160 SCSI和Ultra320 SCSI都代表着一种具体的硬盘接口，各自的速度差异也较大。近年来SSD硬盘有加速发展的趋势。SAS（serial attached SCSI，串行连接SCSI）和serial ATA（SATA）硬盘相同，都是采用串行技术以获得更高的传输速度，并通过缩短连接线改善内部空间。SAS是并行SCSI接口之后开发出的接口。

② 现在个人计算机上流行配置的DVD光盘驱动器是指集CD-R、CD-RW、DVD、DVD-RW为一体的光盘驱动器。在功能方面，它既能读CD-R、CD-RW光盘，又能读DVD光盘，还可以刻录CD-R、CD-RW和DVD光盘，正因为它具有那么多的功能，因此被称为全能光盘驱动器。

③ 移动存储器。常见的移动存储器有U盘、移动硬盘，一般使用USB接口。U盘采用集成电路"闪存"芯片作为存储介质，可反复存取数据，没有机械部件，可靠性高，抗震能力强，如图1-26所示。

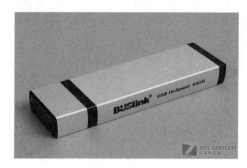

图 1-26　U 盘

### 6. 外部接口

计算机与输入/输出设备及其他计算机的连接是通过外部接口实现的。

（1）串行接口

串行接口又称 COM 接口或 RS-232 E1。串行接口一次只能传送一位数据，通常用于连接调制解调器（modem）以及计算机之间的通信。调制解调器通过连接电话线，进行拨号上网。

（2）并行接口

并行接口主要用于连接打印机、扫描仪等设备，一次可以传送一个字节的信息。

（3）PS/2 接口

PS/2 接口用于连接键盘和鼠标。一般鼠标接在绿色的 PS/2 接口，键盘接在紫色的 PS/2 接口。

（4）USB 接口

通用串行总线（universal serial bus，USB）接口是一种新型的外围设备接口标准，它的数据传输速率 USB 1.1 为 12 Mbit/s，USB 2.0 为 480 Mbit/s，USB 3.0 为 5 Gbit/s。USB 接口支持在不切断电源的情况下自由插拔以及即插即用（plug and play，PnP）。目前，计算机和外围设备都逐渐采用 USB 接口，而且计算机上的 USB 接口一般有多个。USB 接口可以用来连接键盘、鼠标、打印机、扫描仪、U 盘等。

（5）IEEE 1394 接口

IEEE 1394 接口是由 Apple 公司、Sony 公司和 Texas Instruments 公司开发的高速串行总线接口标准，Apple 公司称之为火线（FireWire），Sony 公司称之为 i.Link，Texas Instruments 公司称之为 Lynx。IEEE 1394 口支持在不切断电源的情况下自由插拔以及即插即用，它的数据传输速度为 400 Mbit/s ～1 Gbit/s。IEEE 1394 接口主要用于连接数码摄像机。

（6）其他常用接口

网络接口（RJ-45 接口，见图 1-27）可以让计算机直接连入网络中；视频接口（video 接口）用于连接显示器或投影机；电话接口（RJ-11 接口）可以连接电话线，进行拨号上网。

图 1-27　RJ-45 接口

# 1.3　计算机常见设置

## 1.3.1　计算机硬件构成

作为计算机的初学者，有必要对计算机的实际硬件组成进行初步的了解，这样不仅有助于对理论知识的掌握，也有助于今后计算机系统的维护。

在了解硬件设备及相关的接口之后，可尝试将计算机设备单元进行分解并重新组装，还可以到网上进行模拟自助装机，这里就不再赘述。

## 1.3.2　CMOS常用设置

CMOS是主板上的一块可读/写的芯片，用来保存BIOS的硬件配置和用户对某些参数的设定。

通过CMOS，可对系统时间、启动顺序、硬盘参数、开机密码等进行设置。

对于多数计算机，在开机启动后，当屏幕显示"Waiting……"时，按【Delete】键就可以进入CMOS设置界面，如图1-28所示。进入后，用户可以用方向键移动光标选择CMOS设置界面上的选项，然后按【Enter】键进入下一级界面。

对于品牌机（包括台式计算机或笔记本式计算机）则需要根据开机后屏幕中的提示进行操作，这时候按【F2】、【F10】或【F12】等键可进行CMOS设置。

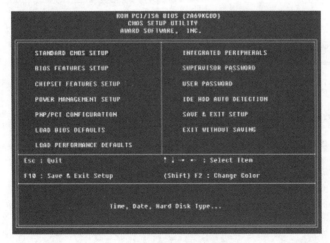

图 1-28　CMOS 设置界面

## 1.3.3　硬盘的分区与格式化

当新购置硬盘或现有硬盘在使用过程中出现故障时，需要对硬盘进行分区和格式化操作。

下面介绍两种Windows 10操作系统分区的方法：一种是使用Windows自带分区管理软件；另一种是使用分区助手。

### 1. Windows 10磁盘管理软件

① 右击桌面上的"此电脑"图标，在弹出的快捷菜单中选择"管理"命令，打开"计算机管理"窗口，如图1-29所示。

② 选择右侧的"存储"→"磁盘管理"，打开"磁盘管理"页面。

③ 右击选择要压缩的磁盘（本例选择D盘），在弹出的快捷菜单中选择"压缩卷"命令。在弹出的"压缩"对话框中的"输入压缩空间量（MB）"中填写要压缩出的空间量，如果要压缩出50 GB，就填写"51200"（50×1 024=51 200），如图1-30所示，单击"压缩"按钮。

④ 压缩后会发现多出一块未分区磁盘（绿色分区），右击，在弹出的快捷菜单中选择"新建分区"命令，打开"新建简单卷向导"对话框，单击"下一步"按钮，在"简单卷大小"中填写要新建磁盘的大小，如图1-31所示，单击"下一步"按钮。

⑤ 选择分配的驱动器号，如图1-32所示，单击"下一步"按钮。

图1-29 "计算机管理"窗口

图1-30 "压缩"对话框

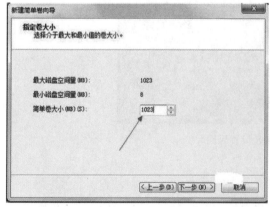

图1-31 指定卷大小

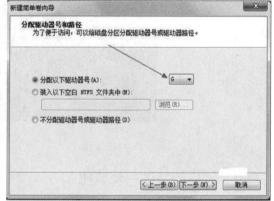

图1-32 分配驱动器号

⑥ 选择文件系统格式，单击选中"执行快速格式化"复选框，如图1-33所示，单击"下一步"按钮。

⑦ 如图1-34所示，单击"完成"按钮，完成新建磁盘的操作。

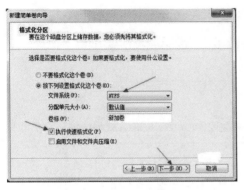 

图 1-33　格式化分区　　　　　　　　　　　图 1-34　新建简单卷向导

### 2. 分区助手

① 下载免费的 Windows 10 操作系统分区工具分区助手，安装并运行。其主界面如图 1-35 所示，C 盘此时的容量显示为约 223 GB。选中 C 盘，单击左侧的"调整/移动分区"选项。

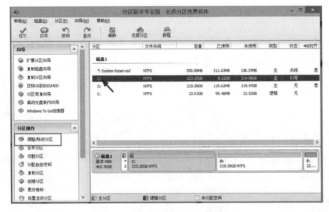

图 1-35　"分区助手"主界面

② 弹出"调整并移动分区"对话框，这里可以调整分区大小。当鼠标指针变成双向箭头时，拖动鼠标指针直到满意的容量位置。或在"分区大小"文本框中输入，这里 C 盘已经被设置为 150 GB，如图 1-36 所示。之后单击"确定"按钮。

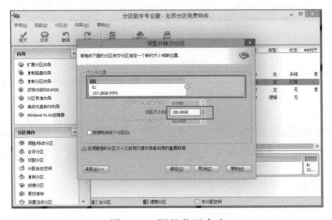

图 1-36　调整分区大小

③ 返回主界面，C盘已经变为150 GB，下方出现一个"未分配空间"，如图1-37所示。

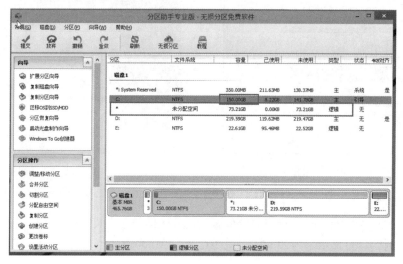

图 1-37　未分配空间

④ 如图1-38所示，将"未分配空间"与E盘合并分区之后，E盘有大约95 GB。完成操作后，单击"确定"按钮，返回主界面，单击左上角的"提交"按钮，系统才会进行分区大小调整及分区合并任务。

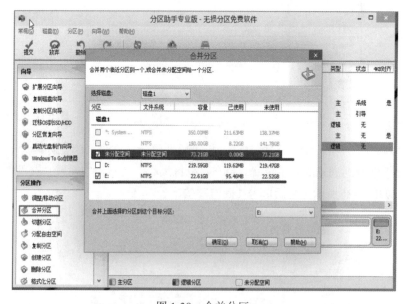

图 1-38　合并分区

Windows 10操作系统在分区时的注意事项：重要数据请先做备份，以确保Windows 10操作系统分区数据完整安全。操作完成提交之后，系统会进行重启，在重启模式下执行完成后，会自动重启并进入Windows操作系统。

# ▌1.4 计算机安全

20世纪40年代，随着计算机的出现，计算机安全问题也随之产生。随着计算机在社会各个领域的广泛应用和迅速普及，使人类社会步入信息时代，以计算机为核心的安全、保密问题越来越突出。本节将对计算机使用中的道德问题进行介绍。

## 1.4.1 计算机犯罪

利用计算机犯罪始于20世纪60年代末，20世纪70年代迅速增长，20世纪80年代形成威胁，成为社会关注的热点。计算机犯罪是指利用计算机作为犯罪工具进行的犯罪活动。例如，利用计算机网络窃取国家机密、盗取他人信用卡密码、传播复制色情内容等。计算机犯罪包括针对系统的犯罪和针对系统处理的数据的犯罪两种，前者是对计算机硬件和系统软件组成的系统进行破坏的行为，后者是对计算机系统处理和存储的信息进行破坏。

计算机犯罪有其不同于其他犯罪的特点。一是犯罪人员知识水平较高。有些犯罪人员单就专业知识水平来讲可以称得上是专家，因而被称为"高科技犯罪"。二是犯罪手段较隐蔽，犯罪区域广，犯罪机会多。不同于其他犯罪，计算机犯罪者可能通过网络在千里之外而不是在现场实施犯罪。凡是有计算机的地方都有可能发生计算机犯罪。三是内部人员和青少年犯罪日趋严重。一些内部人员由于熟悉业务情况、计算机技术娴熟和有合法身份等，具有许多便利条件掩护犯罪。一些青少年是由于思维敏捷、法律意识淡薄又缺少社会阅历而犯罪。

我国根据计算机犯罪的实际情况，已经出台和修正了一系列关于计算机信息系统安全、惩处计算机违法犯罪行为等方面的法律法规。

### 1. 计算机犯罪的类型

（1）侵入计算机系统罪

侵入计算机系统罪是指违反国家规定，侵入国家事务、国防建设、尖端科学技术领域的计算机信息系统的行为。侵入计算机系统，就是非法进入自己无权进入、限制进入的计算机系统。侵入计算机犯罪，大多是一部分人为了证实自己的能力而实施的，但其潜在的危害却是巨大的。当某个计算机系统被非法侵入后，其安全系统就可能受到破坏，从而为其他人的侵入打开一条通道，使整个系统的安全处于不确定状态，很容易造成重大的损失。

（2）破坏计算机系统罪

破坏计算机系统罪是指违反国家规定，对计算机信息系统进行删除、修改、增加、干扰，造成计算机信息系统不能正常运行的行为。破坏计算机系统可能针对软件，也可能针对硬件。破坏计算机系统罪是计算机犯罪中严重的、危害性大的一种犯罪，它所造成和可能造成的损害无法估量。

（3）窃取计算机系统数据及应用程序罪

窃取计算机系统数据及应用程序罪是指违反国家规定，非法窃取计算机系统中的数据及应用程序的行为。其首先要进入计算机，对无权进行观看或复制的数据、应用程序进行观看及复制，以获取不属于共享的数据和应用程序。其目的大多是获取财物，也有一部分是为了满足好奇心和虚荣心。无论其目的如何，其行为都将使被窃取的数据及应用程序的政府、企业等造成巨大的损失。该罪往往伴随着违反计算机软件保护及信息系统安全保护制度等法规，侵害与计算机数据及应用程序有关权利人的利益。

（4）利用计算机进行经济犯罪

利用计算机进行经济犯罪是指利用计算机实施金融诈骗、盗窃、贪污、挪用公款的行为。通常计算机罪犯很难留下犯罪证据，这大大刺激了经济领域计算机高技术犯罪案件的发生。利用计算机进行经济犯罪，是计算机犯罪中一种广泛而增长率高的犯罪。

（5）利用计算机实施的其他犯罪

利用计算机实施的其他犯罪包括利用计算机实施的窃取国家秘密的犯罪，利用计算机制作、复制、传播色情、淫秽物品的犯罪，侵犯公民人身权利和民主权利的犯罪，利用互联网危害国家安全的犯罪等。其实质是利用计算机实施的违反刑法相关条文的行为。

### 2. 黑客和黑客程序

黑客使用黑客程序入侵网络。所谓黑客程序，是一种专门用于进行黑客攻击的应用程序。功能较强的黑客程序一般有服务程序和客户程序两部分，服务程序是一个间谍程序，客户程序是黑客发起攻击的控制台。黑客利用病毒原理，以发送电子邮件、提供免费软件等手段，将服务程序悄悄安装到用户的计算机中，在实施黑客攻击时，客户程序与远程已安装好的服务程序里应外合，达到攻击的目的。利用黑客程序进行黑客攻击时，由于整个攻击过程已经程序化，黑客不需要高超的操作技巧和高深的专业软件知识，只要具备一些基本的计算机知识便可。

从某种意义上说，黑客对计算机及信息的安全危害性比一般的计算机病毒更为严重。

## 1.4.2 计算机病毒

"计算机病毒"最早是由美国计算机病毒研究专家F.Cohen博士提出的。"计算机病毒"有很多种定义。《中华人民共和国计算机信息系统安全保护条例》中的定义为："计算机病毒，是指编制或者在计算机程序中插入的破坏计算机功能或者毁坏数据，影响计算机使用，并能自我复制的一组计算机指令或者程序代码。"

### 1. 计算机病毒的特征

（1）破坏性

编写计算机病毒的最根本目的是干扰和破坏计算机系统的正常运行，侵占计算机系统资源，使计算机运行速度减慢，直至死机，从而毁坏系统文件和用户文件，使计算机无法启动，并可造成网络的瘫痪。

（2）传染性

如同生物病毒一样，传染性是计算机病毒的重要特征。传染性又称自我复制能力，是判断是不是计算机病毒的最重要的依据。计算机病毒传播的速度很快，范围极广。一台感染了计算机病毒的计算机，本身既是一个受害者，又是病毒的传播者，它通过各种可能的渠道，如U盘、光盘、移动硬盘等存储介质以及网络进行传播。

（3）潜伏性

计算机病毒总是寄生潜伏在其他合法的程序和文件中，因而不容易被发现，这样才能达到其非法进入系统、进行破坏的目的。

（4）触发性

计算机病毒的发作要有一定的条件，只要满足了这些特定的条件，病毒就会被触发立即激活，开始破坏性的活动。

（5）不可预见性

不同种类的病毒代码千差万别，病毒的制作技术也在不断提高。同反病毒软件相比，病毒永远是超前的。新的操作系统和应用系统的出现、软件技术的不断发展，也会为计算机病毒提供新的发展空间，对未来病毒的预测将更加困难。

**2. 电子邮件病毒**

因特网的飞速发展给计算机病毒的大范围传播提供了可能，也给计算机病毒的防范工作带来了新的挑战。电子邮件病毒属于网络病毒。网络病毒专指在网络上传播并对网络进行破坏的病毒。网络病毒一旦突破网络安全系统，传播到网络上，进而在整个网络上感染、再生，就会使网络系统资源遭到致命破坏，造成比单机病毒更大的危害。

电子邮件病毒其实和普通的计算机病毒一样，只不过由于它们的传播途径主要是电子邮件。当今社会电子邮件已被广泛使用，由于其可同时向一群用户或整个计算机网络系统发送电子邮件，一旦一个信息点被感染，整个网络系统在短时间内都可能被感染。

（1）电子邮件病毒的特点

邮件格式不统一，增加反病毒难度。不同的邮件系统使用不同的格式存储文件，普通用户并不能直接访问远程邮件服务器上的邮件数据库，因此，要求反病毒软件能够检测不同格式的邮件，并实时监控发送/接收邮件的过程。

传播速度快、范围广，破坏力大。电子邮件病毒都有自我复制的能力，能够主动选择用户邮箱地址簿中的地址发送邮件，或在用户发送邮件时将被病毒感染的文件附加到邮件上一起发送。这种成指数级增长的传播速度可以使病毒在很短的时间内遍布整个因特网。因此，当电子邮件病毒爆发时，往往会造成整个网络的瘫痪，造成的损失往往难以估计。

（2）电子邮件病毒的防范措施

电子邮件病毒一般是通过邮件中"附件"夹带的方法进行扩散的，如果用户没有运行或打开附件，病毒是不会激活的。因此，不要轻易打开邮件中的"附件"文件，尤其是陌生人的，同时切忌盲目转发别人的邮件。

选用优秀的具有邮件实时监控能力的反病毒软件，能够在那些从因特网上下载的受感染的邮件到达本地之前拦截它们，从而保证本地网络或计算机的无毒状态。

**3. 计算机病毒的防范**

治病不如防病，杀毒不如防毒。计算机病毒的防范途径可以概括为两类：一是用户遵纪守法，健全制度，加强管理；二是使用反病毒软件。

（1）建立、健全法律和管理制度

法律是国家强制实施的、公民必须遵循的行为准则。国家和部门的管理制度也是约束人们行为的强制措施。相应的法律和管理制度中必须明确规定禁止使用计算机病毒攻击、破坏的条文，以制约人们的行为，从而起到威慑作用。

除了国家制定的法律和法规之外，凡使用计算机的单位都应制定相应的管理制度，避免蓄意制造、传播病毒的事件发生。

（2）加强教育和宣传

加强计算机安全教育特别重要，要大力宣传计算机病毒的危害，引起人们的重视。加强素质教育，提高职业道德水准，从伦理和社会舆论上扼杀计算机病毒的产生。

（3）采取有效的技术措施

技术措施包括硬件和软件两个方面。硬件措施是指通过计算机硬件的方法预防计算机病毒侵入系统。软件措施是指通过计算机软件的方法预防计算机病毒侵入系统，这是目前最常用的方法。

读者还可参考6.4节详细介绍的计算机病毒的更多内容，深入了解并预防计算机病毒。

### 1.4.3　软件知识产权保护

计算机发展过程中带来的一大社会问题是计算机软件产品的盗版问题。计算机软件开发的工作量很大，特别是一些大型的软件，往往开发时要用数百甚至上千人，花费数年时间。软件开发是高技术含量的复杂劳动，其成本非常高。由于计算机软件产品的易复制性，给盗版者带来了可乘之机。如果不严格执行知识产权保护，制止未经许可的商业化盗用，任凭盗版软件横行，软件公司将无法生存，软件产业的发展将会受到严重影响。

由此可见，计算机软件知识产权保护是一个必须重视和解决的社会问题。解决计算机软件知识产权保护的根本措施是制定和完善软件知识产权保护的法律法规，并严格执法；同时，要加大宣传力度，树立人人尊重知识、尊重软件知识产权的社会风尚。

我国政府对计算机软件知识产权的保护非常重视。目前，保护计算机软件知识产权的法律体系已经基本形成，从根本上解决了软件知识产权保护的问题。

《中华人民共和国著作权法》是我国首次把计算机软件作为一种知识产权（著作权）列入法律保护范畴的法律。

2002年1月1日起我国施行的《计算机软件保护条例》对计算机软件和程序、文档、软件开发者和软件著作权人做了严格定义，对软件著作权人的权益及侵权人的法律责任均做了详细规定。《计算机软件保护条例》的颁布与实施，对保护计算机软件著作权人的权益，调整计算机软件在开发、传播和使用中发生的利益关系，鼓励计算机软件的开发和流通，促进计算机应用事业的发展起到了重要的作用。

另外，企业在软件开发、维护过程中应尽量避免核心资料泄露，加强内部人员的管理和安全意识、职业道德教育。

### 1.4.4　计算机职业道德

随着计算机在应用领域的深入和计算机网络的普及，今天的计算机已经超出了作为某种特殊机器的功能，给人们带来了一种新的文化、新的工作与生活方式。在计算机给人类带来极大便利的同时，也不可避免地造成了一些社会问题，同时也提出了一些新的道德规范要求。

计算机职业道德是在计算机行业及其应用领域所形成的社会意识形态和伦理关系下，调整人与人之间、人与知识产权之间、人与计算机之间以及人与社会之间的关系的行为规范总和。

计算机界约定俗成的计算机职业道德规范有以下几条：

① 不应该用计算机去伤害他人。

② 不应该影响他人的计算机工作。

③ 不应该窥探他人的计算机。

④ 不应该用计算机去偷窃。

⑤ 不应该用计算机去做伪证。

⑥ 不应该复制或利用没有购买的软件。

⑦ 不应在未经他人许可的情况下使用他人的计算机资源。

⑧ 不应该剽窃他人的精神作品。

⑨ 应该注意正在编写的程序和正在设计的系统的社会效应。

计算机职业道德规范中的一个重要方面是网络道德。网络在计算机系统中起着举足轻重的作用。大多数"黑客"往往开始时是处于好奇和神秘，违背了职业道德后侵入他人的计算机系统，从而逐步走向计算机犯罪。网络道德以"慎独"为主要特征，强调道德自律。"慎独"意味着人独处时，在没有任何外在的监督和控制下，也能遵从道德规范，恪守道德准则。

2001年11月22日，共青团中央、教育部、文化和旅游部等部门联合向社会发布了《全国青少年网络文明公约》(以下简称《公约》)。《公约》内容如下：

① 要善于网上学习，不浏览不良信息。

② 要诚实友好交流，不欺诈侮辱他人。

③ 要增强自护意识，不随意约会网友。

④ 要维护网络安全，不破坏网络秩序。

⑤ 要有益身心健康，不沉溺虚拟时空。

《公约》的出台对于促进青少年安全文明上网，动员全社会共同营造一个纯净、优良的网络空间具有十分积极的作用。

## 1.5　计算机常用软件安装及网络设置

### 1.5.1　Windows 驱动程序

#### 1. 驱动程序的功能

驱动程序是操作系统与硬件设备之间进行通信的特殊程序。驱动程序相当于硬件设备的接口，操作系统只有通过这个接口，才能控制硬件设备的工作。如果硬件设备没有驱动程序的支持，那么硬件就无法根据软件发出的指令进行工作，硬件就毫无用武之地。假设某个设备的驱动程序安装不正确，设备就不能发挥应有的功能和性能，情况严重时，甚至会导致计算机不能正常工作。

从理论上讲，所有的硬件设备都需要安装相应的驱动程序才能正常工作。但是，CPU、内存、键盘、显示器等设备好像并不需要安装驱动程序也可以正常工作，而主板、显卡、声卡、网卡等设备则需要安装驱动程序，否则无法正常工作。这是因为，CPU等设备对计算机来说是基本必需设备，因此在BIOS固件中直接提供了对这些设备的驱动支持。换句话说，CPU等核心设备可以被BIOS识别并且支持，不再需要安装驱动程序。Windows系统设备和设备驱动程序如图1-39所示。

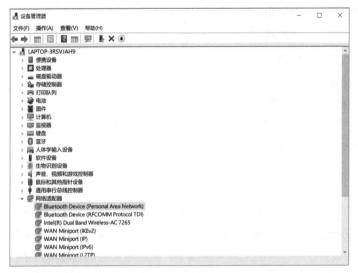

图 1-39　Windows 系统设备和设备驱动程序

**2. 识别硬件设备型号**

在安装驱动程序之前，必须先清楚哪些硬件设备需要安装驱动程序，哪些硬件设备不需要安装。而且，需要知道硬件设备的型号，只有这样才能根据硬件设备型号来选择驱动程序，然后进行安装。如果安装的硬件驱动程序与硬件型号不一致，可能硬件设备无法使用，甚至使计算机无法正常运行。

识别硬件设备型号可以通过查看硬件设备包装盒及说明书，然后通过网站（如驱动之家）下载相应的驱动程序；当说明书找不到时，可以采用检测软件（如 EVEREST 等）进行测试的方法识别。

**3. 驱动程序的安装顺序**

驱动程序的安装顺序不同，可能导致计算机的性能不同、稳定性不同，甚至发生故障。驱动程序的安装顺序如下：

① 操作系统安装完成后，就应当安装系统补丁程序。系统补丁主要解决系统的兼容性问题和安全性问题，这可以避免出现系统与驱动程序的兼容性问题。

② 安装主板驱动程序。主板驱动程序的主要功能是发挥芯片组的功能和性能。

③ 安装最新的 DirectX 程序，为显卡提供更好的支持，使显卡达到最佳运行状态。

④ 安装各种板卡驱动程序，主要包括网卡、声卡、显卡等。

⑤ 安装打印机、扫描仪、摄像头、无线网卡、无线路由器等设备的驱动程序。对于一些有特殊功能的键盘和鼠标，也需要安装相应的驱动程序才能使用这些功能。

**4. 设备驱动程序的安装方法**

（1）直接安装

双击文件扩展名为 .exe 的驱动程序执行文件进行安装。

（2）搜索安装

右击"开始"按钮，在弹出的快捷菜单中选择"设备管理器"命令，打开"设备管理器"窗口，如果发现设备（如网卡）前面有个黄色的圆圈里面还有个"！"号，表明网卡驱动程序没有安装，右击该设备，在弹出的快捷菜单中选择"更新驱动程序"命令进行安装。如果操作系统包含了这个硬件设备的驱动程序，那么系统将自动为这个硬件设备安装驱动程序；如果操作系统没有支持这个硬件的驱动程序，则无法完成驱动程序的安装。

（3）自动更新

通过Windows自动更新获取驱动程序并自动安装，这是一种最简单的方法。

5. 驱动程序的卸载

一般驱动程序卸载的频率比较低，但也有需要卸载驱动程序的时候。例如，安装完驱动后，发现与其他硬件设备的驱动程序发生冲突，与系统不兼容，造成系统不稳定，或者需要升级到新驱动程序，此时就需要卸载原驱动程序了。

（1）利用"设备管理器"卸载

打开"设备管理器"窗口，单击需卸载驱动程序的设备（如网卡），然后对其右击，在弹出的快捷菜单中选择"卸载"命令。

（2）利用第三方软件卸载

利用Windows优化大师、完美卸装等工具软件卸载。

## 1.5.2　Windows系统优化

### 1. 系统注册表优化

（1）注册表的基本功能

注册表是一个非常庞大、非常复杂的计算机硬件和软件信息的集合，其界面如图1-40所示。注册表中每一条记录（键值）的目的是什么、合理参数是什么，微软公司和应用软件开发者从来没有公布过。因此，修改注册表只是根据用户的经验进行，一旦修改错误，轻则使某个程序出错，重则导致计算机不能启动，因此不建议用户手动优化。有很多软件公司开发了注册表优化软件，如"Windows优化大师"等，用户使用它们就可以对计算机进行各方面的优化。

图 1-40　Windows 10 操作系统注册表

（2）利用Windows优化大师工具软件优化注册表

可以利用Windows优化大师等工具软件，对注册表进行优化处理。例如，运行"Windows

优化大师"工具软件，选择"系统清理"→"注册信息清理"→"扫描"命令，如图1-41所示，开始扫描注册表垃圾项目，扫描完成后，选择"全部删除"→"是"→"确定"即可。

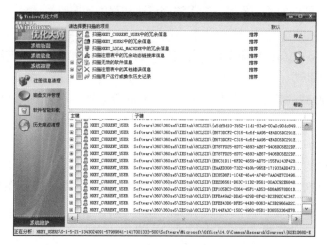

图 1-41　Windows 优化大师对注册表进行扫描

（3）手动注册表优化

如果非要进行手动注册表优化，可以在Windows 10操作系统下，选择"开始"→"所有程序"→"附件"→"运行"命令，输入"regedit"命令运行"注册表编辑器"程序。这个软件的使用方法非常简单，但困难的是不知道如何修改注册表中的键值。虽然可以通过因特网查询到部分注册表修改方法，但是随着操作系统的升级，这些注册表信息的内容会发生改变，而且键值的位置也会发生改变。

2. 优化系统运行速度

（1）关闭"自动更新"功能

这个办法对提高计算机运行速度效果非常明显，因为即使计算机没有连接网络，自动更新也会一遍遍地检查。它占了很大的内存空间。即使更新完成了，也会定时检查更新。所以，影响计算机速度也是很明显的。具体操作为：选择"开始"→"控制面板"→"Windows Update"→"更改设置"命令，在"重要更新"中选择"从不检查更新"→"确定"。

（2）关闭Windows防火墙

如果安装了专业杀毒软件和防火墙，那么可把Windows中的防火墙关闭。一台机器没有必要装两种防火墙，这会影响计算机速度。具体操作是：选择"开始"→"控制面板"→"Windows防火墙"→"启用或关闭Windows防火墙"→"关闭Windows防火墙"。

（3）关闭"Internet时间同步"功能

"Internet时间同步"是使计算机时钟每周与Internet时间服务器进行一次同步，这样计算机的系统时间就是精确的。对大多数用户来说，这个功能用处不大。具体操作是：依次单击"开始"→"控制面板"→"日期、时间、语言和区域"选项，然后单击"日期和时间"→"Internet时间"。

（4）关闭"系统还原"

在计算机运行一段时间后，如果运行效果良好，可以先建立一个"还原点"，然后关掉"系统还原"，记住这个日期，以后系统出现故障时，即可作为还原日期。具体操作为：选择"开始"→"控制面板"→"备份和还原"→"创建系统硬性"→"设置备份"，进行备份设置即可。

（5）关闭"远程桌面"功能

该功能可以让别人在另一台计算机上访问自己计算机的桌面，也可以访问其他的计算机。对普通用户来说这个功能显得多余，可以关闭它。什么时候用，什么时候再打开就可以了。具体操作为：选择"开始"→"计算机"命令，在窗口中右击，在弹出的快捷菜单中选择"属性"命令，再选择"远程设置"，取消选择"允许远程协助连接这台计算机"复选框，单击"确定"按钮即可。

### 3. 清理系统垃圾文件

（1）软件安装过程中产生的临时文件

许多软件在安装时，首先要把自身的安装文件解压缩到一个临时目录（一般为 C:\Windows\ Temp 目录），然后再进行安装。如果软件设计有疏忽或者系统有问题，当安装结束后，这些临时文件就会留在原目录中，没有被删除，成为垃圾文件。例如，Windows 系统在自动更新过程中，会将自动从网络下载的更新文件保存在 C:\Windows 目录中，文件以隐藏子目录方式保存，子目录名以 "$" 开头。这些文件在系统更新后就没有作用了，可以删除。

（2）软件运行过程中产生的临时文件

软件运行过程中，通常会产生一些临时交换文件，如一些程序工作时产生的 *.old 或 *.bak 等备份文件、杀毒软件检查时生成的备份文件、做磁盘检查时产生的文件（*.chk）、软件运行的临时文件（*.tmp）、日志文件（*.log）、临时帮助文件（*.gid）等。特别是 IE 浏览器的临时文件夹 "Temporary Internet Files"，其中包含了临时缓存文件、历史记录、Cookie 等，这些临时文件不但占用了硬盘空间，还会将个人隐私公之于众，严重时还会使系统运行速度变慢。

（3）软件卸载后遗留的文件

由于 Windows 的多数软件都使用了动态链接库（DLL），也有一些软件的设计还不太成熟，导致很多软件被卸载后，经常会在硬盘中留下一些文件夹、*.dll 文件、*.hlp 文件和注册表键值以及形形色色的垃圾文件。

（4）多余的帮助文件

Windows 和应用软件都会自带一些帮助文件（*.hlp、*.pdf 等）、教程文件（*.hlp 等）等；应用软件也会安装一些多余的字体文件，尤其是一些中文字体文件，不仅占用空间甚大，更会严重影响系统的运行速度；另外，"系统还原"文件夹也占用了大量的硬盘空间。

（5）利用 Windows 优化大师工具软件清理

可以利用 Windows 优化大师、360 安全卫士等软件，对垃圾文件进行清除。例如，运行 Windows 优化大师，选择"磁盘文件清理"，单击选中 C 盘（假设 Windows 系统安装在 C 盘），单击"扫描"按钮，开始扫描磁盘垃圾文件，扫描完成后，选择"全部删除"→"确定"即可。

## 1.5.3  杀毒软件安装与设置

运行杀毒软件安装文件，按照提示步骤进行安装，安装完毕（若提示重启则立即重启）后，打开杀毒软件，建议对其进行如下设置：

① 三个子选项（快速查杀、全盘查杀、自定义查杀）杀毒引擎级别设为"高"；发现病毒后处理方式设置为"自动杀毒"；不选中"记录日志"选项；不选中"启用声音报警"选项。

② 计算机防护的设置建议如下：

- 文件监控子选项：杀毒引擎级别设置为"高"；发现病毒后处理方式设为"自动杀毒"；不选中"记录日志"。
- 邮件监控子选项：杀毒引擎级别设置为"高"；发现病毒后处理方式设为"自动杀毒"；不选中"记录日志"。
- U盘防护子选项：选中"阻止U盘自动运行"；选中"阻止所有程序创建autorun.inf文件"；U盘接入是否扫描病毒设为"立即扫描"；不选中"记录日志"。
- 木马防御子选项：引擎级别设为"高"；选择"自动阻止未知木马运行"；不选中"记录日志"。
- 浏览器防护子选项选中"防御未知漏洞攻击"；选中"浏览器防挂马"，并设置防挂级别为"高"；不选中"启动浏览器时显示防护提示框"；不选中"记录日志"。
- 办公软件防护子选项：选中"防御未知漏洞攻击"；不选中"启动办公软件时显示防护提示框"；不选中"记录日志"；系统内核加固子选项不选中"记录日志"。

③ 网络防护：级别设置为默认"中"。若设为"高"，则局域网互访将受限，需在之后设置白名单（IP地址），其他计算机才可共享本机文件或打印机。网络防护的设置建议有：

- 程序联网控制子项：默认方式。
- 网络攻击拦截子项：不选中"启用声音报警"。
- 恶意网址拦截子项设置为"默认方式"。
- ARP欺骗防御子项：选中"拒绝IP地址冲突攻击"；选中"禁止本机对外发送虚假ARP数据包"；选中"防御局域网中所有电脑"。
- 对外攻击拦截设置子项防护等级均设为"高"。
- 网络数据保护设置子项：默认方式。
- IP规则设置子项可按原默认方式。如果前述"网络防护"级别设置设为"高"，其他计算机要共享该机文件或打印机，则需在该子项中对黑白名单进行设置，在"IP包黑白名单"界面的"白名单"页面中，增加允许共享的计算机的IP即可。

④ 升级设置：设置为"即时升级"，选中"静默升级"（系统自动进入网站升级版本并升级，不影响用户进行其他工作）。

## 1.5.4  U盘"文件夹型"病毒查杀软件的使用

"文件夹型"病毒的常见症状如下：

① 会在U盘自动创建autorun.inf文件，且无法删除，常常被一些病毒利用。

② 将U盘文件夹转换为.exe文件，致使无法打开文件夹，或双击打开会感染计算机。

③ 一般杀毒程序无法彻底查杀，或查杀后仍遗留"病毒尸体"，或文件夹属性已变为"隐藏"且无法改变其隐藏属性。

将"文件夹型"病毒专杀程序（RAR压缩包）复制到非C盘符的根路径下，不要解压（如果复制或解压到某一文件夹下，该文件夹一旦被感染而无法打开，便无法使用该专杀程序）。

需要使用该专杀程序时，先插入 U 盘，双击打开专杀压缩包，在压缩包内直接运行 KillVirus.exe 文件即可对 U 盘该类病毒进行清除。

### 1.5.5　计算机操作简要设置技巧

计算机操作的基本设置如下：

① 关闭 Windows 操作系统防火墙，防止操作系统自带防火墙与专业杀毒防火墙的重复查杀。

② 设置视觉样式为 Windows 经典模式：在桌面空白处右击，在弹出的快捷菜单中选择"个性化"命令，在打开的窗口中选择"Windows 经典主题"选项即可。

③ 设置"开始"菜单：右击屏幕下端状态栏，在弹出的快捷菜单中选择"属性"命令，弹出"任务栏和「开始」菜单属性"对话框，选择"「开始」菜单"选项卡，在此进行相关设置。

### 1.5.6　局域网共享设置

#### 1. 文件夹共享

找到需共享的文件夹，右击该文件夹，在弹出的快捷菜单中选择"属性"命令，弹出"属性"对话框，打开"共享"选项卡，单击"共享"按钮，按照提示进行设置，即可完成该文件夹的共享设置。

#### 2. 打印机共享设置

（1）设置打印机共享

在本机上连接好打印机后，进入"控制面板"界面，单击"查看设备和打印机"命令，进入"设备和打印机"窗口。找到要设置共享的打印机，右击弹出快捷菜单，选择"打印机属性"命令，弹出打印机的属性对话框，打开"共享"选项卡，选中"共享这台打印机"复选框，输入共享名称，单击"确定"按钮即可。

（2）连接共享的打印机

单击"开始"按钮，打开"开始"菜单，选择"运行"命令，弹出"运行"对话框，在输入框中输入"\\共享打印机所在的计算机名"（如"\\ML"），在新打开的界面中，有要连接的打印机图标，双击所需连接的打印机，系统提示自动安装驱动程序时选择"是"，稍候打印机连接成功。

**注意**

在进行上述设置时，可能需要输入共享打印机所在计算机的用户名和密码。

# ▍1.6　操　作　题

### 操作题 1　计算机文字输入练习

#### 1. 实验要求

① 了解计算机键盘。

② 熟练掌握一种输入法。

## 2. 实验内容

### （1）熟悉输入指法

汉字处理是计算机在办公自动化应用中的主要内容，在能够进行汉字输入之前，首先应该掌握计算机键盘的基本操作方法以及正确的输入指法。

① 键盘的基准键与手指的对应关系如图1-42所示。

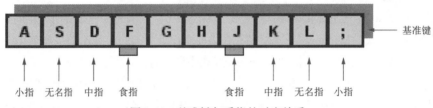

图 1-42　基准键与手指的对应关系

② 键盘指法分区如图1-43所示。

图 1-43　键盘指法分区

### （2）输入法

① 输入法状态框如图1-44所示。

图 1-44　输入法状态框

② 常见输入法有搜狗拼音输入法、搜狗五笔输入法和万能五笔输入法等。

③ "五笔字型"字根键盘如图1-45所示。

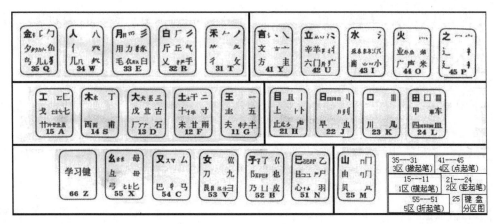

图 1-45 "五笔字型"字根键盘

练习：按要求输入以下文字。

计算机能够正确地开关，对于使用寿命大大提高。由于计算机在刚加电和断电的瞬间会有较大的电冲击，会给主机发送干扰信号导致主机无法启动或出现异常，因此，在开机时应该先给外围设备加电，然后再给主机加电。但是，如果个别计算机先开外围设备（特别是打印机）则主机无法正常工作，这种情况下应该采用相反的开机顺序。关机时则相反，应该先关主机，然后关闭外围设备的电源。这样可以避免主机中的部位受到大的电冲击。在使用计算机的过程中还应该注意下面几点：Windows操作系统不能任意开关，一定要正常关机；如果死机，应先设法"软启动"，再"硬启动"（按Reset按钮），实在不行再"硬关机"（按电源开关数秒）。

## 操作题2 计算机硬件系统配置

1. 实验要求

① 通过网络配置一台适合本专业使用的计算机硬件系统，并列出配置优缺点、性价比等。

② 详细描述从采购计算机硬件到组装计算机的全过程及各个步骤。

2. 实验内容

① 通过百度查询计算机硬件选购综合网站，如太平洋电脑网、中关村在线、泡泡网、电脑之家、天极网等，或者通过综合网址大全网站进行硬件类网址汇总查询。

② 各网站都会有关于"DIY硬件"、"自助装机"或"自助攒机"等的文字链接，如图1-46所示，单击进入相关网页，即可开始选配各类硬件。

图 1-46 太平洋电脑网中的"DIY 硬件"文字链接

③ 硬件配置完成后复制到 Word 文档中，并指出自己所配计算机优缺点、性价比、适用方面等，然后保存文档。

④ 文档中还需包括下列内容：

- 计算机的硬件系统包括哪几部分？一台计算机必须配备的硬件至少有哪些？
- 计算机必备硬件中，各类硬件的主要参数有哪些？各参数如何决定计算机性能？市面上常见品牌及型号有哪些？
- 计算机必备软件有哪些？列举几种。

图 1-47 所示为一套装机配置单，详细列举了计算机所备的硬件及参数。

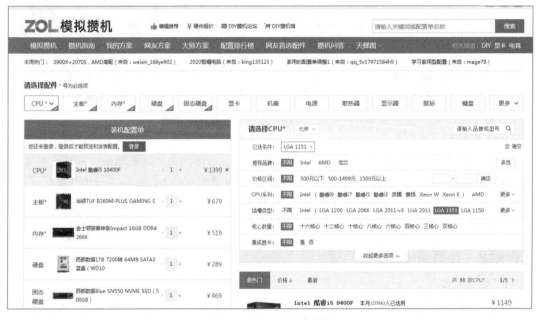

图 1-47　装机配置单案例

# 习　题

## 一、判断题

1. 信息技术就是计算机技术。（　　　）

2. 计算机区别于其他工具的本质特点是具有逻辑判断能力。（　　　）

3. 计算机的性能指标完全由 CPU 决定。（　　　）

4. 编译程序将高级语言源程序翻译成计算机可直接执行的机器语言程序。（　　　）

5. RAM 中的信息在计算机断电后会全部丢失。（　　　）

6. 计算机软件包括系统软件和应用软件。（　　　）

7. 声音、图片等属于计算机信息处理的表示媒体。（　　　）

8. 存储地址是存储器存储单元的编号，CPU 要存取某个存储单元的信息，一定要知道这个存储单元的地址。（　　　）

9. 通常把计算机的运算器、控制器及内存储器称为主机。（　　）

10. 计算机的硬件和软件是互相依存、互相支持的。硬件的某些功能可以用软件来完成，而软件的某些功能也可以用硬件来实现。（　　）

11. 复制软件会侵犯版权人的利益，是一种违法行为。（　　）

12. 反病毒软件能清除所有的病毒。（　　）

13. 计算机病毒可以通过光盘或网络等方式进行传播。（　　）

14. 网上"黑客"是指在网上私闯他人计算机系统的人。（　　）

15. 因特网（Internet）是现代通信技术和计算机技术相结合的产物。（　　）

## 二、选择题

1. 操作系统是一种（　　）。
   A. 系统软件　　　　B. 应用软件　　　　C. 软件包　　　　D. 游戏软件

2. 以下设备中不属于输出设备的是（　　）。
   A. 打印机　　　　B. 绘图仪　　　　C. 扫描仪　　　　D. 显示器

3. 计算机内所有的信息都是以（　　）数字形式表示的。
   A. 八进制　　　　B. 十六进制　　　　C. 十进制　　　　D. 二进制

4. ASCII 码是一种对（　　）进行编码的计算机代码。
   A. 汉字　　　　B. 字符　　　　C. 图像　　　　D. 声音

5. 个人计算机使用的键盘中，【Shift】键是（　　）。
   A. 上挡键　　　　B. 退格键　　　　C. 空格键　　　　D. 回车换行键

6. 目前大多数计算机，就其工作原理而言，基本上采用的是科学家（　　）提出的设计思想。
   A. 比尔·盖茨　　　　B. 冯·诺依曼　　　　C. 乔治·布尔　　　　D. 艾伦·图灵

7. 在多媒体计算机中，CD-ROM 属于（　　）。
   A. 感觉媒体　　　　B. 表示媒体　　　　C. 表现媒体　　　　D. 存储媒体

8. 现代信息技术的核心是（　　）。
   A. 电子计算机和现代通信技术　　　　B. 微电子技术和材料技术
   C. 自动化技术和控制技术　　　　D. 数字化技术和网络技术

9. 完整的计算机系统由（　　）组成。（多选）
   A. 硬件系统　　　　B. 系统软件　　　　C. 软件系统　　　　D. 操作系统

10. 下列有关电子邮件的说法中，正确的是（　　）。
    A. 电子邮件的"邮局"一般在接收方的个人计算机中
    B. 电子邮件是因特网提供的一项基本的服务
    C. 通过电子邮件可以向世界上任何一个因特网用户发送信息
    D. 电子邮件可以发送文字、图片等各种多媒体信息

11. 计算机病毒是指（　　）。
    A. 编制有错误的计算机程序　　　　B. 设计不完善的计算机程序
    C. 已被破坏的计算机程序　　　　D. 以危害系统为目的的特殊计算机程序

12. 我国将计算机软件的知识产权列入（　　）权保护范畴。

　　A．专利　　　　　　B．技术　　　　C．合同　　　　　　D．著作

13. 计算机常用术语CAI是指（　　）。

　　A．计算机辅助设计　　　　　　B．计算机辅助制造

　　C．计算机辅助教学　　　　　　D．计算机辅助测试

## 三、简答题

1. 什么是信息？

2. 计算机发展的趋势是什么？

3. 计算机的特点有哪些？

4. 按规模和性能计算机可分为哪几类？

5. 计算机的硬件系统分为哪五部分？

6. 计算机内部的信息为什么要采用二进制编码表示？

7. 简述冯·诺依曼型计算机的组成与工作原理。

8. 试写出常见的三种计算机输入设备和三种常见的计算机输出设备。

9. 什么是多媒体计算机？

10. 什么是计算机软件？

11. 简述操作系统的五大管理功能。

12. 试写出三类系统软件。

13. 什么是计算机病毒？它具有哪些特征？

14. 为什么要进行计算机职业道德教育？

# 第 2 章

# 操作系统 Windows 10

操作系统（operating system，OS）可以管理计算机系统的全部硬件、软件资源和数据资源，控制程序运行，改善人机界面，为其他应用软件提供支持等，使计算机系统的所有资源最大限度地发挥作用，为用户提供方便、有效、友善的服务界面。

操作系统通常是最靠近硬件的一层系统软件，它把硬件裸机改造成为功能完善的计算机，使计算机系统的使用和管理更加方便，计算机资源的利用率更高，上层的应用程序可以获得比硬件提供的功能更多的支持。

经历多年的发展，操作系统的种类多种多样，功能也相差很大，能够基本适应各种不同的应用和硬件配置。操作系统可以按不同的标准进行分类，但如果从计算机操作系统角度看，常用的计算机操作系统有 UNIX 操作系统、Linux 操作系统和 Windows 操作系统等。本章主要学习目前常用的 Windows 10 操作系统。

## ▌2.1  Windows  10 基本知识

Microsoft Windows 10 是美国微软公司所研发的跨平台及设备应用的操作系统。

2017 年 5 月 2 日，2017 微软春季新品发布会推出 Windows 10，功能有查看混合实现（view mixed realitiy）；5 月 23 日，宣布与神州网信合作，推出政府安全版 Windows 10；10 月 17 日，微软正式开始推送 Windows 10 秋季创意者版本更新（Windows10 Fall Creators Update）。Windows 10 是由微软公司开发的操作系统，应用于计算机和平板电脑等设备。Windows 10 在易用性和安全性方面有了极大的提升，除了针对云服务、智能移动设备、自然人机交互等新技术进行融合外，还对固态硬盘、生物识别、高分辨率屏幕等硬件进行了优化完善与支持。2021 年 6 月 24 日，微软正式推出 Windows 11，提供了许多创新功能，增加了新版开始菜单和输入逻辑等，支持与时代相符的混合工作环境，侧重于在灵活多变的体验中提高最终用户的工作效率。

相较于之前版本，Windows 10 的特点如下：

① 对桌面用户而言，微软恢复了原有的"开始"菜单，并将 Windows 8.x 操作系统中的"开始"界面整合至菜单当中。而 Modern 应用（或叫 Windows Store 应用）则允许在桌面以窗口化模式运行，并以 Aero Snap 模式进行侧边、全屏贴靠（但展示中未出现 Immersive 全屏模式，任务栏在非隐藏状态下将为常驻显示）。

② 桌面右侧的 Charm Bar（超级按钮）仍然保留，而左侧向桌面内滑动则更改为多任务预

览试图供用户快速选择、切换希望与当前任务同屏使用的应用。此外，用户也可以在"开始"菜单底部进行本地或在线内容的全局搜索。

③ Windows 10默认开启并引导用户使用"工作区"（传统名称为"虚拟桌面"）功能。用户可以在不同桌面中运行自定义组别应用，方便在不同场景和使用需求间切换。

④ Windows命令行支持使用【Ctrl+V】快捷键粘贴指令。

⑤ 二合一设备或类Surface设备可选用另一种"开始"菜单/桌面形式。这种模式下"开始"菜单、Modern磁贴界面和电源选项将直接呈现在桌面上以常驻形式与任务栏并存。

### 2.1.1 桌面

桌面是计算机屏幕上显示窗口、图标、菜单和对话框的工作区域。通常，桌面上放置一些常用程序的快捷方式或临时放置的文件和文件夹。第一次启动Windows 10时，桌面上非常简洁，有"此电脑""网络""回收站""控制面板"等图标。用户可以自定义桌面，使最常用的一些图标显示在桌面上，如图2-1所示。

图 2-1　Windows 10 桌面

① 控制面板（control panel）：是Windows图形用户界面的一部分，也可通过"开始"菜单访问。它允许用户查看并操作基本的系统设置，如添加/删除软件、控制用户账户、更改辅助功能选项等。

② 此电脑：双击该图标可显示本计算机的硬盘和DVD-RW驱动器中的内容；也可以搜索和打开文件及文件夹，访问控制面板中的选项以修改计算机的设置。

③ 网络：显示指向共享计算机、打印机和网络上其他资源的快捷方式。双击该图标可打开"网络"文件夹，这里包含指向计算机中的任务和位置的超链接。

④ 回收站：通常Windows在删除文件和文件夹时并不将它们直接从磁盘上删除，而是暂时保存在"回收站"中，以便在需要时进行还原。

⑤ Edge：用户启动Edge浏览器的快捷图标，访问因特网资源。通过其属性对话框，可以设置本地的因特网连接属性。

喜欢使用传统桌面的用户，可以右击桌面的空白区域，在弹出的快捷菜单中单击"个性化"命令，打开"设置"窗口，选择个性化"背景"选项，然后选择相应图片背景。

### 2.1.2 "开始"菜单

"开始"菜单位于桌面的左下角，单击"开始"按钮，会显示一个菜单，以便于用户访问计算机中的项目。例如，单击"帮助和支持"命令可以打开"帮助和支持中心"窗口，获取有关 Windows 的帮助信息。指向"所有程序"命令，可以打开一个程序列表，列出本计算机中当前安装的所有程序。

### 1. 认识"开始"菜单

"开始"菜单如图2-2所示。其中各项内容介绍如下：

图 2-2　"开始"菜单

"所有程序"列表：列表将展开"所有程序"列表，用户可从该列表中找到并打开计算机中已安装的全部应用程序。

"文档"按钮：单击它可打开"文档"窗口，浏览"此电脑"的文档，如图2-3所示。

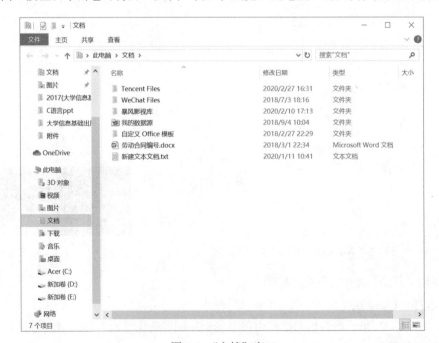

图 2-3　"文档"窗口

"图片"按钮：单击它可打开"图片"窗口，浏览"此电脑"的图片，如图2-4所示。

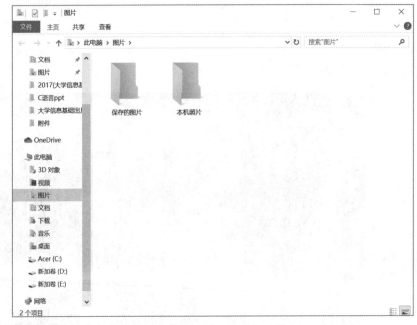

图 2-4 "图片"窗口

"设置"按钮：单击它可打开"设置"窗口，进行Windows设置，如图2-5所示。

"电源"按钮：单击它可打开列表，用户可通过选项进行睡眠、关机、重启等操作，如图2-6所示。

图 2-5　Windows "设置"窗口　　　　　　　　图 2-6　"电源"按钮列表

## 2. 使用"开始"菜单打开应用程序

下面以打开Excel应用程序为例来说明怎样使用"开始"菜单打开应用程序。

单击"开始"按钮，在弹出的菜单中按字母顺序浏览弹出所有程序列表，单击Excel，即可将其打开，如图2-7所示。

图 2-7　利用"开始"菜单中的"所有程序"列表启动应用程序

## 2.1.3　任务栏

### 1. 认识任务栏

任务栏在默认状态下位于屏幕的底端，它是桌面上一个重要的对象。任务栏如图 2-8 所示，它由几个部分组成，从左向右依次为"开始"按钮、任务图标、通知区域。

图 2-8　任务栏 1

任务图标：用户每执行一项任务，系统都会在任务栏的中间区域放置一个与该任务相关的图标。通过单击不同图标，可在各任务之间切换。另外，将鼠标指针放置在任务图标上，会显示相应任务的预览图。

通知区域：显示当前时间、声音调节、一些在后台运行的应用程序等图标。单击、双击或右击通知区中图标可分别执行不同的操作。

### 2. 任务栏的使用

右击任务栏弹出快捷菜单，单击选中取消"锁定任务栏"按钮，可在任务栏上依次添加"任务视图"按钮、"桌面"按钮、"链接地址"按钮、"触摸键盘"按钮等，如图 2-9 所示。

图 2-9　任务栏 2

## 2.1.4　回收站

"回收站"是 Windows 中存储被删除的文件的场所。"回收站"的容量有限，用户可以通过"回收站 属性"对话框设置回收站的属性。右击桌面上的"回收站"图标，在弹出的快捷菜单中选择"属性"命令，打开"回收站 属性"对话框，如图2-10所示。在默认打开的"常规"选项卡中，可以设置"回收站"在本地磁盘中所占的比例（即"回收站"的大小）。

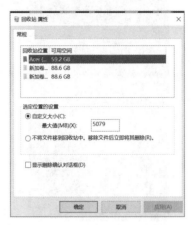

图2-10　"回收站 属性"对话框

　　如果希望从"回收站"中恢复已被删除的文件或文件夹，可以通过双击"回收站"图标打开"回收站"窗口，右击需要恢复的文件或文件夹，在打开的快捷菜单中单击"还原"命令。如果要清空"回收站"，可以右击桌面"回收站"图标，在打开的快捷菜单中单击"清空回收站"命令。

**注意**

　　清空"回收站"后，将不能再恢复已被删除的文件。

### 2.1.5　窗口

　　窗口是程序或过程能运行的部分视屏。在Windows中，可以同时打开几个窗口。窗口可以关闭、改变尺寸、移动、最小化到任务栏上，或最大化到整个屏幕。绝大多数窗口都由一些相同的元素组成，如地址栏、菜单栏、控制按钮、工具栏以及边框等，如图2-11所示。

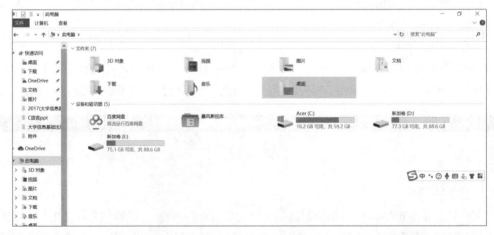

图2-11　Windows 10窗口

①地址栏：用于输入文件的地址。用户可以通过下拉菜单选择地址，方便访问本地或网络的文件夹。

②菜单栏：提供了对大多数应用程序访问的途径。其中最为常见的菜单是"文件"、"编辑"、"查看"与"帮助"，根据窗口完成操作的不同，菜单的内容也会发生一些变化。在"计算机"窗口的菜单栏中除了上述菜单外，还包括"工具"菜单。

③控制按钮：位于窗口的右上角。单击"最大化"按钮，可使本窗口处于最大化状态，同时"最大化"按钮变成"还原"按钮，再单击此按钮，可使窗口恢复至原大小；单击"最小化"按钮，可使窗口最小化成一个小图标；单击"关闭"按钮，则将本窗口关闭。

④搜索栏：Windows 10 随处可见类似的搜索栏，它们具备动态搜索功能。

⑤边框：由窗口边界组成，将光标移动至水平边框处，光标变成⇕时，此时拖动鼠标可在垂直方向上改变窗口的大小。类似操作，将光标移动至垂直边框处，光标变成↔时，拖动鼠标可在水平方向上改变窗口的大小，拖动窗口的边角可以同时在水平与垂直方向上改变窗口的尺寸。

⑥工具栏：一般位于菜单栏下，提供一些常用操作的快捷方式。

⑦状态栏：位于窗口底部，提供一些有关当前操作的信息。

⑧滚动条：使用滚动条可以对窗口进行定位。当内容较多不能在一个窗口中显示时，Windows 将自动显示滚动条。滚动条显示在窗口的右侧（垂直滚动条）和底部（水平滚动条）。单击滚动条两端的三角按钮可以使文档上、下、左、右滚动，也可以使用鼠标拖动滚动条来滚动窗口的内容。

## 2.1.6　菜单

菜单位于 Windows 窗口的菜单栏中，是应用程序的命令集合。Windows 窗口的菜单栏通常由多个下拉菜单组成，每个菜单又包含若干命令。在菜单中，有些命令在某些时候可用，有些命令包含有快捷键，有些命令后还有级联的子命令。

①可用命令：菜单中可选用的命令以黑色字符显示，不可选用的命令以灰色字符显示。命令不可选用是因为不需要或无法执行这些命令（单击灰色字符命令将没有反应）。

②快捷键：有些命令的右边有快捷键，用户通过使用快捷键，可以直接执行相应的菜单命令。通常相同意义的操作命令在不同窗口中具有相同的快捷键。

③带下画线字母命令：在菜单命令中常有带下画线的字母，此字母为用户使用键盘操作命令提供了方便。在键盘上键入带下画线的字母，可执行该命令。

④设置命令：如果命令的后面有省略号"…"，表示选择此命令后将打开一个对话框或者一个设置向导。

⑤复选项：当选择某个命令后，该命令的左边出现一个复选标记"√"表示此命令正在起作用；命令左边的标记"√"消失，表示取消选择该命令。

⑥单选按钮：有些菜单命令中有多个命令。每次只能有一个命令被选中，当前选中的命令左边出现一个单选标记"•"。选择该组的其他命令，标记"•"出现在选中命令的左边，原来命令的标记取消。

⑦ 级联菜单：如果命令的右边有一个向右的箭头，则光标指向此命令后，会打开一个级联菜单，级联菜单通常给出某一类选项或命令，有时是一组应用程序。

⑧ 快捷菜单：在Windows中，右击桌面的任何对象，将出现一个快捷菜单，称为打开式菜单，该菜单提供与该对象相关的各种操作功能。使用快捷菜单可进行快速操作。

## 2.1.7　对话框

对话框包含按钮和各种选项，通过它们可以完成特定的命令或任务。例如，在"文件夹选项"对话框中有命令按钮、复选框及下拉列表框等，如图2-12所示，便于用户对相关属性进行设置。

图 2-12　对话框示例

① 标签：主要用于多个选项卡之间的切换，不同的标签对应不同的选项卡。

② 预览框：用于预览文本或图形。由于预览区通常比较小，因此浏览大尺寸位图或文本的速度通常比较快。预览框分为图形预览框和文本预览框两种。

③ 微调框：用于选中一个数值。它由文本框和微调按钮组成。在微调框中，单击上下微调按钮，可增加或减少数值，也可以在文本框中直接输入需要的数值。

④ 命令按钮：用于完成一个任务操作。大多数对话框中都带有"确定"和"取消"两个按钮。单击"确定"按钮，将按对话框中的设置去执行命令；单击"取消"按钮，将关闭对话框并取消先前所选的命令。如果命令按钮名字后跟有省略号"…"，选择它又会打开一个对话框。

⑤ 下拉列表框：用于选择多重的项目，选中的项目将在下拉列表框内显示。当单击下拉列表框右边的按钮时，将出现一个下拉列表供用户选择。

⑥ 列表框：用于显示多个选项。如果选项较多，不能一次全部显示在列表框中，可用系统提供的滚动条查看。与下拉列表框不同的是，列表框处于打开状态，下拉列表框则需要单击其

下拉按钮才可将其打开。

⑦ 文本框：文本框可以接收用户输入的信息，以便正确完成对话框的操作。当光标移动到空白文本框中时，光标变为闪烁的竖条（文本光标）等待插入，输入的正文从该插入点开始。如果文本框内已有正文，则正文都被选中，此时输入的正文内容将替代原有的正文。用户也可用【Delete】键或【Backspace】键删除文本框中已有的正文。

⑧ 单选按钮：显示的是一些互相排斥的选项，每次只能选择其中的一个项目。被选中的圆圈中将会有个黑点。任何时候都只能选择一个选项，不能用的选项呈灰色。

⑨ 复选框：复选框中所列出的各个选项不是互相排斥的，即可根据需要选择一个或几个项目。每个选项的左边有一个小正方形作为选择框。当选中时，框内出现一个"P"标记。一个选择框代表一个可以打开或关闭的选项，在空白选择框上单击可选中它，再次单击该选择框可清除它。

⑩ 选项组：通过一个矩形框将一组相关选项组织在一起，进行细致的选择或设置。

# ▌2.2　文件管理

文件管理包括查看、创建、删除和重命名等操作。Windows 10 为文件的各种操作提供了两种视图方式：普通窗口界面和文件资源管理器界面。Windows 文件资源管理器是和网络浏览器紧密配合使用的计算机资源浏览工具，浏览器对网络资源的各种操作和资源管理器的各种操作是完全相同的。

## 2.2.1　文件和文件夹

### 1. 文件

一个文件是一组信息的集合，包含文本、图像、声音及数值数据等信息。这些信息最初在内存中建立，以用户命名的文件名存储到磁盘上。文件是 Windows 中最基本的存储单位，通常存储在磁盘中。Windows 10 支持 DOS 和 Windows 3.X 以及它自己较长名字的文件命名协议。

文件具有的基本特性如下：

① 文件名具有唯一性。在同一磁盘的同一目录区域内不允许有名称相同的文件。

② 文件中可存放字符、数字、图片和声音等各种信息。

③ 文件具有可携带性，可以从一张磁盘或一台计算机上复制到另外一张磁盘或另一台计算机上。

④ 文件具有可修改性。文件可以缩小、扩大，可以修改、减少或增加，甚至可以完全删除。

⑤ 文件在磁盘中有其固定的位置。文件的位置很重要，在一些情况下，需要给出路径来告诉程序或用户文件的位置。路径由存储文件的磁盘、文件夹或子文件夹组成。

Windows 支持最长 255 个字符的长文件名。文件的扩展名通常表示文件的类型，例如，.avi 代表视频文件、.docx 代表 Word 文件、.exe 代表可执行文件。常用的 Windows 文件扩展名见表 2-1。

表 2-1　常用的 Windows 文件扩展名

| 扩 展 名 | 文 件 类 型 | 扩 展 名 | 文 件 类 型 |
|---|---|---|---|
| .avi | 视频文件 | .fon | 字体文件 |
| .bak | 备份文件 | .hlp | 帮助文件 |
| .bat | 批处理文件 | .inf | 信息文件 |
| .bmp | 位图文件 | .mid | 乐器数字接口文件 |
| .com | 执行文件 | .mmf | 邮件文件 |
| .dat | 数据文件 | .rtf | 文本格式文件 |
| .dcx | 传真文件 | .scr | 屏幕文件 |
| .dll | 动态链接库 | .ttf | TrueType字体文件 |
| .docx | Word文件 | .txt | 文本文件 |
| .drv | 驱动程序文件 | .wav | 声音文件 |

Windows 文件的命名规则如下：

① 在文件或文件夹名字中，用户最多可使用255个字符。

② 用户可使用有多个间隔符（.）的扩展名，如 report.lj.oct98。

③ 名字可以有空格但不能有下列符号：\、/、:、*、?、"、<、>、|等。

④ Windows 保留文件名的大小写格式，但是不能利用大小写区分文件名。例如，README.txt 和 readme.txt 会被认为是同一个文件名。

⑤ 当搜索和显示文件时，用户可使用通配符"?"和"*"。其中，问号"?"代表一个任意字符，星号"*"代表一系列字符。

### 2. 文件夹

磁盘是用户存储信息的设备，文件存放在磁盘中的不同文件夹及子文件夹中。在 Windows 中将目录称为文件夹，一个目录的子目录称为子文件夹。磁盘中的文件夹是按照树状结构组织的。

## 2.2.2　文件资源管理器

Windows 资源管理器用于显示用户计算机上的文件、文件夹和驱动器的分层结构，显示映射到计算机上的驱动器号的所有网络驱动器名称。使用 Windows 资源管理器，可以复制、移动、重新命名以及搜索文件和文件夹。在 Windows 中的其他一些地方也可以查看和操作文件及文件夹。"文档"是存储用户想要迅速访问的文档、图形或其他文件的方便位置，也可以查看"网络"，其中列出了与用户的局域网（LAN）连接的其他计算机。

启动文件资源管理器的操作方法如下：

打开"开始"菜单，选择"所有程序"→"Windows 系统"→"文件资源管理器"命令，如图2-13所示。

在"文件资源管理器"窗口中可直接查看它们的内容，如图2-14所示。

图 2-13　选择"文件资源管理器"命令

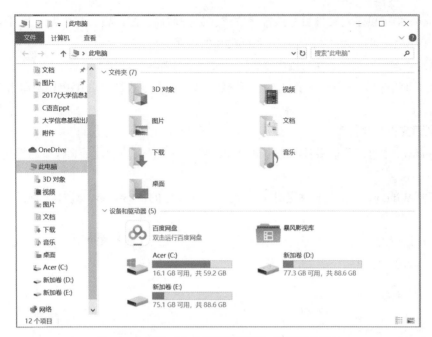

图 2-14　打开"文件资源管理器"后浏览的窗口

## 2.2.3　文件与文件夹的操作

Windows 用户可以对文件或文件夹进行多种操作，如创建、查看、重命名、移动、复制、删除文件和文件夹，设置文件的属性，自定义文件夹等。

### 1. 查看文件和文件夹

Windows 用户通过"此电脑"或"文件资源管理器"查看文件，可对文件的显示和排列格式进行设置。

在"此电脑"或"文件资源管理器"中，单击菜单栏中的"查看"按钮，打开"查看"菜单，在"布局"组中可以看到有超大图标、大图标、中图标、小图标、列表、详细信息、平铺、内容几种方式供用户选择，如图 2-15 所示。

图 2-15　查看文件的布局方式

① 各种图标命令：可以预览图像或 Web 页文件中的网页显示内容。

② "列表"命令：以单列小目标的格式排列显示文件。

③ "详细信息"命令：可以显示文件的名称、大小、类型、修改日期和时间等。

④ "平铺"命令：以大图标的格式排列显示文件。

Windows中提供了对文件目标的排序方式，如按名称、按类型、按总大小及可用空间等。执行下列操作之一可以对文件图标进行不同类型的排序。

① 单击"查看"菜单，在"排序方式"子菜单中选择相应的排列方式。

② 在桌面空白处右击，在弹出的快捷菜单的"排序方式"级联菜单中选择相应的排列方式。

**2. 创建文件和文件夹**

在Windows中可以采取多种方法来创建文件夹。在文件夹中创建子文件夹的操作方法有以下几种：

① 打开Windows"文件资源管理器"窗口，从弹出的快捷菜单中选择"新建"→"文件夹"命令。

② 在资源管理器窗口中，选择"主页"→"新建"→"新建文件夹"命令，如图2-16所示，将会在目前位置建立一个新的文件夹。

图 2-16　新建文件夹

新建立的文件夹被默认命名为"新建文件夹"。

**3. 选择文件和文件夹**

对文件操作前，首先要选中文件。选中的文件会突出显示。一次可以选中一个或多个文件，操作方法如下：

① 选中单个文件：可以单击文件，或使用键盘中的方向键选中文件。

② 选中一组连续排列的文件：单击选中第一项，再按住【Shift】键不放，然后单击最后一个要选中的项；或使用键盘先选中第一项，再按住【Shift】键，同时用方向键选中其他项。

③ 选中一组非连续排列的文件：先按住【Ctrl】键，然后用鼠标依次单击需要选中的文件。

④ 拖动鼠标选中文件：在文件列表窗口中拖动鼠标，出现一个虚线框，释放鼠标，即可选中虚线框中的所有文件。

⑤ 选中文件夹下所有文件：选择"编辑"→"全选"命令选中文件夹中的所有文件；或选择"编辑"→"反向选择"命令，可选中文件夹中以前没有选中的文件。

**4. 复制、移动文件和文件夹**

在Windows中，用户可以使用鼠标拖动的方法，或使用菜单中的"复制""剪切""粘贴"命令，对文件、文件夹进行复制和移动操作。

① 通过鼠标拖动复制和移动文件、文件夹：可以分别打开要复制或移动的对象的源窗口以及目的窗口，使两个窗口都同时可见。在源窗口中选中对象后，按住【Ctrl】键的同时用鼠标将其拖动到目的窗口中进行复制，或按住【Shift】键的同时用鼠标将其拖动到目的窗口中进行移动。

　　将文件和文件夹在不同磁盘分区之间拖动放置时，Windows 的默认操作是复制；在同一分区中拖动和放置时，Windows 的默认操作是移动。如果要在同一分区将一个文件夹复制到另一个文件夹，必须在拖动时按住【Ctrl】键；同样，如果要在磁盘分区之间移动文件，必须在拖动时按住【Shift】键。

　　如果用户使用鼠标加按键的方式拖动文件或文件夹，则在拖动之后系统将自动打开一个快捷菜单，用户可以根据需要选择其中的命令。

　　② 使用命令方式移动和复制文件、文件夹：打开需要复制或移动的对象所在的窗口，选中需要复制的项目，选择"编辑"→"复制"命令复制对象；或选择"编辑"→"剪切"命令移动对象；打开需要把对象复制或移动到的目的窗口，选择"编辑"→"粘贴"命令，将需要复制或移动的文件、文件夹粘贴到目的窗口中。

　　也可以右击要复制或移动的对象，在弹出的快捷菜单中进行操作。

### 5. 重命名文件和文件夹

　　在 Windows 中，用户可以根据自己的需要重命名文件及文件夹，操作方法如下：

　　① 打开 Windows 资源管理器，单击选中想要重命名的文件或文件夹，选择"文件"→"重命名"命令，被选中的文件或文件夹的名称将高亮显示，在名称的末尾出现闪烁的光标，这时输入新的文件或文件夹名称即可。

　　② 用户也可以直接右击要重命名的文件或文件夹，在弹出的快捷菜单中选择"重命名"命令来快速重命名文件或文件夹。

### 6. 删除文件和文件夹

　　为了保持计算机中文件系统的整洁及条理，同时也为了节省磁盘空间，用户需要经常删除一些已经没有用的或损坏的文件和文件夹，操作方法如下：

　　① 右击要删除的文件或文件夹（可以是选中的多个文件或文件夹），在弹出的快捷菜单中选择"删除"命令。

　　② 在"资源管理器"中选中要删除的文件或文件夹，选择"文件"→"删除"命令。

　　③ 选中想要删除的文件或文件夹，按【Delete】键。

　　④ 用鼠标将要删除的文件或文件夹拖到桌面的"回收站"图标中。

　　若某些文件或文件夹正被系统使用，则 Windows 将提示用户该文件或文件夹不能删除。

### 7. 查看文件的属性

　　在 Windows 文件资源管理器中，每个文件都有自己的属性。通过文件的属性，可以了解文件的存储位置、大小、创建修改时间、作者和主题等信息。

　　要查看文件的属性，可以右击选中该文件，在弹出的快捷菜单中选择"属性"命令，打开该文件的属性对话框，如图 2-17 所示。

　　在"常规"选项卡中可以看到该文件的文件类型、打开方式、所处的位置、文件的大小、文件占用空间以及创建时间、修改时间和访问时间等信息。

通常，如果将文件属性改为"只读"，那么该文件将不能被修改。如果选中"隐藏"复选框，那么在Windows资源管理器中将不会显示该文件。一般文件的属性为"存档"，个别应用程序会根据该属性决定是否在打开文件之前制作文件的副本。

如果要显示隐藏的文件，可以在Windows文件资源管理器中选择"查看"，把"隐藏的选项"前复选框中的对钩去掉。

如果要查看文件的摘要信息，可以在文件属性对话框中单击"详细信息"选项卡，然后查看有关文件的标题、主题、类型、页数、字数、行数、备注和所有者等信息。查看完后，单击"确定"按钮返回。

### 8. 设置文件夹属性

在 Windows 文件资源管理器窗口或任意文件夹窗口中，可以选择"文件"→"属性"命令，在打开的文件夹的属性对话框中对文件夹进行更高级的设置，如图2-18所示。

图 2-17  文件的属性对话框

图 2-18  文件夹的属性对话框

如果将共享文件存储在计算机上，用户可设置为在未连接到网络时也能访问它们。这种方式下，用户可以将网络文件指定为可脱机访问。当用户使用笔记本式计算机来完成大部分工作，或者所使用的独立计算机经常从网络断开时，这是很有用的。用户可以像连接在网络上一样来使用脱机文件。

如果重新连接到网络，则脱机工作时对文件所做的任何更改都会更新到网络上，这个过程称为同步。用户和网络上的其他人对同一文件做出更改时，可以选择将文件版本保存到网络、保留其他版本或两个版本均保存。

如果用户将自己计算机上的文件夹设置成与网络上的其他人共享，那么可以脱机使用这些文件夹。要保护这些共享文件夹中的文件，可以指定其他用户是否能修改共享文件夹中的文档或者只是能够读取。还可以指定用户能脱机访问哪些共享文件。

#### 9. 共享文件夹

在文件资源管理器中，用户可以右击文件夹，在弹出的快捷菜单中选择"属性"命令，打开文件夹的属性对话框，在"共享"选项卡中单击"共享"按钮，弹出"文件共享"对话框，输入名称，单击"添加"按钮，单击"共享"按钮，将该文件夹设置为共享文件夹，如图 2-19 所示。当文件设置为共享文件夹后，网络上的其他用户可以通过 Windows 的"网络"浏览该计算机中的共享资源。

图 2-19　共享文件夹的设置

## 2.3 系 统 设 置

用户可以根据需要对系统进行设置，例如，设置计算机桌面的外观和个性化、网络和 Internet 的设置、管理用户账户、添加删除程序以及计算机系统的硬件和声音等。

### 2.3.1 控制面板

用于更改 Windows 的外观和行为方式的工具就是"控制面板"，它提供了丰富的工具，可以调整计算机设置，使操作界面更加有趣。例如，通过"鼠标"设置将标准鼠标光标替换为可以在屏幕上移动的动画图标，或通过"声音"将标准的系统声音替换为自己选择的声音。其他工具可以将 Windows 设置得更容易使用。

打开"控制面板"的操作方法为：选择"开始"→"Windows 系统"→"控制面板"命令。

首次打开"控制面板"时，可以看到"控制面板"中按照分类进行组织的最常用的选项。要在"分类"视图下查看"控制面板"中某一项目的详细信息，可以用光标指向该图标或类别名称，然后阅读显示的文本。要打开某个项目，可以单击该项目图标或类别名。某些项目会打开可执行的任务列表和选择的单个控制面板项目，如图 2-20 所示。

图 2-20　控制面板

如果打开"控制面板"时没有看到所需的项目，可以选择右上角的"查看方式"下拉列表中的"大图标"或"小图标"命令，修改为以经典视图显示控制面板中的项目，如图2-21所示。

图 2-21　经典视图下的控制面板

### 2.3.2　设置系统日期和时间

Windows 10中，用户可以设置系统的日期和时间。在"控制面板"分类视图中单击"时钟和区域"图标，或在经典视图中单击"日期和时间"图标，打开"日期和时间"对话框，如图2-22所示。单击"更改日期和时间"按钮，打开"日期和时间设置"对话框，在"日期"组中，单击相应区域设置日期。在"时间"选项组中，将光标放置到小时、分钟或秒钟指示位置，单击微调按钮修改相应值，或在相应文本框内直接输入数值。

图 2-22　"日期和时间"对话框

### 2.3.3　设置显示属性

在 Windows 10 中，通过与 Web 集成，使桌面上可以放置的对象不再限定为"固定"对象，"活动桌面"界面允许用户将"活动内容"从 Web 页或频道中放置到桌面上。例如，可以将内容不断更新的股票接收机放到桌面上，或者将个人喜爱的联机报纸作为桌面的墙纸等。通过定期添加新的项目，如新闻、天气预报和体育新闻等内容，使桌面真正成为自己的一片天空。

在 Windows 10 桌面上的空白区域右击，在弹出的快捷菜单中选择"个性化"命令，打开"个性化"界面，可以对屏幕的背景、颜色、屏幕保护程序等内容进行设置。

#### 1. 设置精美的背景

桌面背景是桌面总体风格的统一。通过改变桌面主题，可以同时改变桌面图标、背景图像和窗口等项目的外观。右击桌面空白处，在弹出的快捷菜单中选择"个性化"命令，打开"个性化"窗口，可看到不同的背景，如图 2-23 所示。

图 2-23　设置桌面背景

### 2. 设置独具特色的窗口颜色和外观

在 Windows 10 中，用户可以根据自己的喜好设置窗口边框、"开始"菜单和任务栏的颜色和外观。在"个性化"窗口中选择"颜色"选项，选择一种颜色，即可完成设置，如图 2-24 所示。

图 2-24　设置窗口的颜色

### 3. 设置 Windows 10 的锁屏界面

在使用 Windows 10 操作系统的过程中，经常需要对屏保界面及锁屏界面进行设置。在"个性化"窗口左侧菜单栏选择"锁屏界面"，右侧便会出现关于锁屏界面的预览图以及相关的配置信息，如图 2-25 所示。

图 2-25　设置锁屏界面

#### 4. 设置Windows 10的主题

在使用Windows 10操作系统的过程中，经常需要对主题进行设置。在"个性化"窗口左侧菜单栏选择"主题"，右侧便会出现自定义主题的背景、颜色、声音、鼠标光标相关的配置信息，如图2-26所示。

图 2-26　设置主题

#### 5. 设置Windows 10的字体

在使用Windows 10操作系统的过程中，经常需要对字体进行设置。在"个性化"窗口左侧菜单栏选择"字体"，右侧便会出现Windows 10的字体，如图2-27所示。

图 2-27　设置字体

### 6. 设置Windows 10的开始菜单

在使用Windows 10操作系统的过程中，经常需要对"开始"菜单进行设置。在"个性化"窗口左侧菜单栏选择"开始"，右侧便会出现Windows 10的"开始"菜单，如图2-28所示。

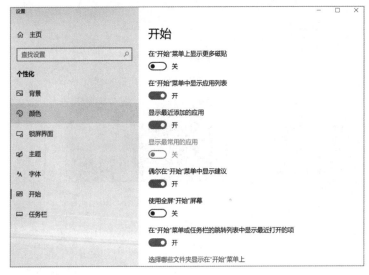

图 2-28　设置"开始"菜单

### 7. 设置Windows 10的任务栏

在使用Windows 10操作系统的过程中，经常需要对任务栏进行设置。在"个性化"窗口左侧菜单栏选择"任务栏"，右侧便会出现Windows 10的任务栏，如图2-29所示。

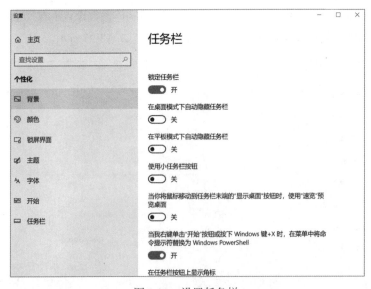

图 2-29　设置任务栏

### 8. 设置合适的显示器分辨率和刷新频率

在使用计算机的过程中，为使显示器的显示效果更好，可适当调整屏幕显示分辨率和刷新频率，以降低显示器屏幕对眼睛的伤害。

（1）设置显示器分辨率

在"控制面板"分类视图中单击"显卡设置"选项，在打开的"显卡"窗口中单击"显示器"选项，在打开的窗口中单击"分辨率"下拉按钮，完成显示器分辨率的调整，如图 2-30 所示。

图 2-30　设置显示器的分辨率

（2）设置显示器刷新率

在"控制面板"分类视图中单击"显卡设置"选项，在打开的"显卡"窗口中单击"显示器"选项，在打开的窗口中单击"刷新率"下拉按钮，完成显示器刷新率的调整。

### 2.3.4　卸载或更改程序

使用"控制面板"中的"程序和功能"可以执行卸载或更改已有的应用程序。

1. 字库的安装与删除

字体是在屏幕上和打印文档中使用的字体。Windows 10 中带有许多字体。用户还可以安装其他字体。

（1）查看已安装的字体

① 以 Word 2016 为例，从工具栏上打开"字体"下拉列表，或者从菜单中选择"格式"→"字体"命令，在打开的"字体"对话框中单击"中文字体"和"西文字体"下拉列表，就可以分别查看系统中已经安装的字体，如图 2-31 所示。在其他文字处理程序中也可以采用类似方法查看字体。

② 从"控制面板"中双击"字体"图标，打开"字体"文件夹，从中可以看到所有的字体文件。

③ 双击某字体文件，可以打开一个字体查看器。从中可以看到该字体的字符和数字的形式。

④ 在 Web 页面或者文档中也要使用不同的字体以便在屏幕上显示。但是，如果要阅读页面或者文档，则需要在计算机中安装文档中同样的字体，否则文档的显示效果可能会有不一样。

图 2-31　"字体"对话框

（2）安装新字体

大部分新字体都有安装程序，很少需要用户以手工的方法安装字体。

① 如果用户的字体光盘中有一个字体浏览器和一个安装工具，使用安装工具进行安装即可。

② 如果是通过网络获得的新字体，用户就需要将字体安装到系统中。要直接安装新字体，只需将字体复制到"字体"文件夹中即可。

（3）删除字体

当用户从"字体"下拉列表中进行选择时，可能需要滚动列表，从许多字体中进行选择。如果用户想要节省空间，可以把不用的字体删除。操作方法为：从"控制面板"中双击"字体"图标，打开"字体"文件夹，然后删除字体即可。

2. 显卡和声卡的驱动程序

显卡在 PC 中主要负责控制计算机的图形输出。许多集成型主板都内置显卡（将显示芯片直接焊接在主板上），也有一些主板不集成显卡，需要用户额外安装。目前显卡主要采用 AGP 接口，主板上提供了一个 AGP 插槽，在安装时将显卡的"金手指"插接在 AGP 插槽中，并用螺丝刀将显卡固定在机箱的背板上，然后正确地安装显卡的驱动程序。Windows 10 支持目前许多型号的显卡，且自带它们的驱动程序，在安装系统时自动安装这些设备的驱动程序，无须用户额外安装。

声卡是计算机中不可缺少的多媒体设备，目前大多数声卡都采用 PCI 总线，可以插在主板的 PCI 插槽上。声卡的安装方法与显卡基本相同。Windows 10 本身能够自动识别多种型号的声卡，并在安装系统时自动安装它的驱动程序。

## 2.3.5　设置用户账户

使用 Windows 10 提供的用户账户可以方便地对计算机进行操作，但又不会失去隐私和控制权。Windows 10 中的"用户账户"为每个使用计算机的用户提供个性化的设置和参数选择。在 Windows 10 中，有两种类型的用户账户，如图 2-32 所示。

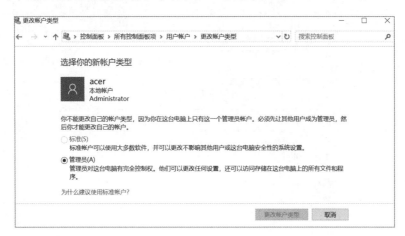

图 2-32　用户账户类型

（1）管理员账户

管理员账户具有随意更改计算机的权利，可以浏览和更改所有其他账户的内容，可以执行创建和删除计算机上其他用户账户，更改其他用户账户的名称、图片、密码以及账户类型，更改所有系统设置等操作。

（2）标准账户

标准账户可以执行安装和卸载软件和硬件，创建、更改或删除账户密码等操作。但是，该类型用户无法更改计算机管理员账户持有者注册的计算机设置。

设置用户账户时，必须首先设置管理员账户，否则将无法设置其他用户账户。所设置的用户账户名称显示在欢迎屏幕上，并且分别显示在账户持有者的"开始"菜单的顶端。

设置用户账户的操作方法如下：

① 单击"开始"→"Windows 系统"→"控制面板"命令，进入"控制面板"界面。

② 单击"用户账户"图标，进入"用户账户"界面，如图 2-33（a）所示。

③ 在该界面可以看到管理员本地账户，选择相应选项对该账户进行账户名称、账户类型等设置。

④ 若希望对计算机中的其他账户进行管理，可以单击"管理其他账户"，进入"管理账户"界面，如图 2-33（b）所示。

⑤ 在"选择要更改的用户"列表中列出了本计算机中的所有账户，单击选中某个账户图标，即可对该账户进行修改。

⑥ 若要创建一个新账户，可以单击下方的"在电脑设置中添加新用户"，进入"家庭和其他成员"界面，如图 2-33（c）所示。

（a）"用户账户"界面

（b）"管理账户"界面

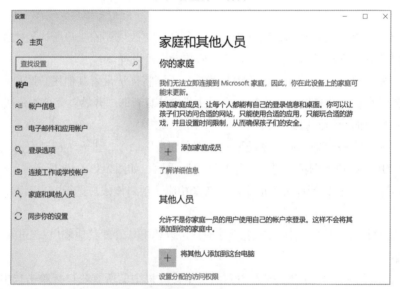

（c）"家庭和其他人员"界面

图 2-33　设置用户账户

⑦ 输入新账户名称，选择账户类型后，单击"创建账户"按钮，即可返回"管理账户"界面，可以看到，新创建的账户已在列表中。

### 2.3.6　设置显示器的节能方式

许多显示器都有节能功能。如果显示器在某一规定的时间中没有任何活动，显示器会自动关闭以省电。笔记本式计算机有时靠电池供电，节省电量就非常重要。笔记本式计算机在 3 min 之内没有活动就将显示器关掉，电池就会使用比较长的时间。

检查和更改电源设置的操作方法如下：

① 单击"开始"菜单→"Windows 系统"→"控制面板"命令，在"控制面板"的小图标方式下，单击"电源选项"图标即可进入"电源选项"界面，如图 2-34 所示。

图 2-34　"电源选项"界面

② 在"选择或自定义电源计划"区域，可以按照个人需要选择"平衡"或"利用可用的硬件自动平衡功耗与性能"计划，也可单击"更改计划设置"，进入"编辑计划设置"界面，如图 2-35 所示。可以修改"关闭显示器"、"使计算机进入睡眠状态"、"调整计划亮度"、用电池时的时间和接通电源时的时间。通过下方的滑块，可以调整计划亮度时间。

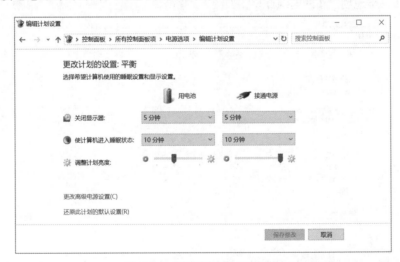

图 2-35　"编辑计划设置"界面

### 注意

单击"电源选项"界面的"选择关闭显示器的时间"或"更改计算机睡眠时间"也会进入当前计算机所使用电源计划的"编辑计划设置"界面。

③ 也可以单击"编辑计划设置"界面中的"更改高级电源设置"命令，弹出"电源选项"对话框（见图2-36），在"高级设置"选项卡中，通过下拉列表框选中电源计划，在下方的列表中进行相应的设置。设置完毕后，单击"应用"按钮，使之生效。

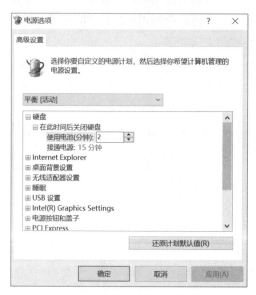

图 2-36 "电源选项"对话框

④ 除以上两个电源计划，Windows 10还提供了"创建电源计划"的附加计划。单击"电源选项"界面左侧的"创建电源计划"命令，进入"创建电源计划"界面，可以根据个人需求，按照提示一步一步地创建新的电源计划，如图2-37所示。

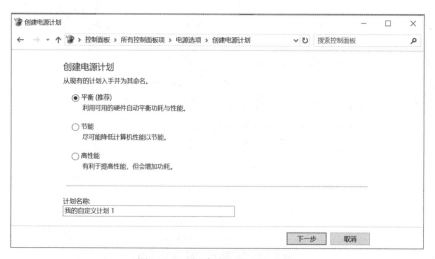

图 2-37 "创建电源计划"界面

⑤ 在"电源选项"界面单击左侧的"选择电源按钮的功能""选择关闭盖子的功能"等命令，可以进入"系统设置"界面，如图2-38所示。可以定义电源按钮并启用密码保护，分别设置按电源按钮时、按睡眠按钮时、关闭盖子时计算机的操作。在"关闭盖子时"区域，通过单击选中相应选项，可以设置在睡眠状态下是否需要密码来唤醒计算机。

图 2-38　"系统设置"界面

## 2.3.7　设置鼠标

Windows 10操作系统中进一步增强了鼠标的控制功能，除配置通常的左右手习惯、双击速度、指针选项、鼠标轨迹等内容外，还有许多其他有用的特性，如单击锁定、自动指针移动等。

设置鼠标的操作方法如下：

选择"开始"→"Windows 系统"→"控制面板"→"鼠标"命令，打开"鼠标 属性"对话框，如图2-39所示。在此对话框中用户可以对鼠标的按键和指针进行设置。

图 2-39　"鼠标属性"对话框

在该对话框中通常有五个标签："鼠标键""指针""指针选项""滑轮""硬件"。下面介绍鼠标键和指针选项的设置。

## 1. 配置鼠标键

"鼠标 属性"对话框默认情况下显示"鼠标键"选项卡。在"鼠标键"选项卡中，首先是"鼠标键配置"组。如果用户习惯使用右手，则清除"切换主要和次要的按钮"复选框中的复选标记。如果用户习惯使用左手，则选中该复选框。

在"双击速度"组，通过鼠标拖动水平滑块，可以调整鼠标的双击速度。为了方便用户测试自己的双击速度，在该选项组的右侧有一个测试区域。测试时，用户双击右侧文件夹，如果文件夹被打开，表示双击被识别，由此可以知道当前鼠标的双击速度。

在"双击速度"的下方是"单击锁定"组，如果选中"启用单击锁定"复选框，则在拖动对象（如窗口、文件、文件夹、滑动块等）时，可不必一直按着鼠标按钮。此时"设置"按钮为可用状态，单击会出现"单击锁定的设置"对话框，如图2-40所示。滑块越靠近"短"方向，表示实现"单击锁定"前按住鼠标键的时间越短；反之，表示需要按鼠标键的时间越长。

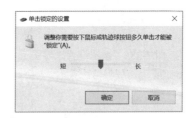

图 2-40 "单击锁定的设置"对话框

## 2. 设置指针形状

打开"指针"选项卡，如图2-41所示。在该选项卡中，用户可以对鼠标指针形状进行设置。在此选项卡中的"方案"下拉列表中选择其中一个方案，下面的"自定义"列表中就会出现此方案相应的系统各种状态下对应的鼠标指针形状。如果用户感到满意，单击"应用"按钮就可以使该方案生效。

如果用户对选择的指针方案中的某一指针外观不满意，可以自己为这种系统状态设置一个指针形状，具体操作方法如下：

① 在"自定义"列表框中选中该指针，单击"浏览"按钮，打开"浏览"对话框，如图2-42所示。

图 2-41 "指针"选项卡

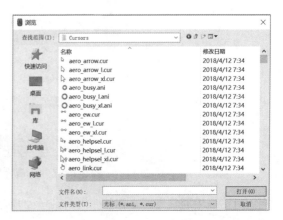

图 2-42 "浏览"对话框

②　在该对话框中，从指针列表中为当前选定系统状态指定一种新的指针外观。各种指针形状都以文件的形式（扩展名为 .cur）保存在 Cursors 文件夹中。选中一个指针文件后，该文件名出现在"文件名"输入框中，对应的指针形状可以在"预览"区域中看到。

③　选择后，单击"打开"按钮，返回"指针"选项卡，即可显示更改后的指针形状。

④　当用户对所有系统状态下的指针都进行修改之后，可以单击"指针"选项卡中的"另存为"按钮，将会出现一个"保存方案"对话框。

⑤　在该对话框中输入一个方案名字，单击"确定"按钮返回"指针"选项卡，再单击"确定"按钮使方案生效。这样，系统中就多了一个自定义的鼠标指针配置方案，该方案可以从"指针"选项卡的"方案"下拉列表中找到。如果不需要某个方案，可以从"方案"列表中选中该方案后，单击"删除"按钮删除。

## 2.3.8　设置多媒体声音

声音设置会影响到声音的输入/输出设备。多数系统只有一个声音输出设备（声卡）和一个声音输入设备（俗称麦克风）。但是，如果有多个声音输入或者输出设备，那么可以选择其中的一个。

### 1. 设置声音输入/输出设备

更改声音设置的操作方法如下：

①　在"控制面板"小图标界面中，单击"声音"图标，如图 2-43 所示。

图 2-43　"声音"图标

②　弹出"声音"对话框，包含四个选项卡：播放、录制、声音、通信。图 2-44 所示为"播放"选项卡。在列表中列出了所有的声音播放设备（即声卡），可以通过"配置""属性"按钮对某个设备进行设置。

③　在"录制"选项卡中，列出了所有的声音输入设备（即麦克风等设备），如图 2-45 所示。同样可以通过"配置""属性"按钮对某个设备进行设置。

图 2-44　"播放"选项卡

图 2-45　"录制"选项卡

## 2. 音量控制

双击任务栏通知区域中的喇叭形状"音量"图标，可以弹出音量提示框，如图 2-46 所示。用鼠标拖动滑块，可以调整计算机设备的音量大小，或单击"打开音量混合器"命令，弹出"音量合成器-扬声器"对话框，调整设备及应用程序的音量大小，如图 2-47 所示。

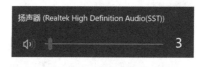

图 2-46　音量提示框

## 3. 设置系统声音

可以单独为某个系统事件设置声音，也可以使用某种声音方案。在 Windows 10 中有多种声音方案，每一种声音方案都是根据某一个主题设计的，如音乐、自然等。

选择系统事件声音的操作方法如下：

① 打开"声音"对话框，单击"声音"选项卡，如图 2-48 所示。

② 如果要选择一个声音方案，打开"声音方案"下拉列表，单击选择某个声音方案。

③ 如果要预先听一听某个事件的声音，以决定是否喜欢，可以从"程序事件"列表中选中某个系统事件，然后单击"声音"下拉列表框右边带右箭头的小图标，就可以听到声音。

④ 如果要更改某个事件的声音，可从"程序事件"列表中选择一个事件。然后从"声音"下拉列表中选择一种声音（如果不能确定是否合适，可以通过右箭头按钮先试听一下）。如果想选用其他声音，可以单击"浏览"按钮选择其他声音文件（wav 文件）。

⑤ 如果要把刚才修改过的声音方案保存下来，可以单击"另存为"按钮，输入名称，然后单击"保存"按钮。保存后的声音方案将出现在"声音方案"下拉列表中。

⑥ 单击"确定"按钮，关闭"声音"对话框。

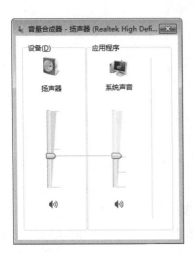

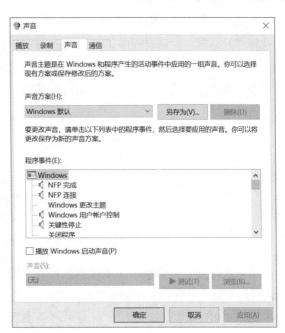

图 2-47　"音量合成器–扬声器"对话框　　　　　　图 2-48　"声音"选项卡

# ▍2.4　Windows 10 磁盘管理和其他操作

在 Windows 中，磁盘系统的管理具有十分重要的作用，它是日常工作中使用最多的操作功能之一。计算机的管理和维护工作包括格式化磁盘、磁盘的清理和碎片整理等。

## 2.4.1　格式化磁盘

格式化磁盘是将磁盘分成若干扇区，并划分磁道，以便存储数据。一般新购买的硬盘都已格式化，不需要重新格式化。格式化磁盘一般用于 U 盘的格式化。

以 Windows 10 操作系统中格式化 U 盘为例，格式化磁盘的操作方法如下：

将 U 盘插入 USB 接口中，在"资源管理器"中右击"U 盘驱动器"，在弹出的快捷菜单中选择"格式化"命令。系统开始对 U 盘进行格式化处理，并在对话框的底部即时地显示格式化 U 盘的进程。

通常情况下，不需要对硬盘进行格式化。只有当硬盘中有磁道被损坏，或者在重新分区后才需要格式化硬盘。格式化硬盘的操作步骤与格式化 U 盘类似。但是需要注意：操作系统所在的磁盘（即系统盘）不能在资源管理器中格式化，只有通过其他方式格式化系统盘。

## 2.4.2　磁盘清理

磁盘清理程序可以释放硬盘驱动器空间，可以提高计算机的性能。磁盘清理程序搜索用户计算机中的驱动器，并列出临时文件、Internet 缓存文件和可以安全删除的不需要的程序文件，然后可以使用磁盘清理程序删除部分或全部文件。清理磁盘的目的是把留在硬盘上的各种不必要的临时文件删除，释放更多的磁盘空间供有用的程序文件使用。

清理磁盘的操作方法如下：

选择"开始"→"所有程序"→"Windows管理工具"→"磁盘清理"命令，打开"磁盘清理：驱动器选择"对话框，如图2-49所示，在"驱动器"下拉列表框中选择需要清理的驱动器，单击"确定"按钮，打开所选驱动器的"磁盘清理"对话框。

图 2-49　"磁盘清理：驱动器选择"对话框

在"磁盘清理"对话框中，系统默认打开"磁盘清理"选项卡。在"磁盘清理"选项卡中，选中需要清理的临时文件相对应的复选框，然后单击"确定"按钮即可。

单击"其他选项"标签，可以打开"其他选项"选项卡，在此可以清理安装程序、Windows组件以及系统，还原占用的磁盘空间。

## 2.4.3　碎片整理

磁盘碎片整理程序可以将计算机硬盘上的破碎文件和文件夹合并在一起，以便每一项在卷上分别占据单个和连续的空间。这样，系统就可以有效地访问文件和文件夹，更好地保存新的文件和文件夹。通过合并文件和文件夹，磁盘碎片整理程序还将合并可用空间，以减少新文件出现碎片的可能性。

在Windows 10中，选择"开始"→"所有程序"→"Windows管理工具"→"磁盘碎片整理程序"命令，打开"磁盘碎片整理程序"窗口。

对磁盘进行碎片整理前，先进行磁盘碎片分布状况分析，了解该驱动器的磁盘碎片的数量和分布情况，确定是否进行磁盘碎片整理。如果磁盘碎片数量较少，基本不影响文件系统的响应时间，可以不必进行整理。反之，如果磁盘碎片数量较多，分布也比较集中，就必须进行整理。

在"磁盘碎片整理程序"窗口中，选中需要进行碎片分析的驱动器，然后单击"分析磁盘"按钮，系统开始对磁盘碎片进行分析。之后打开"磁盘碎片整理程序"对话框，用户可以单击"查看报告"按钮，打开"分析报告"对话框查看分析报告；也可以单击"磁盘碎片整理"按钮开始碎片整理。

## 2.4.4　U盘检测软件

U盘，全称为"USB闪存盘"，英文名为USB flash disk。它是一种使用USB接口的无须物理驱动器的微型高容量移动存储产品，通过USB接口与计算机连接，实现即插即用。现在市面上出现了许多支持多种端口的U盘，即三通U盘（USB计算机端口、iOS苹果接口、安卓接口）。

（1）U盘读/写速度

通常情况下 USB 2.0 接口的 U 盘读取速度为 10 Mbit/s，写入速度为 5 Mbit/s；USB 3.0 接口的 U 盘读取速度为 81 bit/s，写入速度为 11 bit/s。

**提示**

各种软件在检测时，可能有一些出入，但不会相差太大。

（2）U盘的固容

U盘在生产的过程中，按照行业的做法，所有的 U 盘都必须固容。因为 1 GB=1 024 MB，为解决不整数换算，商家将 U 盘固容换算为 1 GB=1 000 MB。因此，U 盘的显示容量和真实容量并不一致。

（3）U盘有无坏块

判断 U 盘有无坏块有以下两种情况：

① 可以复制文件写入 U 盘，但读出数据出错，这是由于该数据正好复制到有芯片坏块的地方所致。

② 可复制文件写入 U 盘，数据忽然丢失，这是由于芯片存在坏块的地方很多并且连锁反应损害。

MyDiskTest 是一款 U 盘扩容检测工具，集几大功能于一身：扩容检测、坏块扫描、速度测试、坏块屏蔽。它可以方便地检测出存储产品是否经过扩充容量，还可以检测 Flash 闪存是否有坏块，但不破坏磁盘原有数据，并可以测试 U 盘的读取和写入速度，对存储产品进行老化试验。

MyDiskTest 软件使用方法如下：

将 U 盘插入计算机的 USB 接口中，打开 MyDiskTest 软件，此时 MyDiskTest 软件就可以检测到 U 盘，如图 2-50 所示。

单击"开始测试"按钮，就会出现测试结果，如图 2-51 所示。

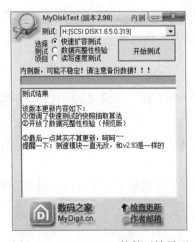

图 2-50　MyDiskTest 软件开始界面

图 2-51　MyDiskTest 软件测试结果界面

### 2.4.5 WinRAR压缩软件

WinRAR 是一款功能强大的压缩包管理器，它是档案工具RAR在Windows环境下的图形界面。该软件可用于备份数据，缩减电子邮件附件的大小，解压缩从Internet上下载的RAR、ZIP及其他文件，并且可以新建RAR及ZIP格式的文件。

创建一个压缩文件的操作方法（以WinRAR软件为例）如下：

① 把所有要进行压缩（备份）的文件复制到同一个文件夹中。

② 右击文件夹，在弹出的快捷菜单中选择WinRAR→"添加到压缩文件"命令。

③ 系统弹出图2-52所示的对话框，在"压缩文件名"组合框中填写一个正确的文件名，以.rar为扩展名。

④ 单击"高级"选项卡，单击"设置密码"按钮。

⑤ 系统弹出"带密码压缩"对话框，在两个文本框中设置相应密码，如图2-53所示。

图 2-52　文件压缩设置对话框

图 2-53　"带密码压缩"对话框

⑥ 单击"确定"按钮，完成压缩。

压缩文件生成后，原来存放在一个文件夹中的多个文件以一个文件的方式备份，可防止人为地添加、删除等操作，保持压缩包内文件的原始状态。由于在创建压缩文件时设置了密码，所有在解压这个压缩文件时，需要输入正确的密码才能查看它的内部文件。

### 2.4.6 系统工具

有些软件Windows自身不携带，但作用于与系统有关的方面，如负责系统优化、系统管理等，这一类软件被称为系统工具。

与很多系统软件不同，系统工具并不是系统自带的软件，而是经过公司生产包装，根据需求制作的适用于一类系统的软件。

与系统软件类似，系统工具作用于系统，常见作用有系统优化（磁盘分区、磁盘清理、磁盘碎片整理等）、系统管理（驱动等）以及系统还原等。

常见系统工具如下：

#### 1. DiskGenius

DiskGenius是一款硬盘分区及数据恢复软件，如图2-54所示。它是在最初的DOS版基础上开发而成的。Windows 版本的 DiskGenius 软件，除了继承并增强了 DOS 版的大部分功能外（少部分没有实现的功能将会陆续加入），还增加了许多新的功能，如已删除文件恢复、分区复制、分区备份、硬盘复制等。另外，还增加了对 VMware、Virtual PC、VirtualBox 虚拟硬盘的支持。更多功能正在制作并在不断完善中。

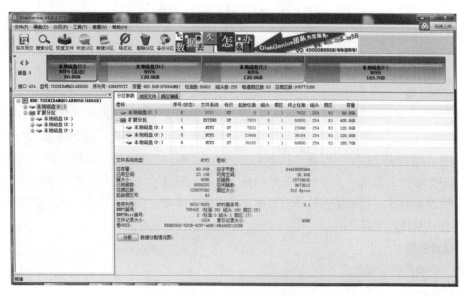

图 2-54 DiskGenius 软件操作界面

## 2. 鲁大师

鲁大师拥有简单的硬件检测功能，不仅检测准确，还可以提供中文厂商信息，使计算机的配置一目了然，如图 2-55 所示。

图 2-55 鲁大师操作界面

它适合于各种品牌台式机、笔记本式计算机、DIY兼容机，能够对实时的关键性部件监控预警，提供全面的计算机硬件信息，有效预防硬件故障，使计算机免受困扰。（鲁大师已加入起飞计划，成为360旗下产品）

# 2.5 案　　例

## 案例1　360软件管家

### 1. 案例场景

小明在某公司做经理助理，有一天经理让小明帮他购买一台笔记本式计算机。小明问清经理对配置的要求后，来到电脑城，精心挑选了一款知名品牌的计算机。回到公司，将计算机交给经理后，小明就去工作了。但是，经理又一次将小明叫回了办公室，出现了什么问题呢？原来，在经理启动新计算机后，发现计算机的桌面上除了回收站、计算机等几个常用的系统图标后，没有其他软件了，经理是想让小明帮他将常用的软件安装在新的计算机上。下面我们看一下小明是怎么解决这个问题的。

### 2. 设计思路

运用360软件管家操作。

### 3. 操作步骤

① 从网上下载一个360软件管家，如图2-56所示。

图 2-56　下载 360 软件管家

② 安装该软件，在桌面上出现360软件管家的图标。

③ 双击桌面上360软件管家图标，打开软件管家界面。这里有很多常用软件，可以选择需要的软件进行安装，如图2-57所示。

图 2-57　360 软件管家的界面

## 案例 2　创建用户

### 1. 案例场景

小珊是某高校的大二学生，最近刚买了一台新的计算机。这本来是件值得高兴的事情，但小珊却高兴不起来。为什么呢？事情是这样的：小美和小珊是同寝室的室友，又是好朋友，当计算机买回后，小美也会经常使用小珊的计算机，而且小美每次在使用计算机时总会将小珊设置好的桌面和主题换成自己喜欢的，小珊要保留自己喜欢的风格，该怎么办？

### 2. 设计思路

运用 Windows 桌面操作。

### 3. 操作步骤

由于 Windows 10 操作系统是支持多用户操作，可以分别为小珊和小美创建用户。操作步骤如下：

① 选择"开始"→"Windows 系统"→"控制面板"命令，进入 Windows 10"控制面板"界面。

② 在控制面板的小图标界面中，单击"用户账户"图标进入"用户账户"界面。

③ 单击"管理其他账户"命令进入"管理账户"界面。

④ 单击"在电脑设置中添加新用户"，进入家庭和其他人员界面。

⑤ 最后单击"+"按钮，添加家庭成员。

按照上述操作方法，为小美再创建一个新用户，只要在登录的时候选择自己设置的用户名登录，她们就可以拥有自己喜欢的桌面和主题了。

### 案例3　为计算机设置密码

**1. 案例场景**

小李是某公司设计师，公司有很多设计资料存储在小李的计算机上，怎样防止资料不被其他人发现呢？可以效仿上一个案例中的解决方法，为计算机设置一个密码。可是一旦计算机处于开启状态时怎么办？下面介绍解决这类问题的办法。

**2. 设计思路**

可以设置文件夹的属性，将文件夹变成隐藏的文件，实现文件的隐藏。

**3. 操作步骤**

① 选择要设置的文件夹，右击，在弹出的快捷菜单中选择"属性"命令，弹出属性对话框，如图2-58所示。

② 在属性选项中选择"隐藏"，然后单击"确定"按钮，此时文件夹的颜色会变淡，如图2-59所示。

图 2-58　文件夹属性对话框

图 2-59　设置隐藏后的文件夹

③ 在空白处右击，在弹出的快捷菜单中选择"刷新"命令，该文件不再显示。

# ‖2.6　操　作　题

## 操作题1　Windows 10 的基础操作

**1. 实验要求**

① 熟练掌握 Windows 10 的基础知识。

② 熟练掌握 Windows 10 的基础操作。

2．实验内容

（1）快捷图标的创建

分别为应用程序"记事本"、F 盘和 F 盘下的文件夹"我的照片"在桌面上创建快捷图标。

（2）对任务栏的操作

① 设置任务栏为锁定。

② 取消任务栏上的显示时钟。

③ 取消任务栏锁定，将任务栏移动到桌面的顶端。

（3）Windows 桌面的设置

① 背景设置：将"D:\我的图库\风景 1.jpg"图片文件设置为桌面背景，并将位置设置为"平铺"。

② Windows 10 桌面主题设置：将"此电脑\文件夹\图片"文件夹中所有的图片设置为桌面背景。

③ 将计算机的屏幕分辨率设置为 1 024×768 像素，并将屏幕的刷新频率设置为 65 Hz。

## 操作题2　磁盘管理

1．实验要求

① 掌握磁盘管理的方法。

② 掌握"Windows 资源管理器"和"计算机"的使用。

2．实验内容

（1）查看磁盘属性

① 打开 D 盘属性对话框，查看 D 盘的总容量、已用空间和文件系统类型。

② 将 D 盘的卷标修改为"重要资料"。

（2）格式化可移动磁盘

格式化可移动磁盘，掌握磁盘格式化的方法。

（3）文件资源管理器的使用

① 打开文件资源管理器，然后对文件进行移动和复制，掌握在资源管理器中文件移动和复制的方法。

② 分别用内容、详细信息、图标和平铺等方式浏览 D 盘根目录下的所有文件，观察各种显示方式的不同之处。

③ 分别按名称、大小、文件类型和修改日期对 D 盘根目录下的文件进行排序，观察四种排序的不同之处。

（4）磁盘清理

使用磁盘清理功能清除掉 D 盘上的临时文件、Internet 缓存文件和不需要的文件，记录下磁盘清理后的可用空间大小。

## 操作题3　控制面板的使用

1．实验要求

掌握通过控制面板对各种硬件进行设置和管理的方法。

2. 实验内容

① 利用"显示属性"对话框，取消桌面显示的"此电脑"图标。

② 将本机设置为允许进行远程连接。

③ 为本台计算机的一块网卡设置一个静态IP地址192.168.0.1。

④ 设置Edge，禁止用户访问所有可能含有暴力内容的网站，监督人密码设为123。

⑤ 把计算机的位置设置为"中国"，非Unicode程序语言设置为"中文"。

# ▌ 习　　题

一、单选题

1. 在 Windows 10 中，若已选定某文件，不能将该文件复制到同一文件夹下的操作是（　　）。

  A. 用鼠标右键将该文件拖动到同一文件夹下

  B. 先执行"编辑"菜单中的"复制"命令，再执行"粘贴"命令

  C. 用鼠标左键将该文件拖动到同一文件夹下

  D. 按住【Ctrl】键，再用鼠标右键将该文件拖动到同一文件夹下

2. 在 Windows 10 中，"任务栏"的作用是（　　）。

  A. 显示系统的所有功能

  B. 只显示当前活动窗口名

  C. 只显示正在后台工作的窗口名

  D. 实现窗口之间的切换

3. Windows 10 操作系统是一个（　　）。

  A. 单用户多任务操作系统　　　　　　　B. 单用户单任务操作系统

  C. 多用户单任务操作系统　　　　　　　D. 多用户多任务操作系统

4. 假设 Windows 10 桌面上已经有某应用程序的图标，要运行该程序，可以（　　）。

  A. 单击该图标　　　　　　　　　　　　B. 右击该图标

  C. 双击该图标　　　　　　　　　　　　D. 右键双击该图标

5. 下面是关于 Windows 10 文件名的叙述，错误的是（　　）。

  A. 文件名中允许使用汉字

  B. 文件名中允许使用多个圆点分隔符

  C. 文件名中允许使用空格

  D. 文件名中允许使用竖线（"|"）

6. 通过 Windows 10 中"开始"菜单中的 Windows 系统中的命令提示符（　　）。

  A. 可以运行DOS的全部命令

  B. 仅可以运行DOS的内部命令

  C. 可以运行DOS的外部命令和可执行文件

  D. 仅可以运行DOS的外部命令

7. 当选定文件或文件夹后，不将文件或文件夹放到"回收站"中，而直接删除的操作是（　　）。

    A. 按【Delete】键

    B. 用鼠标直接将文件或文件夹拖放到"回收站"中

    C. 按【Shift + Delete】组合键

    D. 用"资源管理器"窗口中"文件"菜单中的"删除"命令

8. 在中文 Windows 10 中，为了实现全角与半角状态之间的切换，应按的组合键是（　　）。

    A.【Shift+ 空格】    B.【Ctrl+ 空格】    C.【Shift+Ctrl】    D.【Ctrl+F9】

9. 在使用 Windows 10 的过程中，若出现鼠标故障，在不能使用鼠标的情况下，可以打开"开始"菜单的操作是（　　）。

    A. 按【Shift+Tab】组合键        B. 按【Ctrl+Shift】组合键

    C. 按【Ctrl+Esc】组合键        D. 按空格键

10. 在 Windows 10 的"文件资源管理器"窗口中，如果想一次选定多个分散的文件或文件夹，正确的操作是（　　）。

    A. 按住【Ctrl】键，用鼠标右键逐个选取

    B. 按住【Ctrl】键，用鼠标左键逐个选取

    C. 按住【Shift】键，用鼠标右键逐个选取

    D. 按住【Shift】键，用鼠标左键逐个选取

11. 在 Windows 10 中，不能打开"资源管理器"窗口的操作是（　　）。

    A. 右击"开始"按钮

    B. 单击"任务栏"空白处

    C. 单击"开始"菜单中"所有程序"下的"Windows 系统"项

    D. 右击"此电脑"图标

12. Windows 10 中的"剪贴板"是（　　）。

    A. 硬盘中的一块区域        B. U盘中的一块区域

    C. 高速缓存中的一块区域        D. 内存中的一块区域

13. 在 Windows 10 中，用户同时打开的多个窗口可以层叠式或平铺式排列，要想改变窗口的排列方式，应进行的操作是（　　）。

    A. 右击"任务栏"空白处，然后在弹出的快捷菜单中选取要排列的方式

    B. 右击桌面空白处，然后在弹出的快捷菜单中选取要排列的方式

    C. 先打开"文件资源管理器"窗口，再选择其中的"查看"菜单

    D. 先打开"此电脑"窗口，再选择其中的"查看"菜单下的"布局"项

14. 在中文 Windows 10 中，使用软键盘可以快速地输入各种特殊符号，为了撤销弹出的软键盘，正确的操作为（　　）。

    A. 单击软键盘上的【Esc】键

    B. 右击软键盘上的【Esc】键

C. 右击中文输入法状态窗口中的"开启/关闭软键盘"按钮

D. 单击中文输入法状态窗口中的"开启/关闭软键盘"按钮

15. 在 Windows 10 中，打开"文件资源管理器"窗口后，要改变文件或文件夹的显示方式，应选择（ ）。

    A. "文件"菜单    B. "编辑"菜单    C. "查看"菜单    D. "帮助"菜单

16. 在 Windows 10 的"回收站"中，存放的（ ）。

    A. 只能是硬盘上被删除的文件或文件夹

    B. 只能是 U 盘上被删除的文件或文件夹

    C. 可以是硬盘或 U 盘上被删除的文件或文件夹

    D. 可以是所有外存储器中被删除的文件或文件夹

17. 在 Windows 10 "开始"菜单下的"文档"菜单中存放的是（ ）。

    A. 最近建立的文档               B. 最近打开过的文件夹

    C. 最近打开过的文档              D. 最近运行过的程序

18. 在 Windows 10 中有两个管理系统资源的程序组，它们是（ ）。

    A. "此电脑"和"控制面板"

    B. "文件资源管理器"和"控制面板"

    C. "此电脑"和"文件资源管理器"

    D. "控制面板"和"开始"菜单

19. 在 Windows 10 "文件资源管理器"窗口右部选定所有文件，如果要取消其中几个文件的选定，应进行的操作是（ ）。

    A. 依次单击各个要取消选定的文件

    B. 按住【Ctrl】键，再依次单击各个要取消选定的文件

    C. 按住【Shift】键，再依次单击各个要取消选定的文件

    D. 依次右击各个要取消选定的文件

20. 在 Windows 10 中，能弹出对话框的操作是（ ）。

    A. 选择了带省略号的菜单项        B. 选择了带向右三角形箭头的菜单项

    C. 选择了颜色变灰的菜单项        D. 运行了与对话框对应的应用程序

21. 下列不可能出现在 Windows 10 "文件资源管理器"窗口左部的选项是（ ）。

    A. 此电脑        B. 桌面        C. （C:）        D. 文件

22. 在 Windows 10 中，"任务栏"（ ）。

    A. 只能改变位置不能改变大小        B. 只能改变大小不能改变位置

    C. 既不能改变位置也不能改变大小    D. 既能改变位置也能改变大小

二、填空题

1. 在 Windows 10 中，按_____键，能够把整个屏幕复制到剪贴板。

2. Windows 10 的基本元素包括_____、_____、_____、_____、_____五种。任务栏的中间部分（任务按钮区）显示的是_____。

3. Windows 10 中大致有_____、_____、_____和_____四类菜单。

4. 应用程序窗口中工具栏上的每一个按钮都代表一个_____。

5. 文件名一般由_____和_____两部分构成，但_____是必选部分。

6. 在文件资源管理器窗口中，若已单击了第一个文件，在按住【Ctrl】键的同时单击了第三个和第六个文件，则共有_____个文件被选定。

7. 在 Windows 10 中，文件名的长度可达到_____个字符。

8. 在 Windows 10 中，用鼠标左键将一个文件夹拖动到同一个磁盘的另一个文件夹，系统执行的是_____。

9. 当某个应用程序不再响应用户的操作时，可以按_____键，弹出"关闭程序"对话框，然后选择所要关闭的应用程序，单击"结束任务"按钮退出该应用程序。

10. 在 Windows 10 中，拖动鼠标执行复制操作时，鼠标指针的右下方带有_____号。

11. 在 Windows 10 文件资源管理器中，文件和文件夹的排列方式有_____种。

12. 桌面上墙纸排列方式有居中、平铺和_____。

# 第3章

# 文字处理软件 Word 2016

Office 2016 是微软公司推出的一款广受欢迎的计算机办公组合套件。利用它可以编排各种格式的文档，如公文、报告、论文、书信、简历、杂志和图书等。一般来说，用 Word 2016 编排文档大致包括文字输入与编辑，文档格式编排，页面设置与打印输出，插入图形、图像和表格等。

Word 2016 是一个功能强大的文字处理程序，结合了完整的撰写工具以及便于使用的用户界面。本章从 Word 2016 用户界面着手，详细介绍 Word 2016 的基本应用、Word 文档输入与编辑管理、格式化和表格制作等，帮助大家快速掌握建立、整合文件的方法。

## ▌3.1 Word 2016 的启动与退出

1. 启动 Word 2016 的几种常用方法

（1）通过桌面快捷方式启动

直接双击桌面上的快捷方式图标启动。

（2）通过"开始"菜单启动

选择"开始"→"所有程序"→ Word 2016 命令。

（3）通过已创建的 Word 文件启动

在计算机中找到含有 Word 文件的文件夹，然后双击任意一个 Word 文件，也可启动 Word 2016。

2. Word 2016 的操作界面

Word 2016 的操作界面主要由标题栏、快速访问工具栏、功能区、工作区、状态栏、标尺和滚动条等组成，如图 3-1 所示。

3. 退出 Word 2016 的几种常用方法

① 单击 Word 2016 窗口标题栏右侧的"关闭"按钮。

② 单击"文件"菜单，然后选择"关闭"命令。

③ 按【Alt+F4】组合键。

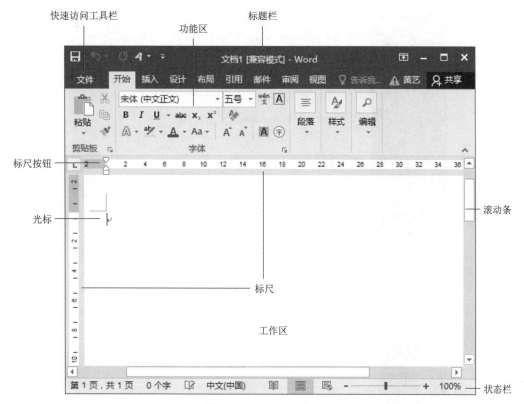

图 3-1 Word 2016 窗口

## ▌3.2 Word 2016 文档的基本操作

Word 2016 的基本操作主要包括文档的新建、保存、打开和关闭操作。

1. 新建文档

Word 2016 提供了两种创建新文档的方式：一种是新建空白文档；另一种是根据模板新建文档。

（1）新建空白文档

启动 Word 2016 时，程序会自动创建一个空白文档。若还需另外创建空白文档，有以下几种常用方法：

① 单击"文件"菜单，在弹出的 Office 菜单列表中选择"新建"命令，如图 3-2 所示，单击列表中的"空白文档"选项，此时将创建一个空白文档。

② 在"桌面"上或某个文件夹中右击，在弹出的快捷菜单中选择"新建"→"Microsoft Word 文档"命令，也可创建一个空白的 Word 文档。

（2）新建基于模板的文档

在单击"新建"选项后，可使用搜索联机模板功能，搜索感兴趣的模板，即可方便地查找和创建符合标准的设计方案集、业务、活动、卡、纸张及日历等，如搜索"卡"后的模板效果如图 3-3 所示。

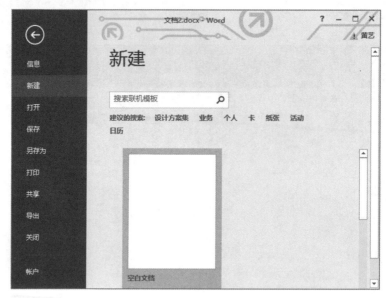

图 3-2 新建文档

图 3-3 已安装的模板

2. 保存文档

在使用一个 Word 文档时，文本被暂时保存在内存中，需要通过保存命令将它保存到本地硬盘或其他可移动存储器上。

保存文档的方法有以下几种：

① 单击"快速工具栏"上的"保存"按钮 。

② 单击"文件"按钮，在弹出的菜单列表中选择"保存"命令，也可按【Ctrl+S】组合键。

③ 单击"文件"菜单，在弹出的菜单列表中选择"另存为"命令，然后在右侧选择"浏览"选项，弹出"另存为"对话框，如图 3-4 所示，通过资源管理器或直接选取要保存的磁盘和文件夹，在"文件名"文本框中输入文件名，单击"保存"按钮。

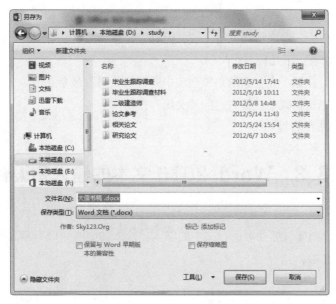

图 3-4　"另存为"对话框

### 3. 打开文档

如果要浏览或者修改已编辑过的 Word 文档，必须先将其打开。打开文档的方法有以下几种：

① 打开文件夹窗口，选择要打开的文档，然后双击该文件。

② 要打开最近编辑过的文档，可单击"文件"菜单，在弹出的 Office 菜单列表中选择"打开"命令，然后单击"最近"选项，在右侧的"最近"列表区中选择相应的文档，单击打开。

③ 单击"文件"菜单，在弹出的 Office 菜单列表中选择"打开"命令，然后单击"浏览"选项，此时会弹出"打开"对话框，如图 3-5 所示，选择希望打开的 Word 文档，然后单击"打开"按钮即可。

图 3-5　"打开"对话框

**4. 关闭文档**

文档编辑并保存后，应该将其关闭，若关闭时未保存，系统会自动弹出对话框询问是否保存。关闭文档的方法有以下几种：

① 单击"文件"按钮，在弹出的菜单列表中选择"关闭"命令。

② 单击当前文档窗口菜单栏最右边的"关闭"按钮 ✕ 。

③ 按【Ctrl+F4】组合键。

# ‖ 3.3 Word 2016 文本的输入和编辑

**1. 输入文本**

在 Word 2016 的光标闪烁处可进行文本的输入。输入的文本一般有两大类：一类是普通文本；另一类是特殊文本。

**（1）普通文本**

普通文本包括英文、数字、标点符号以及中文文字。其中英文、数字以及标点符号可以直接通过键盘进行输入，而中文必须通过汉字输入法进行输入。

**（2）特殊文本**

特殊文本包括日期和时间、特殊符号以及繁体字符等。如遇到特殊字符，可通过以下几种方法进行输入。

① 利用软键盘进行输入。在中文输入法的状态下，右击"软键盘"图标，在弹出的图 3-6 所示的"软键盘列表"中，选择合适的分类，再在弹出的图 3-7 所示的软键盘中选择相应的符号。

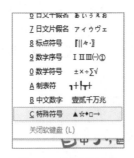

图 3-6　软键盘列表

图 3-7　软键盘

② 利用插入符号。单击"插入"选项卡，在"符号"选项组中，单击"符号"下拉菜单中的"其他符号"，如图 3-8 所示，弹出"符号"对话框，如图 3-9 所示，选择相应的字体和子集，再选中相应符号，单击"插入"按钮即可。

**2. 选择文本**

在对文本进行修改或者格式设置时，往往要先选中相应的文本，一般可通过鼠标或键盘进行选择。

**（1）通过鼠标选择文本**

① 拖动选择：将光标定位到起始位置，按住鼠标左键不放，移动到终点，松开鼠标，可选择连续的多行文本。

图 3-8　"符号"列表

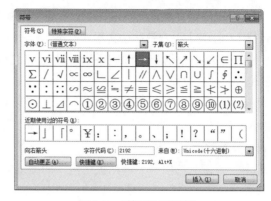

图 3-9　"符号"对话框

② 单击选择：将鼠标指针移动到一行的开始的位置，当鼠标变为一个斜向右的白色箭头时单击，可选中这一行。

③ 双击选择：将鼠标移动到一行的开始的位置，当鼠标变为一个斜向右的白色箭头时双击，可选中这一段。

④ 三击选择：将鼠标移动到一行的开始的位置，当鼠标变为一个斜向右的白色箭头时三连击，可选中所有文本内容。

（2）用键盘选择文本

通过键盘上的各种组合键，可快速选择文本。下面介绍其中几种常用快捷键的用法。

①【 Shift + ← 】：选中光标左侧的一个字符。

②【 Shift + → 】：选中光标右侧的一个字符。

③【 Shift + ↑ 】：选中光标位置至上一行相同位置之间的文本。

④【 Shift + ↓ 】：选中光标位置至下一行相同位置之间的文本。

⑤【 Shift + Home 】：选中光标位置至行首。

⑥【 Shift + End 】：选中光标位置至行末。

⑦【 Shift + PageDown 】：选中光标位置至下一屏之间的文本。

⑧【 Shift + PageUp 】：选中光标位置至上一屏之间的文本。

⑨【 Ctrl + A 】：选中整篇文档。

3. 删除文本

在输入文本的过程中，可通过【 Delete 】键或【 Backspace 】键进行删除。在未选中文本的情况下，按【 Delete 】键，删除的是光标之后的一个字符；按【 Backspace 】键，删除的是光标之前的一个字符。而在选中状态下，则按两个键删除的都是选中的内容。

4. 移动和复制文本

（1）移动文本

移动文本的操作方法如下：

① 选中要被移动的文本。

② 单击"开始"选项卡"剪贴板"组中的"剪切"按钮，或者按【 Ctrl+X 】组合键剪切文本。

③ 把光标定位到要放置文本的位置，单击"开始"选项卡"剪贴板"组中的"粘贴"按钮，或者按【Ctrl+V】组合键粘贴文本。

上述操作也可由鼠标拖动直接来完成，即选中文本后，按住鼠标左键，直接将文本拖动到要放置的位置，松开鼠标。

（2）复制文本

复制文本的操作方法如下：

① 选中要被移动的文本。

② 单击"开始"选项卡"剪贴板"组中的"复制"按钮，或者按【Ctrl+C】组合键复制文本。

③ 把光标定位到要放置文本的位置，单击"开始"选项卡"剪贴板"组中的"粘贴"按钮，或者按【Ctrl+V】组合键粘贴文本。

上述操作也可在按住【Ctrl】键后由鼠标拖动直接来完成，即选中文本后，按住鼠标左键，同时按【Ctrl】键，将文本拖动到要放置的位置，松开鼠标。

5. 撤销和恢复操作

Word 2016具有对文档操作的记忆功能，在做了不当操作时，可及时通过撤销操作来返回到前一步，也可通过恢复操作，重复刚才被撤销的操作。

（1）撤销操作

单击快速工具栏上的"撤销"按钮 ，可撤销刚才做过的操作，也可通过【Ctrl+Z】组合键来撤销。

（2）恢复操作

单击快速工具栏上的"重复"按钮 ，可恢复刚才做过的操作，也可通过【Ctrl+Y】组合键来恢复。

6. 查找和替换操作

通过查找操作，可在文档中快速找到所需要的内容，而通过替换操作，可批量修改文档中的内容。

（1）查找

查找的操作方法如下：

① 在"开始"选项卡的"编辑"组中，单击"查找"按钮，或者按【Ctrl+F】组合键。在出现的"导航"任务窗格的文本框中输入查找内容，如图3-10所示。

② 或者在"编辑"组"查找"下拉列表中选择"高级查找"选项，在弹出的"查找和替换"对话框中的"查找内容"文本框中输入内容，再单击"查找下一处"按钮，即可在文档中查找相应内容，如图3-11所示。

图 3-10 "导航"任务窗

（2）替换

替换操作的方法如下：

① 在"开始"选项卡的"编辑"组中，单击"替换"按钮，或者按【Ctrl+H】组合键。

② 在弹出的"查找和替换"对话框中，在"查找内容"和"替换为"文本框中输入内容，如图 3-12 所示。

图 3-11　"查找和替换"对话框"查找"选项卡

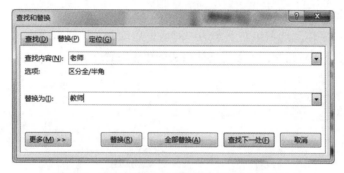

图 3-12　"查找和替换"对话框"替换"选项卡

③ 此时若单击"全部替换"按钮，则可一次性替换文中的所有内容，若单击"查找下一处"按钮，则可逐个查找并决定是否替换。

# ▎3.4　Word 2016 的格式设置

## 3.4.1　Word 2016 文本格式的设置

### 1. 设置文本格式

设置 Word 的文本格式包括设置文字的字体、字形、大小、颜色等。

① 对于字符格式设置，通常通过"开始"选项卡的"字体"组中的各个命令按钮来设置，如图 3-13 所示。

图 3-13　"字体"组

- "字体"下拉列表框 Calibri (西文正文) 中可选择设置文档中的字体。
- "字号"下拉列表框 五号 中可设置字的大小。

- "字形"列表中可对字形做具体设置，表示加粗，表示倾斜，表示加下画线。
- 可增大、缩小当前的字号。
- 可清除掉选中文本的格式。
- 可给选中文字加上拼音指南。
- 可给选中文字加上字符边框。
- 可给选中文字加上删除线。
- 可把选中文字变成下标、上标的形式。
- 可更改所选文字的大小写状态。
- 可使所选文字以不同背景颜色突出显示。
- 可更改所选文字的颜色。
- 可给所选文字加上字符阴影。
- 可将所选文字变成带圈字符。

② 也可单击"字体"选项组右下角的"对话框启动器"按钮，弹出"字体"对话框，如图3-14所示。通过这个对话框，可以对字体格式做更多设置。

图 3-14　"字体"对话框

## 2. 设置段落格式

设置段落格式主要包括左右缩进、段前段后的间距、行距、对齐方式、大纲级别等，一般可通过命令按钮或"段落"对话框进行段落格式设置。

① 通过"开始"选项卡"段落"组中的命令按钮进行段落格式设置，如图3-15所示。

- 可为所选段落添加项目符号、项目编号及多级列表。
- 可增加或减少所选段落的缩进量。

- ● 可对所选段落做中文版式的设置。
- ● 可设置是否显示段落标记。
- ● 可设置段落对齐方式，包括左对齐、居中对齐、右对齐、两端对齐、分散对齐。
- ● 可设置段落的行距。
- ● 可为段落添加边框和底纹。

② 也可单击"段落"选项组右下角的"对话框启动器"按钮，弹出"段落"对话框，如图 3-16 所示。通过这个对话框，可以对段落格式做更多设置。

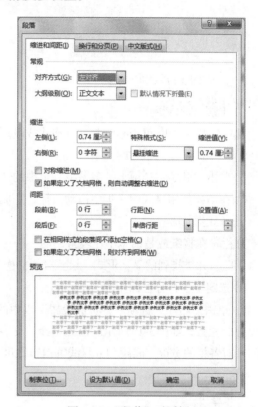

图 3-15  "段落"组  　　　　　图 3-16  "段落"对话框

## 3. 设置页面格式

设置页面格式主要包括纸张大小的选择、页边距的设置等，一般可通过命令按钮或"页面设置"对话框进行页面格式设置。

① 通过"布局"选项卡的"页面设置"组中的命令按钮进行页面格式设置，如图 3-17 所示。

- ● 可设置文本距纸张边缘的距离。
- ● 可设置文本打印的方向是纵向还是横向。
- ● 可设置文本打印的纸张的纸型和大小。

② 也可单击"页面设置"组右下角的"对话框启动器"按钮，弹出"页面设置"对话框，如图 3-18 所示。通过这个对话框，可以对页面进行更多设置。

图 3-17 "页面设置"组　　　　　　　图 3-18 "页面设置"对话框

**4. 格式刷的使用**

"格式刷"按钮可用来复制字符格式或段落格式，操作方法如下：

① 选中需要复制格式的文本。

② 单击"开始"选项卡"剪贴板"组中的"格式刷"按钮。

③ 在需要使用格式的文本中拖动鼠标，完成格式复制。

**5. 分栏**

分栏是在报纸或是杂志中比较常用的一种格式设置，分栏是指在一个页面上，文本被分隔成自左向右并排排列的显示形式。设置分栏的操作方法如下：

① 选定要进行分栏操作的文本区域。

② 单击"布局"选项卡"页面设置"组中的"分栏"按钮，然后在弹出的下拉菜单中选择要分的栏数，如图 3-19 所示。也可选择"更多分栏"命令，弹出"分栏"对话框，如图 3-20 所示，对各栏的宽度、间距和分隔线等内容做进一步的设置。

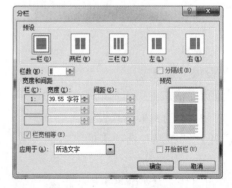

图 3-19 "分栏"下拉菜单　　　　　　　图 3-20 "分栏"对话框

**6. 首字下沉**

在报纸的排版中，还有一类经常使用的格式叫"首字下沉"，即段落的第一个字符放大数倍，以增强文章的可读性。其排版方法如下：

① 将光标定位到指定段落。

② 单击"插入"选项卡"文本"组中的"首字下沉"按钮，然后在弹出的下拉菜单中选择下沉的样式，如图3-21所示。也可选择"首字下沉选项"命令，弹出"首字下沉"对话框，如图3-22所示，对下沉的行数、距正文的距离做进一步的设置。

图 3-21　"首字下沉"下拉菜单　　　　　　图 3-22　"首字下沉"对话框

## 3.4.2　Word 2016中的图文混排

### 1. 对象的插入

用户可以方便地在 Word 2016 中插入各种图片、艺术字、形状、文本框、公式、SmartArt 图等。

（1）插入图片

单击"插入"选项卡"插图"组中的"图片"按钮，弹出"插入图片"对话框，如图3-23 所示。在左侧"资源管理器"中选择目标文件夹，然后在相应文件夹中选中所需的图片文件，单击"插入"按钮，即可插入图片。

图 3-23　"输入图片"对话框

（2）插入联机图片

Office 2016自带联机搜索功能，可以直接和互联网连接，查找客户所需的图片，插入的方法如下：

① 单击"插入"选项卡"插图"组中的"联机图片"按钮，打开"插入图片"任务窗格，如图3-24所示。

② 在"搜索必应"文本框内输入搜索关键词，然后选择对应的图片，单击"插入"按钮。

图 3-24 "插入图片"任务窗格

插入图片后，可以单击"图片工具-格式"选项卡中的"颜色""图片样式""环绕文字"等来修饰图片色彩和位置，如图3-25和图3-26所示。

图 3-25 "图片工具－格式"选项卡

### 2. 插入艺术字

单击"插入"选项卡"文本"组中的"艺术字"按钮，在"艺术字样式库"中选择一种合适的艺术字样式，单击即可插入，如图3-27所示。

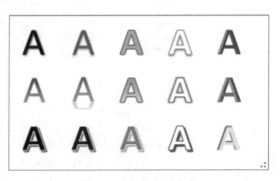

图 3-26 "环绕文字"下拉菜单　　　　图 3-27 艺术字样式库

插入艺术字后，可以单击"绘图工具-格式"选项卡"艺术字样式"组中的"文本填充""文本轮廓""文本效果"等来修饰艺术字，如图3-28和图3-29所示。

图 3-28　"绘图工具 – 格式"选项卡

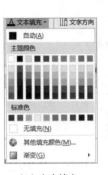

（a）文本填充

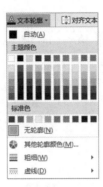

（b）文本轮廓

（c）文本效果

图 3-29　"文本填充""文本轮廓""文本效果"下拉菜单

### 3. 插入形状

单击"插入"选项卡"插图"组中的"形状"按钮，在"各种形状"（见图3-30）中选择一种需要的形状样式，鼠标指针呈十字状态，利用鼠标拖动即可插入形状。

在插入"形状"后，可以单击"绘图工具-格式"选项卡"形状样式"组中的"形状填充""形状轮廓""形状效果"等来进行修饰，如图3-31所示。

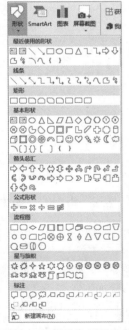

图 3-30　"形状"下拉菜单

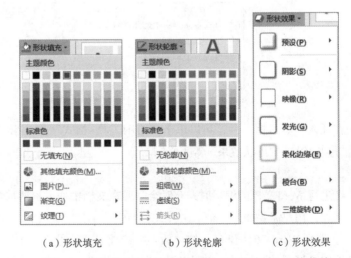

（a）形状填充　　（b）形状轮廓　　（c）形状效果

图 3-31　"形状填充""形状轮廓""形状效果"下拉菜单

### 4. 插入文本框

在Word中文本框是指一种可移动、可调大小的文字或图形容器。

单击"插入"选项卡"文本"组中的"文本框"按钮，在下拉列表中选择需要的文本框，如图3-32所示，再单击绘制横排文本框，鼠标指针呈十字状态，利用鼠标拖动即可插入文本框。

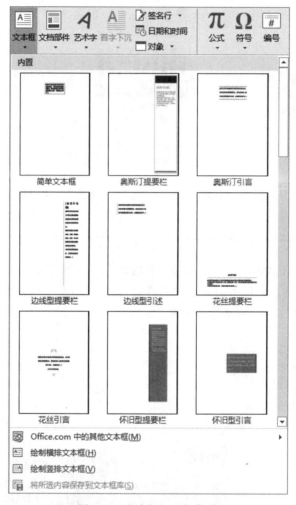

图 3-32 "文本框"下拉菜单

在插入"文本框"后，可以单击"绘图工具-格式"选项卡"形状样式"组中的"形状填充""形状轮廓""形状效果"等来修饰。

### 5. 插入公式

在进行Word文档的编辑时，有时会需要在文档中插入一些数学公式。

例如，用户需要插入一个二次公式和创建一个自定义公式，操作步骤如下：

① 选择Word 2016窗口中的"插入"选项卡"符号"组中的"公式"命令，单击"公式"下拉按钮，展开的下拉列表中列出了各种常用公式，如图3-33所示。单击相应公式即可将其加入Word文档。

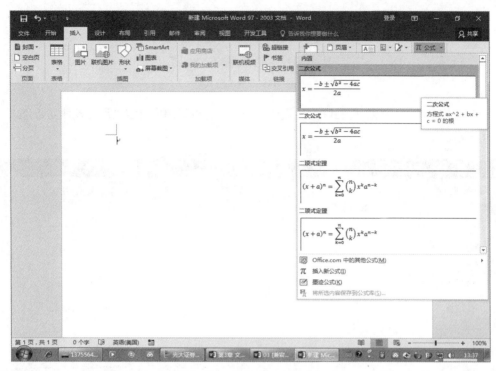

图 3-33　插入 "二次公式"

② 若要创建自定义公式，可选择 "插入" 选项卡 "符号" 选项组中的 "公式" 选项，单击 "公式" 下拉按钮，选择 "插入新公式" 命令，如图 3-34 所示。

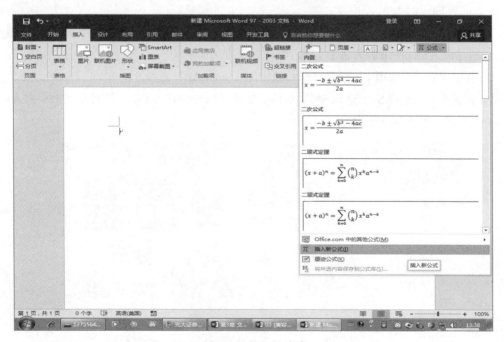

图 3-34　插入新公式

③ 这时，在文档的插入点显示 "在此处键入公式" 控件，如图 3-35 所示。

图 3-35　输入公式

④ Word 2016窗口新增"公式工具-设计"功能区，方便用户自定义设计各种复杂公式，如图3-36所示。

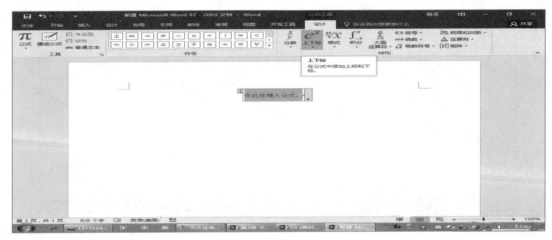

图 3-36　自定义公式

⑤ 按需求完成输入后，实现自定义公式的创建。

6. 插入 SmartArt

在进行 Word 文档的编辑时，有时会需要绘制一些组织机构图或者层次图来更好地表达观点，可通过插入 SmartArt 的方法来实现。具体操作方法如下：

① 选择"插入"选项卡"插图"选项组中的"SmartArt"命令。

② 在弹出的"选择SmartArt图形"对话框中选择SmartArt的形状，即可在文档中插入相应SmartArt图形，如图3-37所示。

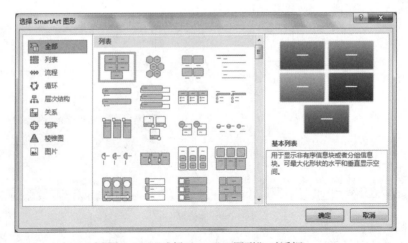

图 3-37　"选择 SmartArt 图形"对话框

### 3.4.3　Word 2016 中表格的使用

#### 1．插入表格

在 Word 2016 中，有多种建立表格的方式，常见方法如下：

（1）拖动鼠标建立表格

单击"插入"选项卡"表格"组中的"表格"按钮，在弹出的下拉菜单中拖动鼠标以确定表格的行数和列数，松开鼠标，即可在光标处创建相应表格。

（2）利用对话框创建表格

单击"插入"选项卡"表格"组中的"表格"按钮，在弹出的下拉菜单中选择"插入表格"命令，弹出"插入表格"对话框，如图 3-38 所示，在该对话框中可设置表格的尺寸。

（3）手动绘制表格

单击"插入"选项卡"表格"组中的"表格"按钮，在弹出的下拉菜单中选择"绘制表格"命令，则鼠标指针变成铅笔状，拖动鼠标可手动绘制表格。

#### 2．编辑表格

（1）选定表格对象

① 通过鼠标选定表格对象：把鼠标指针移动到单元格的左下角，单击可选定单元格；把鼠标指针移动到行的左侧，单击可选定行；把鼠标指针移动到列的上方，单击可选定列；把鼠标指针移动到表格左上角的移动手柄上，单击可选定整个表格。

② 利用命令按钮选定表格对象：单击选中某一个单元格，单击"表格工具-布局"选项卡"表"组中的"选择"按钮，可在下拉列表中选择单元格所在的单元格、行、列、表格。

（2）添加表格对象

先选定某表格对象，然后在"表格工具-布局"选项卡的"行和列"组中选择相应的命令，即可插入行或列，如图 3-39 所示。

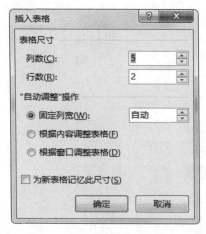

图 3-38　"插入表格"对话框

图 3-39　"行和列"组

（3）删除表格对象和清除表格内容

先选定表格对象，按【Delete】键可清除表格内容但不改变表格结构，而按【Backspace】键则可删除表格对象。

（4）合并/拆分单元格

合并：先选择要合并的单元格，在选定范围上右击，在弹出的快捷菜单中选择"合并单元格"命令，则可把选定的单元格合并。

拆分：选中要被拆分的单元格，右击，在弹出的快捷菜单中选择"拆分单元格"命令，在弹出的"拆分单元格"对话框中设置"列数"和"行数"，如图3-40所示，则可把单元格拆分成多个单元格。

（5）编辑行高、列宽和单元格的大小

编辑表格中的行高、列宽和单元格的大小一般有如下两种方法：

① 通过鼠标拖动行、列的分隔线进行调整。

② 选中需要调整的行、列或单元格后，在"表格工具-布局"选项卡"单元格大小"组中调整"高度"和"宽度"，如图3-41所示。

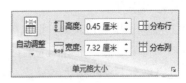

图3-40 "拆分单元格"对话框　　　图3-41 "单元格大小"组

### 3. 设置表格的格式

（1）通过表样式设置表格的整体格式效果

选中表格，单击"表格工具-设计"选项卡"表格样式"选项组，在下拉的表样式中，选择一个样式，将其应用到所选表格上，如图3-42所示。

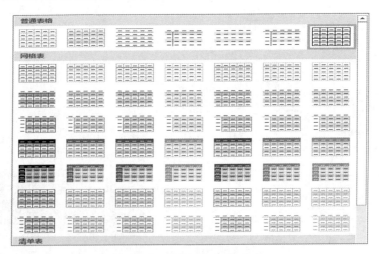

图3-42 "表样式"下拉列表

（2）设置表格的边框格式

① 把光标放置到表格内，选择"表格工具-设计"选项卡"边框"组，设置"笔样式"、"笔

画粗细"和"笔颜色",对边框格式做预设置,如图3-43所示。

② 单击"表格工具-设计"选项卡"边框"组中的"边框"命令,在下拉列表中选择应用范围,如图3-44所示。

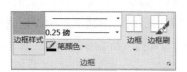

图 3-43 "边框"组

图 3-44 "边框"下拉列表

## 3.4.4 Word 2016中页眉页脚和目录的使用

### 1. 插入页眉

页眉通常出现在页面的顶端位置,可通过如下方法来插入页眉:

① 选择"插入"选项卡"页眉和页脚"组中的"编辑页眉"命令。

② 在"页眉"下拉列表中,选择一种内置的页眉样式,则可进入页眉的编辑状态,如图3-45所示。

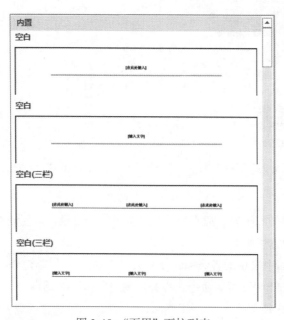

图 3-45 "页眉"下拉列表

③ 编辑完页眉后,可通过单击"页眉和页脚工具-设计"选项卡"关闭"组中的"关闭页眉和页脚"命令退出页眉编辑状态,也可双击文档的正文部分退出。

**2．插入页脚**

页脚通常出现在页面的底部位置，可通过如下方法来插入页脚：

① 选择"插入"选项卡"页眉和页脚"组中的"编辑页脚"命令。

② 在"页脚"下拉列表中，选择一种内置的页脚样式，则可进入到页脚的编辑状态。

③ 编辑完页脚后，可通过单击"页眉和页脚工具-设计"选项卡"关闭"组中的"关闭页眉和页脚"命令退出页脚编辑状态，也可双击文档的正文部分退出。

**3．插入页码**

在进行长文档的编辑时，通常要给文档添加页码，以便浏览者更加方便地查找文档的内容。单击"插入"选项卡中的"页眉页脚"组中的"页码"命令，如需设置页码的格式，则单击"页码"中的"设置页码格式"命令，在弹出的"页码格式"对话框中设置好页码格式之后，即可选择在"页面顶端""页面底端""当前位置"等处插入所需要的页码，如图3-46～图3-48所示。

图 3-46 "插入"选项卡

图 3-47 "页码"下拉列表

图 3-48 "页码格式"对话框

**4．插入目录**

在进行一些长文档的编辑时，通常要给文档加上一个目录，以便浏览者更加方便地浏览文档的内容。插入目录的方法如下：

① 给需要在目录当中出现的各级标题设置大纲级别。具体操作方法为：选中标题，右击，在弹出的快捷菜单中选择"段落"命令，在弹出的"段落"对话框中，设置"大纲级别"为1级、2级……，如图3-49所示。

② 选择"引用"选项卡"目录"组中的"目录"命令，如图3-50所示，弹出下拉列表，如图3-51所示，选择其中一项即可插入一个自动生成的目录。或选择"自定义目录"命令，在弹出的"目录"对话框中进行设置，如图3-52所示。

图 3-49　"段落"对话框中大纲级别设置

图 3-50　"引用"选项卡

图 3-51　"目录"选项

图 3-52　"目录"对话框

# 3.5 案　例

## 案例1　Word文字格式设置

### 1. 案例场景

开学一个多月了，学校里的各种社团开始了如火如荼的招新工作。小王想应聘学校绿色环保协会的宣传部部长。面试时，协会主席给了小王一个任务：设计一个简单大方的协会招新宣传单，让同学们能够对协会有一个很好的认识和了解。

### 2. 设计思路

小王接到这个任务，考虑了一下，打算用Word 2016来制作这一份宣传单。为了突出招新宣传单中的重点，打算针对标题部分做出一些特殊的字体和段落格式设置。经过一番考虑，小王打算将招新宣传单做成图3-53所示的效果。

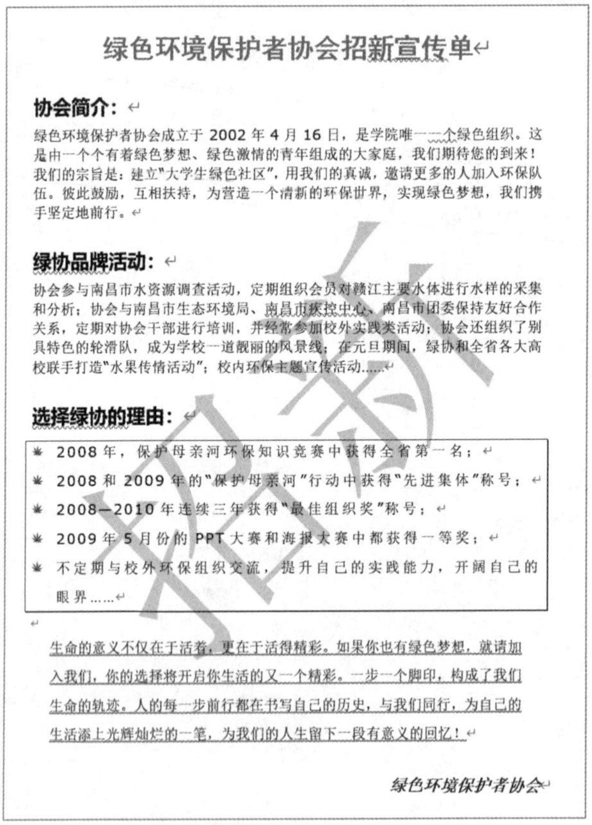

绿色环境保护者协会招新宣传单

**协会简介：**

绿色环境保护者协会成立于 2002 年 4 月 16 日，是学院唯一一个绿色组织。这是由一个个有着绿色梦想、绿色激情的青年组成的大家庭，我们期待您的到来！我们的宗旨是：建立"大学生绿色社区"，用我们的真诚，邀请更多的人加入环保队伍。彼此鼓励，互相扶持，为营造一个清新的环保世界，实现绿色梦想，我们携手坚定地前行。

**绿协品牌活动：**

协会参与南昌市水资源调查活动，定期组织会员对赣江主要水体进行水样的采集和分析；协会与南昌市生态环境局、南昌市疾控中心、南昌市团委保持友好合作关系，定期对协会干部进行培训，并经常参加校外实践类活动；协会还组织了别具特色的轮滑队，成为学校一道靓丽的风景线；在元旦期间，绿协和全省各大高校联手打造"水果传情活动"；校内环保主题宣传活动……

**选择绿协的理由：**

- 2008 年，保护母亲河环保知识竞赛中获得全省第一名；
- 2008 和 2009 年的"保护母亲河"行动中获得"先进集体"称号；
- 2008—2010 年连续三年获得"最佳组织奖"称号；
- 2009 年 5 月份的 PPT 大赛和海报大赛中都获得一等奖；
- 不定期与校外环保组织交流，提升自己的实践能力，开阔自己的眼界……

生命的意义不仅在于活着，更在于活得精彩。如果你也有绿色梦想，就请加入我们，你的选择将开启你生活的又一个精彩。一步一个脚印，构成了我们生命的轨迹。人的每一步前行都在书写自己的历史，与我们同行，为自己的生活添上光辉灿烂的一笔，为我们的人生留下一段有意义的回忆！

*绿色环境保护者协会*



图3-53　“招新宣传单”示例

### 3. 操作步骤

（1）新建“招新宣传单”文档

要制作“招新宣传单”文档，必须先启动Word 2016并新建空白文档，然后将其以“招新宣传单”为名保存在本地硬盘上。

① 选择“开始”→“所有程序”→Word 2016命令。

②启动 Word 2016，单击"文件"→"新建"命令，可以新建一个名为"空白文档"的文档，单击快速工具栏上的"保存"按钮，打开"另存为"窗口界面，单击"浏览"按钮，打开"另存为"对话框。

③在"文件名"下拉列表框中输入"招新宣传单"，单击"保存"按钮。

（2）输入文档内容并设置字符格式和段落格式

在新建的"招新宣传单"文档中输入具体内容，然后对其进行简单的格式设置，具体要求如下：

- 将全文的文字设置为宋体、小四的格式。
- 标题设置为黑体、二号、居中，红色，加粗，将标题行的段前段后间距设置为 1 行。
- 将子标题："协会简介""绿协品牌活动""选择绿协的理由"设置为"段前一行"和行距"1.5 倍"，并设置为楷体、三号、加粗的格式。
- 将"选择绿协的理由"下的具体内容设置为段落边框、绿叶的项目符号，设置字符间距加宽 1.2 磅，行距 1.5 倍。
- 将正文中的倒数第 2 段设置为红色双波浪线的下画线，左右缩进 1.5 个字符。
- 将正文的最后一段设置为宋体、四号、右对齐、加粗、倾斜。
- 为文档设置蓝色、倾斜的水印"招新"。

具体操作步骤如下：

①将输入法切换至一种常用的中文输入法，输入案例文本。

②选中全文，在"开始"选项卡"字体"组中设置字号为"小四"。

③选中标题，在选中范围上右击，在弹出的快捷菜单中选择"字体"命令，弹出"字体"对话框，设置"中文字体"为"黑体""二号"，设置"字形"为"加粗"，设置"字体颜色"为"红色"，如图 3-54 所示，同样的设置也可在"开始"选项卡的"字体"组中进行。单击"开始"选项卡"段落"组中的"居中"按钮，可使标题居中显示。在选中范围上右击，在弹出的快捷菜单中选择"段落"，弹出"段落"对话框，设置间距"段前"为"1 行"，"段后"为"1 行"。

④选中子标题，单击"开始"选项卡"段落"组中的"行距"按钮，在下拉列表中选择"1.5 倍行距"，将子标题的行距设置为 1.5 倍行距。在选中范围上右击，在弹出的快捷菜单中选择"段落"命令，弹出"段落"对话框，设置间距"段前"为"1 行"。在选中范围上右击，在弹出的快捷菜单中，选择"字体"命令，弹出"字体"对话框，设置"中文字体"为"楷体"，设置"字形"为"加粗"，设置"字号"为"三号"。

⑤选中"加入绿协的理由"相关内容，单击"开始"选项卡"段落"组中的"行距"按钮，在下拉列表中选择 1.5，将子标题的行距设置为 1.5 倍。

⑥选中"加入绿协的理由"相关内容，在选中范围上右击，在弹出的快捷菜单中选择"字体"，弹出"字体"对话框，单击选中"高级"选项卡，在"间距"下拉列表框中选择"加宽"命令，在"磅值"下拉列表框中输入"1.2 磅"，如图 3-55 所示。

⑦选中"加入绿协的理由"相关内容，单击"开始"选项卡"段落"组中的"项目符号"按钮，在弹出的下拉列表中选择"定义新项目符号"命令，在弹出的"定义新项目符号"对话

框中，单击"图片"按钮，如图3-56所示。在弹出的"插入图片"对话框中单击"浏览"按钮，导入一张绿叶的图片作为项目符号，如图3-57所示。

图 3-54 "字体"对话框

图3-55 "字体"对话框中的"高级"选项卡

图 3-56 "定义新项目符号"对话框

图 3-57 "插入图片"对话框

⑧ 选中倒数第二段并右击，在弹出的快捷菜单中选择"字体"命令，在弹出的"字体"对话框中设置"下划线线型"为"双波浪线"，"下划线颜色"为"红色"，给段落加上红色的双波浪下画线，如图3-58所示。

（3）对文档进行页面设置

在"布局"选项卡中可对文档进行相关页面格式的设置，具体包括"页边距"等；在"设计"选项卡中可对文档进行相关页面风格的设置，具体包括"水印""页面颜色"等。

① 单击"布局"选项卡"页面设置"组中的"页边距"按钮，在下拉列表中选择"自定义页边距"命令，弹出"页面设置"对话框，在"左""右"数值框中分别输入"3厘米""3厘米"，如图3-59所示。

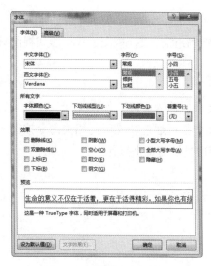

图 3-58　"字体"对话框

图 3-59　"页面设置"对话框

② 单击"设计"选项卡"页面背景"组中的"水印"按钮，在下拉列表中选择"自定义水印"命令，弹出"水印"对话框，选择"文字水印"单选按钮，在"文字"文本框内输入"招新"，如图 3-60 所示，单击"确定"按钮，则"招新"会作为水印出现在页面上。

（4）给页面添加页眉/页脚

① 在文章上方页眉的位置双击，则可进入页眉的编辑界面，输入页眉"计算视觉"。

② 选择"插入"选项卡→"页眉和页脚"组→"页码"→"页面底端"→"普通数字 2"命令，可在页面底端的中央位置插入页码。

（5）设置边框和底纹效果

边框和底纹可应用于文字或者段落。下面对文档中的部分内容设置边框和底纹效果，具体包括：为"加入绿协的理由"相关内容加上"带阴影的段落边框"。

选中"加入绿协的理由"相关内容，单击"开始"选项卡"段落"组中的"边框"下拉按钮，在下拉列表中单击"边框和底纹"按钮，弹出"边框和底纹"对话框。单击"边框"选项卡，在"设置"栏中选择"阴影"命令，在"应用于"下拉列表框中选择"段落"，如图 3-61 所示，单击"确定"按钮。

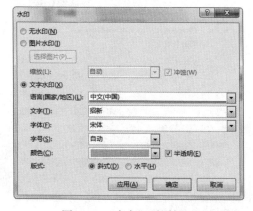

图 3-60　"水印"对话框

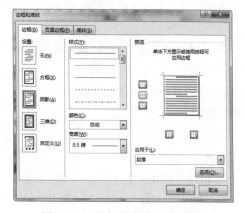

图 3-61　"边框和底纹"对话框

（6）文档的显示方式

可通过单击窗口右下角的 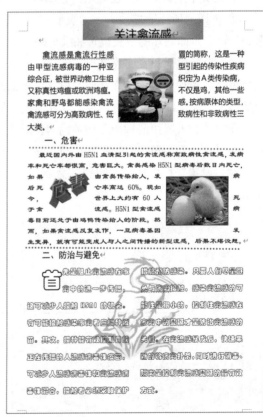 来设置分别以阅读视图、页面视图、Web 版式视图等不同视图方式来显示文档，观察各自显示的特点。

4. 案例点评

小王在整个"招新宣传单"的制作中使用了新建文档、输入文本、保存文档、设置字符格式、段落格式、页面格式及边框和底纹等，大部分的操作都可通过功能区的相关命令按钮来完成，也可通过右键快捷菜单中的相应命令来完成，还能通过快捷键来操作。

5. 拓展训练

假如现在你要为一个社团制作招新宣传单，你会怎么做？

## 案例2　图文混排

### 1. 案例场景

小王成功地应聘上了协会的宣传部部长，在宣传工作上出了不少的力，协会成员对他们部门的工作都赞誉有加。一天，协会主席对小王说："最近禽流感流行，大家都人心惶惶的，你们部门可以考虑出一个禽流感相关知识的海报，给大家科普一下相关知识。"

### 2. 设计思路

小王考虑到这次要做的是海报，需要做得生动活泼一些，才能更多地吸引大家的注意力。小王准备在海报中适当插入一些和主题相关的图片作为插图或者背景图，并用分栏和首字下沉等方法让整个版面看上去更加生动活泼。经过几番思量，小王准备将海报做成图3-62所示的效果。

### 3. 操作步骤

（1）根据海报的内容输入普通文本，并进行基本格式设置

① 将第一段设置为"楷体、四号"：选中第一段，选择"开始"选项卡"字体"组中的"字体"，选择"楷体"命令，再选择"开始"选项卡"字体"组中的"字号"，选择"四号"命令。

② 将第三段设置为"隶书、四号"，操作方法同上。

③ 将第五段设置为"华文彩云、四号"，操作方法同上。

④ 将第二、四两段设置为"黑体、三号"，操作方法同上。

⑤ 将第三段的行距设置为"20磅"：选中第三段，选择"开始"选项卡"段落"组中的"行距"，选择"行距选项"命令，弹出"段

图 3-62　"禽流感知识海报"示例

124

落"对话框，在"行距"下拉列表框中选择"固定值"，在"设置值"列表框中输入"20磅"。

⑥将第五段的行距设置为"27磅"，操作方法同上。

⑦将第五段分为等宽的两栏显示：选中第五段，选择"布局"选项卡"页面设置"组中的"分栏"，选择"两栏"命令。

⑧将第五段设为首字下沉两行：将光标定位到第五段，选择"插入"选项卡"文本"组中的"首字下沉"，选择"首字下沉选项"命令，弹出"首字下沉"对话框，在"位置"区选择"下沉"，在"下沉行数"列表框中选择"2"，单击"确定"按钮。

（2）在文档中插入文本框并做相应格式设置

①选中第一行的标题，选择"插入"选项卡"文本"组中的"文本框"，选择"绘制横排文本框"命令，则选中的内容会自动放置到一个文本框内。

②选中文本框，选择"绘图工具-格式"选项卡"形状样式"组中的"形状填充"，选择"渐变"→"其他渐变"，弹出"设置形状格式"任务窗格，在"填充"单选按钮组中选择"渐变填充"选项，在"预设渐变"下拉列表框中选择"浅色渐变-个性色1"，在"类型"下拉列表框中选择"矩形"，在"方向"下拉列表框中选择"从左上角"选项，如图3-63所示。设置好后单击右上角"关闭"按钮关闭"设置形状格式"任务窗格。

（3）在文档中插入形状

①在文中第二段和第三段之间插入一条"橙色的点状水平线"：单击"插入"选项卡→"插图"组中的"形状"，选择"线条"→"直线"，则鼠标指针变为十字形，在第二段到第三段之间拖动鼠标，即可绘制一条直线。

②选中刚才绘制的直线，对其进行格式设置：单击"绘图工具-格式"选项卡"形状样式"组中的"形状轮廓"，选择"粗细"→"其他线条"，则会弹出"设置形状格式"任务窗格，在"线条"栏选中"实线"单选按钮，然后在"颜色"选项的下拉列表框中选择"橙色"，在"短划线类型"下拉列表框中选择"方点"，在"宽度"列表框中选择"3磅"，如图3-64所示，然后直接关闭"设置形状格式"任务窗格。

③按照上述方法，在文中第三段和第四段之间插入一条"红色的点状水平线"。

（4）在文档中插入艺术字

①单击"插入"选项卡"文本"组中的"艺术字"选择"渐变填充：金色，主题色4；边框：金色，主题色4"，弹出艺术字输入文本框，在文本框中输入"危害"，如图3-65所示。

②选中艺术字，选择"绘图工具-格式"选项卡"排列"组中的"环绕文字"，选择"四周型"命令，如图3-66所示，再调整艺术字的大小和位置。

（5）在文档中插入图片

①选择"插入"选项卡"插图"选项组中的"图片"命令，弹出"插入图片"对话框，选中要插入的图片image002.jpg，单击"确定"按钮，可将图片插入到文档中。

②选中图片，通过拖动图片四周的控制节点，调节图片的大小。

③选中图片，选择"图片工具-格式"选项卡"排列"组中的"环绕文字"，选择"四周型"命令，如图3-66所示，使文字将图片四周型环绕。

④将图片拖动到第一段中间合适的位置。

⑤ 采用上述方法，再在第三段的右侧插入一张图片 image008.jpg。

（6）在文档中插入一幅联机图片作为第五段的背景图

① 选择"插入"选项卡"插图"选项组中的"联机图片"命令，则会出现一个"插入图片"任务窗格。在"搜索区"输入搜索关键字，如"鹤"，在"搜索范围"下拉框中设定好搜索范围，单击"搜索"按钮，则可搜索出相应的图片。单击要插入的图片左上方的复选框，然后单击"插入"，可将其插入到文档中。

② 选中图片，选择"图片工具-格式"选项卡"排列"组中的"环绕文字"→"浮于文字上方"命令。

③ 选择"图片工具-格式"选项卡"调整"选项组中的"颜色"→"重新着色"→"冲蚀"命令，如图3-67所示，可将图片整体色彩变淡，此时方可用来做背景图片。

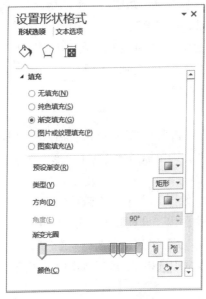

图 3-63 "设置形状格式"任务窗格 1

图 3-64 "设置形状格式"任务窗格 2

图 3-65 艺术字输入文本框

图 3-66 "环绕文字"下拉选项　图 3-67 "颜色"下拉选项

④ 调整图片的大小和位置，使其基本可覆盖第四段的文字内容。

⑤ 选中图片，选择"图片工具-格式"选项卡"排列"组中的"环绕文字"→"衬于文字下方"命令，使图片衬于文字下方，作为背景出现。

### 4．案例点评

小王这次做的海报比较生动活泼，容易吸引大家的注意力。在制作过程中，他使用了图片、艺术字、自选图形等多种方式来烘托整个主题，并且通过对图片、艺术字、自选图形的格式设置，让整个海报重点突出。在制作过程中，小王还采用了分栏、首字下沉等排版手段，让整个海报的版面看上去更加灵动。

### 5．拓展训练

假如要你设计一个社团活动的海报，你会怎样制作，来吸引更多的人注意呢?

## 案例3　表格操作

### 1．案例场景

小王毕业后，进入一个工厂的人事科工作。一天，科长对小王说："厂长说要看一下职工福利费的情况，你抓紧做一张表出来，电子版的就可以。"

### 2．设计思路

小王考虑了一下工厂的实际情况，先把福利费的各项指标做成了一张表格。为了让表格看上去不是那么死板，他将中间某些单元格进行了合并。为了让表格看上去更加美观，又加了一些边框和底纹的格式设置。拿着图3-68所示的 Word 表格，小王找科长交任务去啦。

提取职工福利费计算表

| 部门 | | 工资总额 | 计提的职工福利费 | 职工福利费的分配 | | | | |
|---|---|---|---|---|---|---|---|---|
| | | | | 生产成本 | | 制造费用 | 管理费用 | 在建工程 |
| | | | | 基本成本 | 辅助成本 | | | |
| 一车间 | A产品工人 | | | | | | | |
| | 管理人员 | | | | | | | |
| 机修车间 | B产品工人 | | | | | | | |
| | 管理人员 | | | | | | | |
| 企业管理部门 | | | | | | | | |
| 合计 | | | | | | | | |

图 3-68　职工福利费表格

### 3．操作步骤

① 新建一个空白的 Word 文档，保存为"案例3.docx"。

② 输入标题"提取职工福利费计算表"，并设置为"隶书、四号、下画线、居中"的格式。

③ 另起一行，选择"插入"选项卡"表格"组中的"表格"→"插入表格"命令，在弹出的"插入表格"对话框中，输入表格的"列数""行数"，如图3-69所示，可在 Word 文档中插入一个8行9列的表格。

④ 设置表格的行高和列宽。

● 选中表格的第一列，在"表格工具-布局"选项卡"单元格大小"组中的"宽度"列表框（见图3-70）中输入1.3厘米，可将表格第一列的列宽设置为1.3厘米。

- 同上所述，将表格第2、5、6、7列的列宽设置为2.2厘米，将表格的其余列宽设置为1.3厘米。
- 选中表格的第一行，在"表格工具-布局"选项卡"单元格大小"组的"高度"列表框中输入0.6厘米，可将表格第一行的行高设置为0.6厘米。
- 同上所述，将表格第2行的行高设置为1.2厘米，第3、4、5、6、8行的行高设置为0.8厘米，将第7行的行高设置为0.6厘米。

⑤ 对表格中的部分单元格做合并或拆分操作。

- 选中第1、2行和第1、2列所在的四个单元格，选择"表格工具-布局"选项卡"合并"组中的"合并单元格"命令，如图3-71所示，可合并选中的单元格。

图 3-69　"插入表格"对话框

图 3-70　"单元大小"组

图 3-71　"合并"组

- 根据上述操作，合并其他需要合并的单元格。

⑥ 为表格设置边框。

- 对表格外边框进行设置：选中"表格"，在"表格工具-设计"选项卡"边框"组（见图3-72）中的"边框样式"下拉列表中选择"单实线，1/2 pt"，在"笔样式"下拉列表中选择"粗匣横线"，在"笔颜色"下拉列表中选择"深红色"。在"表格工具-设计"选项卡"表样式"组中的"边框选项" 边框 下拉列表中选择"外侧横线"，可给表格外侧加上深红色的粗匣横线。
- 同上所述，将第3行的上框线设置为"黑色、三线"边框。

⑦ 为单元格设置底纹。

- 选中第1行，单击"表格工具-设计"选项卡"表格样式"组中的"底纹→"浅红色"，可将第1行的底纹设置为浅红色。
- 同上所述，对其余单元格进行底纹设置。

⑧ 在表格中输入相应的文字，并设置对齐方式。

- 按照图3-68所示的情况，在表格中输入相应的文字。
- 选中所有单元格，单击"布局"选项卡"对齐方式"组（见图3-73）中的"水平居中"按钮，可使单元格中的文字水平居中、垂直居中。

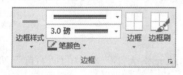

图 3-72　"边框"组

图 3-73　"对齐方式"组

4. 案例点评

小王在这个表格的制作中使用到了插入表格、合并单元格、边框和底纹的设置、对齐方式的设置、行高和列宽的调整等相关知识点，使整个表格看上去错落有致、简洁美观。

5. 拓展训练

假如你是小王，你会怎样设计该表格？

# 3.6 操 作 题

## 操作题1　Word 文档的基本操作

### 1. 实验要求

① 掌握一种汉字输入方法。

② 掌握文档的建立、保存与打开。

③ 掌握文本内容的选定与编辑。

④ 掌握文本的替换与英文校对。

⑤ 掌握文档的不同显示方式。

### 2. 实验内容

① 在桌面上新建一个文件夹，以自己的学号+姓名命名。打开 Word 2016，输入以下内容（段首暂不要空格），以 W3-1.docx 为文件名（保存类型为"Word 文档"）保存在新建文件夹中，然后关闭该文档。

WordStar（简称 WS）是一个较早产生并已十分普及的文字处理系统，风行于 20 世纪 80 年代，汉化的 WS 在我国曾非常流行。1989 年金山电脑公司推出的 WPS（Word Processing System），是完全针对汉字处理重新开发设计的，在当时我国的软件市场上独占鳌头。

随着 Windows 95 中文版的问世，Office 95 中文版也同时发布，但 Word 95 存在着在其环境下可存的文件不能在 Word 6.0 下打开的问题，降低了人们对其使用的热情。Word 97 不但很好地解决了这个问题，而且还适应信息时代的发展，增加了许多新功能。

② 打开所建立的 W3-1.docx 文件，在文本的最前面插入一行标题：文字处理软件的发展，然后在文本的最后另起一段，输入以下内容，并保存文件。

1990 年 Microsoft 推出 Windows 3.0，这是一种全新的图形化用户界面操作环境，受到软件开发者的青睐，英文版的 Word for Windows 因此诞生。1993 年，Microsoft 推出 Word 5.0 的中文版。1995 年，Word 6.0 的中文版问世。

③ 使"1989……独占鳌头。"另起一段；将正文第三段最后一句"……增加了许多新功能。"改为"……增加了许多全新的功能。"；将最后二段正文互换位置；在文本的最后另起一段，复制标题以下的四段正文的内容。

④ 将正文的最后四段文本中所有的 Microsoft 替换为"微软公司"，并利用拼写检查功能检查所输入的英文单词有否拼写错误，如果存在拼写错误，请将其改正。

⑤ 以不同的视图方式显示文档。

操作题2　文字的排版

1. 实验要求

① 掌握字符的格式化。

② 掌握段落的格式化。

③ 掌握项目符号和编号的使用。

④ 掌握分栏操作。

2. 实验内容

互联网的应用

　　互联网的广泛应用和发展，使世界范围内的信息资源交流和共享成为可能。让人们坐在家里就可以掌握全球最新的信息。在人们通过网络进行信息查找的时候，一个不可避免的问题随之出现，那就是如何面对日益庞大的数据量，如何应对无限、无序、优劣混杂、缺乏统一组织与控制的网络信息。

　　掌握一定的网络信息检索知识和技巧成为在信息时代立足社会的一个重要衡量标准。无论你将来从事哪一个行业，这都将是你成功的重要保障。

　　一、网络信息存在的几种重要形式

　　万维网信息：万维网即WWW，全称为World Wide Web。这种网络信息资源是建立在超文本、超媒体技术的基础上，集文本、图形、图像、声音为一体，并直观地展现给用户的一种网络信息形式，是人们平时最常浏览的网页形式。人们通过单击相应主题的超链接，就可以通过浏览器浏览到所需要的信息。

　　FTP信息：是互联网中使用文件传输协议进行信息传输的一种形式。其主要功能是在两台位于互联网上的计算机之间建立连接以传输文件，完成从一个系统到另一个系统完整的文件复制。

　　远程登录信息：通过在远程计算机系统中输入自己的用户名和口令进行登录，登录成功并建立连接后，就可以按给定的访问权限来访问相关资源，包括软件和数据库。

　　用户服务组信息：互联网上最受欢迎的信息交流形式之一。包括各种新闻组、邮件列表、专题讨论组、兴趣组、辩论会等。虽然名称各异，但功能都是由某一特定主题有共同兴趣的网络用户组成的电子论坛。

　　输入以上文字内容（不加任何格式设置），按下列要求操作，然后保存为W 3-2.docx，如图3-74所示。

① 设置标题格式为居中、黑体、小三号、红色、阴文。

② 全文首行缩进2字符，第一段首字下沉3行。

③ 给第一段的第一句话加深红色双下画线。

④ 给第一段加上浅绿色的文字底纹。

⑤ 把第二段的"行业"两字缩放200%。

⑥ 给第三段设置格式：隶书、四号、阴影。

⑦ 给第四段的"万维网信息"、第五段的"FTP信息"、第六段的"远程登录信息"和第七

段的"用户服务组信息"设置格式：加粗、倾斜。

⑧ 把第四段的"WWW"设为紫色、下标的格式。

⑨ 给第四段的"World Wide Web"设置格式：蓝色、提升 5 磅。

⑩ 给第四段的"集文本、图形、图像、声音为一体"加玫瑰红色虚线边框。

⑪ 给第四段的"是人们平时最常浏览的网页形式"设置格式：红色、小四、着重号。

⑫ 给第四段设置双倍行距。

⑬ 给第四、五、六、七段加上项目符号"☆"。

⑭ 把第五段的"例如：我们学校主页上的 FTP 资源"加上字符方框、底纹、字符间距加宽 2 磅。

⑮ 给第六段设置格式：段落底纹颜色（淡蓝），段落边框（天蓝、三磅）。

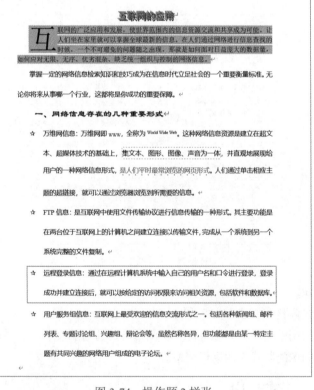

图 3-74　操作题 2 样张

## 操作题 3　Word 图文混排

1. 实验要求

① 掌握 Word 文字排版的方法。

② 掌握图像在 Word 中的插入方式及排版格式。

③ 熟练掌握使用 Word 软件进行图文混排的基本知识，熟悉 Word 常用的排版知识。

2. 实验内容

在桌面上新建一文件夹，以自己的学号＋姓名命名。打开 Word 2016 输入图 3-75 所示文字，以 W3-3.docx 为文件名（保存类型为"Word文档"）保存在新建文件夹中，然后对该文档做如下格式设置：

① 标题是红色四号楷体字且加粗、居中。

② 正文是小四号仿宋体字，首行缩进两个字。

③ 首字下沉三行。

④ 文中"学习的目标"的位置提升12磅。

⑤ 文中"把理论知识和实践相结合起来"加橙色双下画线。

⑥ 文中"精力和时间"加边框和底纹。

⑦ 文中"知识储备"加着重号。

⑧ 文中的图片可在联机图片中任选一幅，要求图片与文字"四周型"环绕。

⑨ 整段文字加外边框。

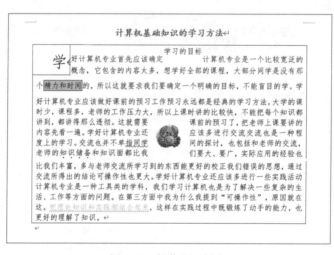

图 3-75　操作题 3 样张

3. 操作注意事项

① 对文字的格式调整需要选中文字本身。

② 对段落格式的调整需要将光标定位在要调整格式的当前段中。

③ 图文混排时图像的版式为四周环绕型。

## 操作题4　Word表格的应用

1. 实验要求

① 掌握Word表格制作的方法。

② 掌握通过合并拆分和手绘两种方式对表格进行修改的方法。

③ 熟练单元格与表格的格式设置。

④ 掌握表格中文字的排版方式

2. 实验内容

① 打开 Word 2016，制作图 3-76 所示的表格，并保存为 W3-4-1.docx。

② 打开 Word 2016，制作图 3-77 所示的表格，并保存为 W3-4-2.docx。

图 3-76　操作题 4 样张 1

图 3-77　操作题 4 样张 2

**3. 操作注意事项**

① 数清表格的行数和列数后再进行表格的插入。

② 个人简历表可在表格中使用绘制表格工具进行表格线的绘制，也可以使用橡皮擦工具进行多余边线的擦除。

③ 课程表中的斜线表头可使用绘制表头工具进行绘制，也可在手工绘制后将表格中的内容分为上下两段，上段执行右对齐，下段执行左对齐。

④ 加边框或底纹时注意选择的对象（是单元格还是整个表格）。

## 操作题 5　Word 综合练习

**1. 实验要求**

① 掌握 Word 文字排版能力。

② 掌握图文混排能力。

③ 掌握表格绘制及计算能力。

④ 掌握 Word 综合排版能力。

**2. 实验内容**

在桌面上新建一文件夹，以自己的学号 + 姓名命名。打开 Word 2016 输入图 3-78 所示的文字，以 W3-5.docx 为文件名（保存类型为"Word 文档"）保存在新建文件夹中，然后对该文档做如下格式设置：

① 以上效果的页面大小为 18 厘米 × 25 厘米，所有边距均为 1.5 厘米。

② 标题是小三号黑体字且居中。

③ 文字是小四号仿宋体字。

④ 文字中"妹妹，我送你个大月亮。"加下画线。

⑤ 文字中"最浪漫的事"加着重号。

⑥ 文字中的图片可从联机图片中任选一幅，要求图片做成与文字大小一样的"水印"。

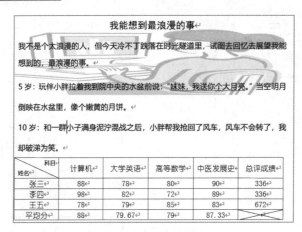

图 3-78　操作题 5 样张

⑦ 表格中的"科目""姓名"是小五号幼圆体（或楷体），其余均为小四号幼圆体（或楷体）且居中。

⑧ 计算并填写表格中每一栏的"平均分"和每一行的"总评成绩"（求和）。

# 习　题

选择题

1. 在 Word 2016 中，每单击一次快速工具栏中的"撤销"按钮，就（　　）。

   A．撤销两个上一次操作　　　　　　B．撤销一个上一次操作

   C．撤销全部操作　　　　　　　　　D．撤销所有的操作

2. 打开 Word 文档是指（　　）。

   A．把文档的内容从内存中读入并显示出来

   B．把文档的内容从磁盘读入内存并显示出来

   C．显示并打印出指定文档的内容

   D．为指定文档开设一个新的空文档窗口

3. Word 2016 中将文档一部分文本内容复制到另一处，先要进行的操作是（　　）。

   A．粘贴　　　　　B．选择　　　　　C．复制　　　　　D．剪切

4. 在 Word 2016 的（　　）视图方式下，可以显示分页效果。

   A．普通　　　　　B．大纲　　　　　C．页面　　　　　D．主控文档

5. 在 Word 2016 编辑中同时打开多个文档后，同一时刻有（　　）个是当前文档。

   A．4　　　　　B．9　　　　　C．1　　　　　D．2

6. Word 2016 中在对新建的文档进行编辑操作后，若要将文档存盘，当选用"文件"菜单中的"保存"命令时，会弹出（　　）窗口界面。

   A．保存　　　　　B．另存为　　　　　C．直接存盘　　　　　D．其他

7. Word 2016 中显示页眉和页脚，必须使用（　　）显示方式。

A. 普通视图　　　　　B. 大纲视图　　　　　C. 全屏视图　　　　　D. 页面视图

8. 在 Word 2016 编辑状态，可以使插入点快速移到文档首部的快捷键是（　　）。

A.【Ctrl+Home】　　　B.【Alt+Home】　　　C.【Home】　　　　　D.【PageUp】

9. 在 Word 2016 的编辑状态，进行字体设置操作后，按新设置的字体显示的文字是（　　）。

A. 插入点所在段落中的文字　　　　　　　B. 文档中被选择的文字

C. 插入点所在行中的文字　　　　　　　　D. 文档的全部文字

10. 在 Word 2016 的编辑状态，利用（　　）选项卡中的命令可以选定单元格。

A. "插入"　　　　　B. "页面布局"　　　　　C. "设计"　　　　　D. "布局"

11. 在 Word 2016 的编辑状态，执行两次"复制"操作后，剪贴板中（　　）。

A. 仅有第一次被复制的内容　　　　　　　B. 仅有第二次被复制的内容

C. 有两次被复制的内容　　　　　　　　　D. 无内容

12. 在 Word 2016 中，采用（　　）组合键可以进行粘贴操作。

A.【Ctrl+C】　　　　B.【Ctrl+V】　　　　C.【Ctrl+P】　　　　D.【Ctrl+L】

13. 在 Word 2016 中，用户可以利用（　　）直观地改变段落缩进方式，调整左右边界和改变表格的列宽。

A. 选项卡　　　　　B. 工具栏　　　　　C. 格式栏　　　　　D. 标尺

14. 在 Word 2016 中，关于选择文本的说法正确的是（　　）。

A. 只能使用鼠标　　　　　　　　　　　B. 只能使用键盘

C. 不能使用键盘　　　　　　　　　　　D. 既能使用鼠标又能使用键盘

15. 在 Word 2016 中，默认的文本对齐方式是（　　）。

A. 左对齐　　　　　B. 右对齐　　　　　C. 居中　　　　　D. 分散对齐

# 第4章

# 电子表格处理软件 Excel 2016

Excel 2016 是一款非常优秀的电子表格处理软件，功能强大，操作简便。它不仅可以制作各种表格，还可以对表格数据进行分析处理，具有极强的图形、图表处理功能，拥有丰富的宏命令及函数，可以方便地完成各种统计工作。本章从 Excel 2016 用户界面着手，详细讲解 Excel 2016 的基础知识和应用技术，包括窗口组成、工作簿的创建和编辑、函数及公式的应用、页面设置等。

## ▌4.1　Excel 2016 的启动与退出

**1. 启动 Excel 2016 的常用方法**

（1）通过桌面快捷方式启动

直接双击桌面上的快捷方式图标即可启动。

（2）通过"开始"菜单启动

选择"开始"→"所有程序"→"Excel 2016"命令。

（3）通过已创建的 Excel 文件启动

在计算机中找到含有 Excel 文件的文件夹，然后双击任意一个 Excel 文件，也可启动 Excel 2016。

**2. Excel 2016 的操作界面**

Excel 2016 的操作界面主要由标题栏、快速访问工具栏、功能区、名称框、编辑框、工作区、状态栏、滚动条等组成，如图 4-1 所示。

图 4-1　Excel 2016 的操作界面

3. 退出Excel 2016的几种常用方法

① 单击Excel 2016窗口标题栏右侧的"关闭"按钮。

② 单击"文件"按钮，选择菜单下的"关闭"命令。

③ 按【Alt+F4】组合键。

# 4.2　Excel 2016 的基本操作

## 4.2.1　工作簿、工作表的操作

在Excel中，"工作簿"是处理和存储数据的文件。每一个工作簿可以包含多张工作表，可以在一份文件中管理多种类型的相关信息。工作簿名就是文件名（其扩展名为.xlsx）。

"工作表"是单元格的组合，是Excel 2016进行一次完整作业的基本单位，通常称为电子表格。"工作表"显示在Excel 2016操作窗口工具栏下方的屏幕上。"工作表区"是由表格组成的一个区域，各种数据将通过它来输入显示。工作表通过工作表标签来标识。工作表标签位于工作簿窗口底部，用户可以单击不同的工作表标签来切换工作表。"工作表区"由工作表及其单元格、网格线、行号、列标、滚动条和工作表标签构成。

### 1. 新建工作簿

用户启动Excel 2016后，系统将自动创建一个名为"工作簿1"的新工作簿，并在工作簿中新建一个空的工作表Sheet1。

建立新工作簿的其他操作方法有：

单击"文件"按钮，在菜单列表中选择"新建"命令，打开"新建"窗格，如图4-2所示，在右侧窗格中单击"空白工作簿"按钮，将创建一个空白文档。

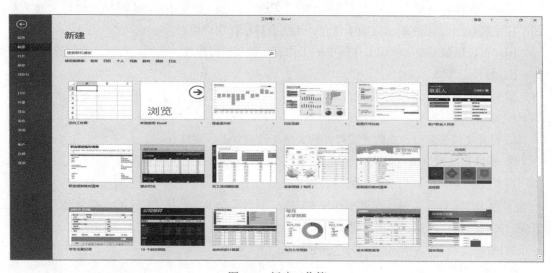

图 4-2　新建工作簿

### 2. 保存工作簿

在使用一个Excel文档时，文本被暂时保存在内存中，需要通过保存命令将它保存到本地硬盘或其他可移动存储器上。保存工作簿的方法如下：

① 单击"快速访问工具栏"上的"保存"按钮 。

② 单击"文件"按钮，在菜单列表中选择"保存"命令，也可按【Ctrl+S】组合键。

③ 单击"文件"按钮，在菜单列表中选择"另存为"命令，出现"另存为"窗口界面，单击"浏览"按钮，弹出"另存为"对话框，如图4-3所示。在"组织"窗格的下拉列表中选择要保存的磁盘和文件夹，在"文件名"文本框中输入文件名，单击"保存"按钮。

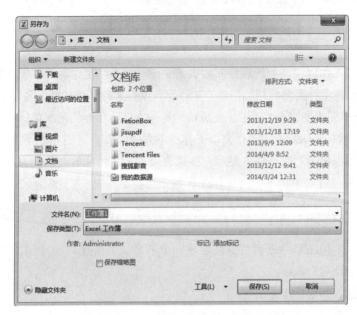

图4-3　"另存为"对话框

退出工作簿时，使用"文件"选项中的"关闭"命令，或单击Excel 2016标题栏上的"关闭"按钮 退出。若在退出之前未保存，系统会提示让用户保存。

用户可以根据需要来组织工作簿中的工作表，对其进行添加、移动、复制和删除的操作。

3. 打开工作簿

如果要浏览或者修改已编辑过的Excel文档，必须先将其打开。打开Excel文档的方法如下：

① 打开文件夹窗口，找到希望打开的文档，然后双击该文件。

② 要打开最近编辑过的文档，可单击"文件"按钮，在菜单列表右侧的"最近使用的文档"列表区中选择相应的文档，单击打开。

③ 单击"文件"按钮，在菜单列表中选择"打开"命令，或按【Ctrl+O】组合键，此时会出现"打开"窗口界面，单击"浏览"按钮，弹出"打开"对话框，如图4-4所示。选择希望打开的Excel文档，然后单击"打开"按钮即可。

4. 插入工作表

在状态栏单击选定的工作表标签，右击弹出快捷菜单，选择"插入"命令，如图4-5所示。在弹出的"插入"对话框中选择工作表位置，单击"确定"按钮即可。这样就在用户打开的工作簿中添加了一张新的工作表。用户也可通过相同操作添加多张工作表。

图 4-4　"打开"对话框

### 5. 删除工作簿中的工作表

要删除工作簿中的工作表，需要先选定该工作表标签，然后右击，在弹出的快捷菜单中选择"删除"命令即可。

### 6. 工作表的移动和复制

工作表的移动和复制操作也可以通过拖动鼠标来实现，选定相应的工作表标签按住左键并拖动鼠标，鼠标指针上方会出现一个黑色三角符号，拖动它到指定位置后松开左键即可完成移动操作。

选定任一工作表标签，在其上右击弹出快捷菜单，选择"移动或复制工作表"命令，打开图 4-6 所示的对话框。如果是复制操作，则要选中"建立副本"复选框；若是移动操作则不选中。

图 4-5　"管理工作表"菜单

图 4-6　"移动或复制工作表"对话框

### 7. 工作表的编辑

工作表的编辑操作包括对工作表的基本操作，单元格中内容的移动、复制和删除，以及对工作表中行、列、单元格的插入和删除。Excel 2016的其他工作，如打印、建立图表等也都基于工作表。

### 8. 工作表的命名

用户在单击"新建"命令新建一张名为Book1的工作簿后，桌面上便出现了名为Book1的工作窗口。默认状态工作簿1包含1张工作表：Sheet1。用户可以更改表格的名字，操作方法如下：在状态栏选定要重命名的工作表标签如Sheet1，右击弹出快捷菜单，选择"重命名"命令，输入表格的名字，按【Enter】键完成更改。

## 4.2.2 在工作表中输入数据

有三种方法进行单元格的输入：

① 直接单击单元格，然后输入数据，按【Enter】键确认。

② 选定单元格，在"编辑栏"的内容框中单击，并输入数据，然后单击编辑栏的"输入"按钮或"取消"按钮完成编辑。

③ 双击单元格，在单元格内出现插入书写光标，在特定的位置输入。

### 1. 输入文字

任何输入到单元格内的字符集，只要不被系统解释成数字、公式、日期、时间、逻辑值，Excel便一律将其视为文字。在Excel中输入文字时，字符的默认对齐方式是单元格内靠左对齐。

如果在单元格内输入文字，可以使用下面的方法：

① 单击要输入文字的单元格。

② 输入文字时，文字出现在单元格和编辑栏中。

③ 单击编辑栏的"输入"按钮，或按【Enter】键。

**提示**

在完成之前要取消输入的内容，单击编辑栏的"取消"按钮即可。

对于全部由数字组成的字符串，为了避免被Excel认为是数字型数据，在输入数字前输入引导符"'"字符，系统会把输入的数字作为"文字"而非"数字"来处理。

### 2. 输入数字

在Excel中，输入单元格中的数字按常量处理。有效数字只能含有以下字符：

0 1 2 3 4 5 6 7 8 9 + -( )/ $ ￥ % . , E e

如果要输入一个负数，在数字前加上一个负号，或将数字括在括号内。在输入一个分数时，应先输入一个0和一个空格，然后输入分数，否则，Excel会将它视为日期。例如，输入"3/8"时，应输入"0 3/8"，如果省略"0"，则系统认为是"3月8日"。

当单元格中以科学记数法表示数字或者填满了"####"符号时，表示这一列没有足够的宽度来显示该数字。在这种情况下，只要改变数字格式或列宽即可。

### 3. 输入日期

在单元格输入可识别的日期和时间数据时，单元格的格式就会自动从"常规"格式转换为相应的"日期"或"时间"格式，不需要用户设定。

**4. 利用鼠标输入等差序列**

操作步骤如下：

① 选定要填充区域的第一个单元格，并输入等差数据序列中的初始值。

② 在下一个单元格中输入第二个值（注意步长）。

③ 选定两个单元格。

④ 用鼠标拖动填充柄，直到要填充区域的最后一个单元格。

**5. 利用"序列"对话框创建等比数列**

操作步骤如下：

① 在第一个单元格中，并输入等比数据序列中的初始值。

② 选择"开始"选项卡→"编辑"组→"填充"→"序列"。

③ 在"序列"对话框中选择"等比数列"类型。

④ 注意步长即公比以及等比数列的终止值。

## 4.2.3　设置单元格格式

**1. 设置表格的边框**

选中要设置边框的单元格区域，选择"开始"选项卡"单元格"组中的"格式"→"设置单元格格式"命令，打开"设置单元格格式"对话框，选择"边框"选项卡，如图4-7所示，选择需要的线条颜色及线条样式。单击左侧的内、外边框按钮，即可完成边框的设置。

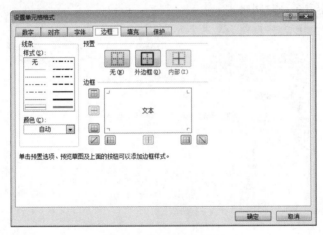

图 4-7　"边框"选项卡

**2. 设置表格的底纹及图案样式**

打开"设置单元格格式"对话框，选择"填充"选项卡，选择图案颜色及图案样式，单击"确定"按钮。

**3. 设置表格的对齐方式**

选中单元格或区域后，右击弹出快捷菜单，选择"设置单元格格式"命令，打开"设置单元格格式"对话框，选择"对齐"选项卡，即可设置对齐方式，如图4-8所示。

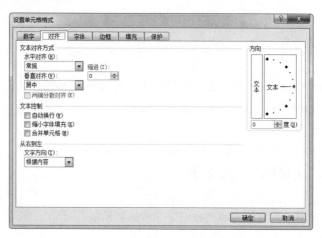

图 4-8 "对齐"选项卡

**4. 设置表格内容的格式**

在"设置单元格格式"对话框的"数字"选项卡中，有"常规""数值""会计专用"等样式，这些都是特殊的数字格式，如图 4-9 所示。

- 常规：不包含任何特定的数字格式。
- 货币：给数字添加货币符号，并且显示两位小数。
- 百分比：将原数字乘以 100，再在数字后面加上百分号。
- 日期：可以定义各种日期格式。
- 时间：可以定义各种时间格式。
- 文本：把输入的所有信息作为文本来处理。

图 4-9 "数字"选项卡

## 4.2.4 设置单元格的条件格式

打开含有需处理数据的 Excel 文档，单击"开始"选项卡，框选需要处理的数据单元格，选择"格式化"→"突出显示单元的规则"→"大于"命令，对单元格格式进行设置，即可看到满足所设置条件的数据被标记了出来。

# 4.3　图　表　制　作

通过图表表达，可以让复杂的数据更加容易理解，而且表达形象。Excel 2016可以方便轻松地采用图表去表达各种数据。

## 4.3.1　图表分类

Excel 2016中图表由"插入"选项卡的"图表"组控制。图表分为15大类：柱形图、折线图、饼图、条形图、面积图、散点图、股价图、曲面图、雷达图、树状图、旭日图、直方图、箱形图、瀑布图和组合图。部分图例如图4-10～图4-17所示。

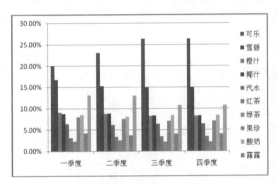

图 4-10　柱形图

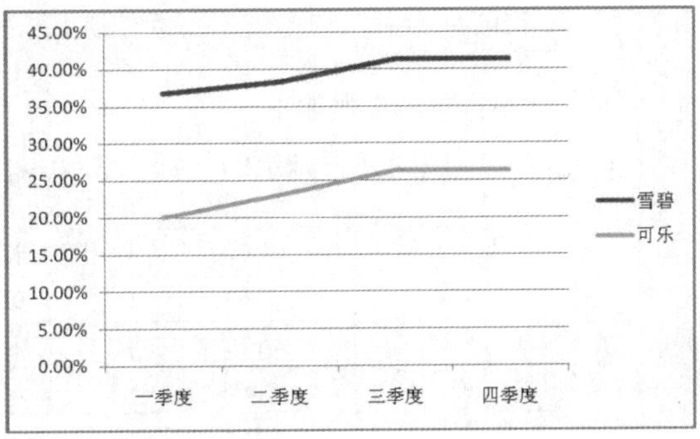

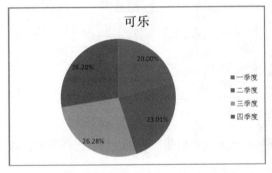

图 4-12　饼图

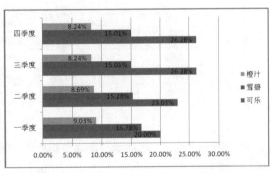

图 4-13　条形图

图 4-11　折线图

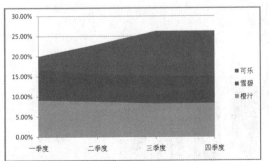

图 4-14　面积图

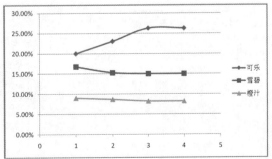

图 4-15　散点图

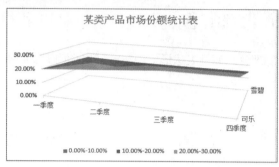

图 4-16  曲面图

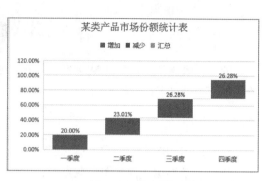

图 4-17  瀑布图

## 4.3.2  创建图表

创建图表的操作步骤如下：

① 创建一组用图表来显示的数据，如图4-18所示，并选中要生成图表的相应数据。

| 品　　牌 | 一　季　度 | 二　季　度 | 三　季　度 | 四　季　度 |
|---|---|---|---|---|
| 可乐 | 20.00% | 23.01% | 26.28% | 26.28% |
| 雪碧 | 16.78% | 15.28% | 15.01% | 15.01% |
| 橙汁 | 9.03% | 8.69% | 8.24% | 8.24% |
| 椰汁 | 8.70% | 8.79% | 8.31% | 8.31% |
| 汽水 | 6.40% | 6.10% | 6.41% | 6.41% |
| 红茶 | 3.10% | 3.39% | 3.41% | 3.41% |
| 绿茶 | 2.24% | 2.50% | 2.19% | 2.19% |
| 果珍 | 7.93% | 7.56% | 7.08% | 7.08% |
| 酸奶 | 8.49% | 8.07% | 8.37% | 8.37% |
| 露露 | 4.22% | 3.65% | 4.01% | 4.01% |
| 咖啡 | 13.11% | 12.96% | 10.69% | 10.69% |

图 4-18  原始数据

② 单击"插入"选项卡"图表"组中的"插入柱形图或条形图"按钮，弹出选择菜单，如图4-19所示。

③ 选择所需的图表类型，如柱形图，即可完成插入操作，效果如图4-20所示。

图 4-19  柱形图选择菜单

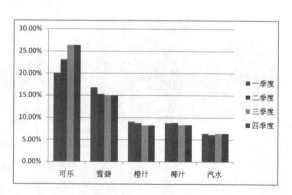

图 4-20  柱形图效果

### 4.3.3　编辑图表

为了让图表的表现能力更强，编辑图表的操作是非常重要的。

**1. 更改图表类型**

操作步骤如下：

① 选定图表，右击弹出快捷菜单。

② 选择"更改图表类型"命令，弹出"更改图表类型"对话框，如图 4-21 所示。

③ 在左侧列表进行选择即可更改图表类型，例如，把原来的"柱形图"改为"条形图"，可选择左侧"柱形图"，在右侧列表中选择"条形图"，单击"确定"按钮，效果如图 4-22 所示。

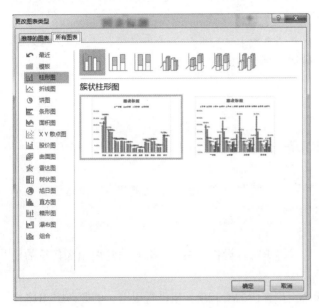

图 4-21　"更改图表类型"对话框　　　　图 4-22　条形图效果

**2. 更改图表布局**

可以通过图 4-23 所示的"设计"选项卡来更改图表布局。

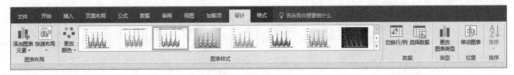

图 4-23　"设计"选项卡

**3. 设置图表格式**

可以通过图 4-24 所示的"格式"选项卡来更改图表格式。

图 4-24　"格式"选项卡

# 4.4 公式和函数计算

Excel 2016除了有较强的表格处理能力之外，灵活方便的数据计算功能更是它的特色之一。在单元格中输入公式或使用Excel提供的函数，可以完成工作表的复杂计算。

## 4.4.1 公式

公式是对单元格中的数值进行计算的等式。它以"="开头，后跟一个表达式。这个表达式由常数、单元格地址、函数及运算符等元素组成。

### 1. 运算符

在Excel中，包含四种类型的运算符：算术运算符、比较运算符、文本运算符和引用运算符。

（1）算术运算符

算术运算符包括+（加）、-（减或负号）、*（乘）、/（除）、%（百分比）、^（乘方）运算符。它们的意义和使用方法与数学中的对应运算符相同。

（2）比较运算符

比较运算符包括=（等于）、>（大于）、<（小于）、>=（大于等于）、<=（小于等于）、<>（不等于）等运算符。

用比较运算符比较两个值时，运算结果是一个逻辑值，即TRUE（真）或FALSE（假）。

（3）文本运算符

文本运算符是指&（连接运算符）。其作用是将两个文本值连接起来产生一个连续的文本值。例如，""中国"&"人民""，结果为""中国人民""。

（4）引用运算符

引用运算符包括"："（区域运算）和"，"（联合操作）两个运算符。这两个操作符的作用是可以将单元格区域合并计算。

区域运算符对两个引用之间，包括两个引用在内的所有单元格进行引用。例如，B5:B15代表B5～B15的单元格区域。

联合操作符将多个区域引用合并为一个引用。例如，SUM(B5:B15,D5:D15)表示对B5～B15和D5～D15这两个单元格区域的单元格内容求和。

### 2. 优先级

运算符的优先级见表4-1，同级运算按从左到右的顺序进行。公式中可以使用括号，括号最优先进行运算。例如，=A1+A2/50和=(A1+A2)/50的结果是不一样的。负数可以不使用括号，但为了方便阅读，建议在输入负数时使用括号。例如，=B1*-8和=B1*(-8)的结果是一样的，但后一种写法比较直观。

表4-1 运算符优先顺序

| 运 算 符 | 优 先 级 | 说 明 |
|---|---|---|
| ( ) | 1 | 括号 |
| : | 2 | 区域引用 |
| , | 3 | 区域联合引用 |
| - | 4 | 负号 |
| % | 5 | 百分比 |

续表

| 运　算　符 | 优　先　级 | 说　　明 |
|---|---|---|
| ^ | 6 | 乘方 |
| * / | 7 | 乘法和除法运算 |
| + - | 8 | 加法和减法运算 |
| & | 9 | 文本连接运算 |
| = < > <= >= <> | 10 | 比较运算 |

### 3. 输入或修改公式

在指定的单元格中输入公式会立即得到计算结果。输入公式后计算结果会显示在单元格中，公式显示在编辑栏中。输入公式的一般步骤如下：

① 选择要输入公式的单元格。

② 在当前单元格或编辑栏中输入以符号"="开头的公式，如"=342*(23+89)"。

③ 按【Enter】键或单击编辑栏上的"输入"按钮，便可得出计算结果。

④ 如果需要对单元格中的公式进行修改编辑，可选定含有公式的单元格，然后在编辑栏上修改编辑，也可以双击含有公式的单元格直接在单元格中修改。

⑤ 按【Enter】键，便可得出计算结果。

在 Excel 2016 中，可以引用同一个工作表中不同单元格中的数据，也可引用同一个工作簿不同工作表单元格中的数据。其引用格式为：<工作表名>!<单元格地址>。

### 4. 填充公式

像填充序列数据那样，利用鼠标拖动单元格填充柄可以快速填充公式。

### 5. 相对引用和绝对引用

① 相对引用。在公式中常常会用到单元格的地址，当在工作表中复制这些含有单元格地址的公式时，公式所引用的单元格地址会随着公式位置的变化而变化，这种引用称为相对引用，如 A1、A2。

② 绝对引用。在复制公式时，需要公式中所引用的单元格地址固定不变，这种引用称为绝对引用，如 $S$1。

③ 混合引用。公式中如果同时含有相对地址和绝对地址的引用，称为混合引用，如 $A1、A$1。

### 6. 函数

函数是 Excel 内部已经定义的能完成特定计算功能的公式。使用函数大大增强了表格的计算能力，简化了计算公式，提高了工作效率。

函数的一般格式：函数名(参数表)。如求和函数 SUM(C3:F3)，SUM 是函数名，C3:F3 是参数，表示对单元格区域 C3:F3 中的数据求和。

函数可以作为公式的一部分，也可以单独使用。函数的输入可以像一般公式那样直接在单元格中输入，也可以使用选项卡上的"自动求和"或"粘贴函数"按钮，或使用公式编辑栏上的"公式编辑"按钮。

## 4.4.2　常用函数介绍

Excel 函数一共有 13 类，分别是数据库函数、日期与时间函数、工程函数、财务函数、信息函数、逻辑函数、查找和引用函数、数学和三角函数、统计函数、文本函数以及多维数据集函数、兼容性函数、Web 函数。下面介绍几个常用的函数。

（1）SUM(number1,number2,...)

功能：返回某一单元格区域中所有数字之和。

说明：number1,number2,... 为 1～30 个需要求和的参数。

（2）SUMIF(range,criteria,sum_range)

功能：根据指定条件对若干单元格求和。

说明：只有在区域中相应的单元格符合条件的情况下，sum_range 中的单元格才求和。

（3）AVERAGE(number1,number2,...)

功能：返回参数的平均值（算术平均值）。

说明：number1,number2,... 为需要计算平均值的 1～30 个参数。

（4）COUNT(value1,value2,...)

功能：返回包含数字以及包含参数列表中的数字的单元格的数。利用函数 COUNT 可以计算单元格区域或数字数组中数字字段的输入项个数。

说明：value1,value2,... 为包含或引用各种类型数据的参数（1～30 个），但只有数字类型的数据才被计算。

（5）COUNTA(value1,value2,...)

功能：返回参数列表中非空值的单元格个数。利用函数 COUNTA 可以计算单元格区域或数组中包含数据的单元格个数。

说明：value1,value2,… 为所要计算的值，参数个数为 1～30 个。在这种情况下，参数值可以是任何类型，它们可以包括空字符（""），但不包括空白单元格。如果参数是数组或单元格引用，则数组或引用中的空白单元格将被忽略。如果不需要统计逻辑值、文字或错误值，请使用函数 COUNT。

（6）IF(logical_test,value_if_true,value)

功能：执行真假值判断，根据逻辑计算的真假值，返回不同结果。

说明：可以使用函数 IF 对数值和公式进行条件检测。函数 IF 可以嵌套七层，用 value_if_false 及 value_if_true 参数可以构造复杂的检测条件。

（7）MAX(number1,number2,...)

功能：返回一组值中的最大值。

说明：number1,number2,... 是要从中找出最大值的 1～30 个数字参数。可以将参数指定为数字、空白单元格、逻辑值或数字的文本表达式。如果参数为错误值或不能转换成数字的文本，则将产生错误。

（8）MIN(number1,number2,...)

功能：返回一组值中的最小值。

说明：number1,number2,... 是要从中找出最小值的 1～30 个数字参数。如果参数中不含数字，则函数 MIN 返回 0。

（9）ABS(number)

功能：返回数字的绝对值。绝对值没有符号。

（10）INT(number)

功能：将数字向下舍入到最接近的整数。

说明：number 是需要进行向下舍入取整的实数。

（11）RAND()

功能：返回大于等于 0 及小于 1 的均匀分布随机数，每次计算工作表时都将返回一个新的数值。

说明：如果要使用函数 RAND 生成一随机数，并且使之不随单元格计算而改变，可以在编辑栏中输入"=RAND()"，保持编辑状态，然后按【F9】键，将公式永久性地改为随机数。

（12）ROUND(number,num_digits)

功能：返回某个数字按指定位数取整后的数字。

说明：number 是需要进行四舍五入的数字，num_digits 是指定的位数，按此位数对数字进行四舍五入。

（13）LEN(text)

功能：返回文本字符串中的字符数。

说明：text 是要查找其长度的文本。空格将作为字符进行计数。

（14）RIGHT(text,num_chars)

功能：根据所指定的字符数返回文本符串中最后一个或多个字符。

说明：text 是包含要提取字符的文本字符串。num_chars 指定希望 RIGHT 提取的字符数。num_bytes 指定希望 RIGHT 根据字节所提取的字符数。

（15）LEFT(text,num_chars)

功能：LEFT 基于所指定的字符数返回文本字符串中的第一个或前几个字符。

说明：同 RIGHT。

（16）MID(text,start_num,num_chars)

功能：MID 返回文本字符串中从指定位置开始的特定数目的字符。该数目由用户指定。

说明：text 是包含要提取字符的文本字符串。start_num 是文本中要提取的第一个字符的位置。文本中第一个字符的 start_num 为 1，第二个字符的 start_num 为 2，依此递推。num_chars 指定希望 MID 从文本中返回字符的个数。num_bytes 指定希望 MIDB 从文本中返回字符的个数（按字节）。

（17）DATE(year,month,day)

功能：返回代表特定日期的序列号。如果在输入函数前，单元格格式为"常规"，则结果将设为日期格式。

说明：参数 year 可以为 1～4 位数字。month 代表每年中月份的数字。如果所输入的月份大于 12，将从指定年份的 1 月开始往上加算。例如，DATE(2008,14,2) 返回代表 2009 年 2 月 2 日的序列号。day 代表在该月份中第几天的数字。如果 day 大于该月份的最大天数，则将从指定月份的第一天开始往上累加。例如，DATE(2008,1,35) 返回代表 2008 年 2 月 4 日的序列号。

（18）AND(logical1,logical2,...)

功能：所有参数的逻辑值为真时，返回 TRUE；只要一个参数的逻辑值为假，即返回 FALSE。

说明：logical1,logical2,... 表示待检测的 1～30 个条件值，各条件值可为 TRUE 或 FALSE。

（19）OR(logical1,logical2,...)

功能：在其参数组中，任何一个参数逻辑值为TRUE，即返回TRUE；所有参数的逻辑值为FALSE，即返回FALSE。

说明：logical1,logical2,...为需要进行检验的1~30个条件值，分别为TRUE或FALSE。如果指定的区域中不包含逻辑值，则函数OR返回错误值#VALUE!。

（20）COUNTIF(range,criteria)

功能：计算区域中满足给定条件的单元格的个数。

说明：range为需要计算其中满足条件的单元格数目的单元格区域。criteria为确定哪些单元格将被计算在内的条件，其形式可以为数字、表达式或文本。例如，条件可以表示为32、"＞32"、"＜32"或"apples"。

# ▎4.5 数据排序、筛选及分类汇总

## 4.5.1 数据排序

在工作表中输入的数据往往是没有规律的，但在日常数据处理中，经常需要按某种规律排列数据。Excel可以按字母、数字或日期等数据类型对数据进行排序。排序有"升序"或"降序"两种方式，升序就是从小到大排序，降序就是从大小排序。可以使用一列数据作为关键字进行简单排序，也可以使用多列数据作为关键字进行复杂排序。

### 1. 简单排序

对于一些简单的排序，如按某一列的数据从小到大或从大到小排序，可以选择"开始"选项卡"编辑"组中的"排序和筛选"命令，如图4-25所示，在下拉列表中选择"升序"或"降序"按钮即可进行排序，如图4-26所示。

图 4-25 "排序和筛选"命令

### 2. 复杂排序

当排序的字段出现相同数值时，可以使用"数据"组中的"排序"命令进行多重排序，操作步骤如下：

① 先在数据清单中选择任一单元格。

② 选择"开始"选项卡"数据"组中的"排序和筛选"→"排序"命令，弹出"排序"对话框，如图4-27所示。

③ 在对话框的"主要关键字"列表中，选择一项，作为排序的主要条件。也可单击"添加条件"按钮，增加排序条件；单击"删除条件"按钮，删除排序条件。

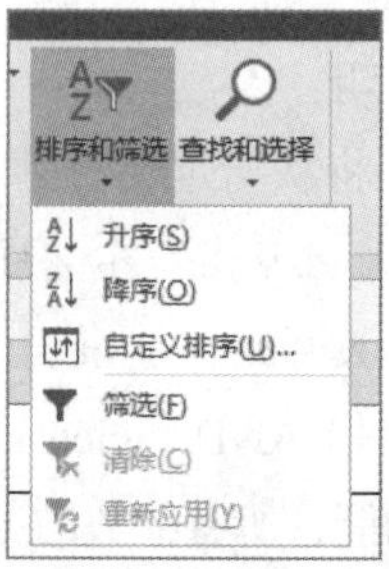

图 4-26 "排序和筛选"下拉列表

④ 完成设置后，单击"确定"按钮返回，便可看到表格中的数据依据排序条件进行排序后的结果。

3. 特殊排序

除了上述基本排序功能之外，Excel 2016 还提供了一些特殊的排序功能，如按行排序、按笔画排序等，操作步骤如下：

① 在"排序"对话框中单击"选项"按钮，弹出"排序选项"对话框，如图 4-28 所示，设置排序的方向及方法。

图 4-27 "排序"对话框　　　　　　　图 4-28 "排序选项"对话框

② 设置完毕后，单击"确定"按钮，返回"排序"对话框，完成设置后，再次单击"确定"按钮返回，便可看到表格中的数据依据排序条件进行排序后的结果。

## 4.5.2 数据筛选

筛选是指在工作表的数据清单中显示符合筛选条件的行，其他行自动被隐藏。Excel 2016 为筛选数据提供了"自动筛选"和"高级筛选"命令。

1. 自动筛选

操作步骤如下：

① 在要筛选的数据清单中任意选定一个单元格。

② 选择"开始"选项卡"数据"组中的"排序和筛选"→"筛选"命令，在数据清单的每个列标题单元格内右侧出现一个向下的箭头按钮。

③ 单击要设筛选条件的数据列右侧的箭头，出现一个下拉列表框。在其中选定要筛选的数据项，也可以选择"数字筛选"等选项进一步设置筛选条件。

④ 重复第③步的操作，在其他需要设置筛选条件的数据列中设置筛选条件。

⑤ 筛选条件都设置好之后，在工作表中就可以看到所要的筛选结果。

2. 高级筛选

操作步骤如下：

选择"开始"选项卡"数据"组中的"排序和筛选"→"高级"命令，弹出"高级筛选"对话框，如图 4-29 所示，在此可设置高级筛选。高级筛选时，要先在工作表中建立一个条件区域，在条件区域输入筛选条件。条件区域至少为两行，由一个字段名行和若干条件行组成，可以放置在工作的任何空白位置。条件区域字段名行中的字段名应与数据清单中对应的列标题完全一样，条件区域

图 4-29 "高级筛选"对话框

第二行开始是条件行，用于存放条件式。同一条件行不同单元格中的条件式互为"与"的逻辑关系，即其中所有条件式都满足才算符合条件；不同条件行单元格中的条件式互为"或"的逻辑关系，即满足其中任何一个条件式就算符合条件。

### 4.5.3 分类汇总

分类汇总就是按某种汇总方式对相同类别的数据进行汇总统计。Excel能够对数据清单进行分类汇总，并且能够对分类汇总后不同类别的明细数据进行分级显示。

Excel可以使用多种方式进行分类汇总，如求和、计数、均值、最大值、最小值、乘积、偏差、标准偏差、公差和标准公差等。默认的分类汇总方式是求和。在分类汇总之前需要按分类的字段对数据排序，否则分类汇总会出现错误的结果。

建立分类汇总的操作步骤如下：

① 选择数据区域的任意一个单元格。

② 选择"数据"选项卡"分级显示"组中的"分类汇总"命令，弹出"分类汇总"对话框，如图4-30所示。

③ 在"分类字段"下拉列表框选择分类的字段，在"汇总方式"下拉列表框选择汇总方式，并在"选定汇总项"列表框选择汇总项。

④ 完成设置后单击"确定"按钮，完成分类汇总工作。

图4-30 "分类汇总"对话框

# 4.6 案 例

### 案例1 工作簿、工作表的基本操作

#### 1. 案例场景

王经理说："会计这几天生病，不能来单位上班，过两天就要发工资了，可李会计还没有把工资表做出来，怎么办呢？"由于小张是学过计算机的，于是叫小张帮忙做一张员工工资表。假如你是小张，你能否通过学过的Excel知识来做一张员工工资表呢？

#### 2. 设计思路

小张接到任务后，在心里构想了一下，打算设计一张图4-31所示的员工工资表：利用合并单元格并居中的功能把工资表的标题放在表格的上方；为了突出显示表头部分，将表头部分进行特殊的边框和底纹设置；将所有的数据均加上货币符号并保留到小数点之后的两位。

#### 3. 操作步骤

（1）新建表格、输入数据、合并及居中

打开Excel 2016，新建一个工作簿，单击A1单元格，依次输入图4-31中所示文字内容，设置字体宋体，字号24号，加粗。选中A1～G1单元格区域，单击选项卡中的"合并后居中"按钮。

（2）给表头加边框和底纹，把数字添加货币符号，并保留两位小数，重命名工作表

① 选中A2～G2单元格区域单击"开始"→"字体"组右下角的"对话框启动器"按钮，

弹出"设置单元格格式"对话框，打开"边框"选项卡，如图 4-32 所示。在此设置单元格的边框格式。

图 4-31　案例 1 样张

图 4-32　"边框"选项卡

② 打开"设置单元格格式"对话框中的"填充"选项卡，选中填充的颜色，单击"确定"按钮完成设置，如图 4-33 所示。

③ 选中要添加货币符号的数字，打开"设置单元格格式"对话框中的"数字"选项卡，然后设置数字格式，如图 4-34 所示。

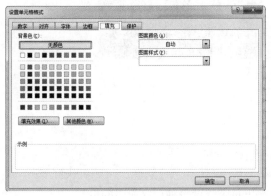

图 4-33　"填充"选项卡

图 4-34　货币格式设置

④ 重命名工作表。在 Sheet1 上右击，在弹出的快捷菜单中选择"重命名"命令，输入新名称后，按【Enter】键即可。

4．案例点评

小张在整个工资表的设计过程中，利用了边框和底纹的效果来修饰表头部分，使表头部分更加醒目，对于各种工资数据加上符合使用习惯的人民币符号，并保留小数点后面的两位，还有就是对整个表格中的各种数据都进行了居中对齐，让表格看上去更加整齐美观。

5．拓展训练

请学生自己设计一张员工工资表，需包含新建工作簿、工作表，重命名工作表，设置表格单元格格式包括数字、对齐、边框、底纹等操作。

### 案例2　图表制作

#### 1. 案例场景

王经理说："过两天就是月底了，大家要把自己销售饮料的记录交上来。"小李灵机一动。"如果我做一张表格给经理可能不那么直观，我应该把我的销售记录做成图表给经理。"如果你是小李，通过学习的图表制作能完成此项任务吗？

#### 2. 设计思路

小李原本打算用"饼图"来做这个产品销售图，但又考虑到公司的饮料产品比较多，而且每种产品在各个季度的销售情况也各有不同，用饼图好像略显单调了一些。经过比较各种Excel图表的类型，小李最终决定用"簇状柱形图"来做出图4-35所示的效果。

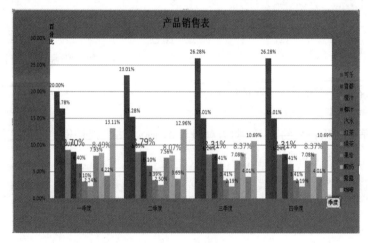

图 4-35　案例2样张

#### 3. 操作步骤

① 选中每个季度每种产品相应的数据。

② 选择"插入"→"图表"→"所有图表"→"柱形图"命令。

③ 此时，工作表中已出现图表，选择"图表工具-设计"→"数据"→"切换行/列"命令，可交换坐标轴上的数据，当前数据就可以反映出每个季度每种产品所占的份额。

④ 在"图表工具-设计"→"添加图表元素"→"图表标题"命令中设置图表的标题为"产品销售表"，坐标轴X标题为季度，坐标轴Y标题为百分比，数据标签设置数据标签外命令。

⑤ 在"图表工具-格式"选项卡中设置图表形状轮廓及形状填充。

#### 4. 案例点评

小李所制作的"产品销售图"，用柱形图分季度展示了每种饮料的销售情况，让经理可以很便利地看到各季度的不同情况和各种饮料的不同情况，为了更清晰地表示数据，还在每个数据系列上均加上其代表的数值，图表区底纹的设置让整个图表更加美观。

#### 5. 拓展训练

把自己以前的各门学习成绩做成图表，对比学习成绩是否进步。

## 案例3　公式及函数的使用

### 1. 案例场景

王二是计算机（1）班的班长，班主任李老师让他完成一项任务。有一张表格包含计算机（1）班各位同学的姓名、身份证号及各门课程的成绩。李老师让王二算出每个人的总分、平均分、总学分、出生年份、月份、男女各总人数、总分的最高分、数学的最低分等。班上一共有50位同学，数据量比较大，用计算器去算费时间。如果你是王二，要如何迅速完成这项任务呢？

### 2. 设计思路

王二一接到这个任务，第一个念头就是："又是一个艰巨的任务啊，这次可不能再算错啦！"一回想到上一年度评定奖学金计算成绩时的情景，王二就觉得是一个噩梦。当时王二和其他几个班委拿着计算器把班上50位同学的成绩反复核算了五次。尽管小心又小心，还是错了好几个。王二转念一想："老师好像教过我们求总和、平均值、最大值、最小值的公式，而且一个同学的成绩算完以后，还能利用公式直接复制得到其余同学的结果，这次就利用它来试试。"

### 3. 操作步骤

① 求每个人的总分，在H5单元格中输入公式 =SUM(D5:G5)，其他人的总分用填充柄填充。

② 求每个人的平均分，在I5单元格中输入公式 =AVERAGE(D5:G5)，或 =H5/5，其他人的平均分用填充柄填充。

③ 求每个人的总学分，在J5单元格中输入公式 =SUMIF(D5:G5,"＞=60","$C$2:$F$2")，其他人的总学分用填充柄填充。

④ 求每个人的出生年份，在K5单元格中输入公式 =MID(A5,7,4)，其他人的出生年份用填充柄填充。

⑤ 求每个人的出生月份，在L5单元格中输入公式 =MID(A5,11,2)，其他人的出生月份用填充柄填充。

⑥ 根据每个人的身份证号码求每个人的性别，在C5单元格中输入公式 =IF(MOD(VALUE(MID (A5,17,1)),2)＜＞0,"男","女")，其他人的性别用填充柄填充。

⑦ 求男生的总人数，在B23单元格中输入公式 =COUNTIF(C5:C21,"男")。

⑧ 求女生的总人数，在B24单元格中输入公式 =COUNTIF(C5:C21,"女")。

⑨ 求总分的最高分，在B25单元格中输入公式 =MAX(H5:H21)。

⑩ 求数学的最低分，在B26单元格中输入公式 =MIN(D5:D21)。

### 4. 案例点评

王二在这次成绩计算中，用到了 SUM、AVERAGE、MAX、MIN 等数学函数来计算总分、平均分、最高分、最低分用到了COUNTIF、SUMIF等统计类函数来计算总学分等，算完一名同学的成绩之后，再利用公式的复制迅速得到了其余同学的成绩。在整个计算过程中，不但没有出现任何错误，还节省了时间，圆满地完成了李老师交给他的任务。

### 5. 拓展训练

给出一张学生信息表，包含姓名、各门课程成绩、已经奖励分和操行成绩，要求学生根据奖学金比例设置，算出哪些同学能获得几等奖学金。

## 案例4　Excel排序、筛选及分类汇总

### 1. 案例场景

今天班主任刘老师拿了一张本班学生期中考试成绩的表格让学习委员统计一下，首先把每个人的总成绩算出来并排名，看谁进步了，然后看哪些人这次高数成绩没有及格，最后统计一下男女生的高数平均成绩。如果你是学习委员，要如何完成迅速完成这项任务呢？

### 2. 设计思路

学习委员拿到成绩表后，仔细想了一下刘老师的要求：总成绩可以用求和公式SUM来算，要排名，先要把成绩按总分从高到低排好，可以用排序来做，名次可以用自动填充来实现，不及格的人可以用"自动筛选"筛选出来，至于男女生的高数平均成绩学习委员本想用AVERAGE函数计算出来，可又一想："万一刘老师看完了平均分还想看一下男生或女生的具体情况呢？还是用分类汇总更好一些，到时还能让刘老师很方便地在合计数据下查看。"经过设计，学习委员很快就把这个表制作出来了，效果如图4-36～图4-38所示。

| A | B | C | D | E | F | G | H | I | J |
|---|---|---|---|---|---|---|---|---|---|
| | 姓名 | 性别 | 语文 | 高数 | 英语 | 物理 | 化学 | 总分 | 名次 |
| 3 | 万科 | 男 | 82 | 97 | 94 | 77 | 97 | 447 | 1 |
| 9 | 吴丽 | 女 | 97 | 93 | 88 | 99 | 87 | 464 | 2 |
| 6 | 苏丹 | 女 | 55 | 89 | 78 | 80 | 62 | 364 | 3 |
| 1 | 程春 | 男 | 80 | 88 | 88 | 89 | 88 | 433 | 4 |
| 4 | 黄飞 | 男 | 97 | 81 | 76 | 76 | 73 | 403 | 5 |
| 8 | 韩小燕 | 女 | 85 | 81 | 94 | 68 | 88 | 416 | 6 |
| 7 | 李萍 | 女 | 84 | 80 | 99 | 75 | 85 | 423 | 7 |
| 5 | 王立 | 男 | 68 | 68 | 68 | 77 | 88 | 369 | 8 |
| 10 | 石晶 | 女 | 58 | 67 | 78 | 99 | 97 | 399 | 9 |
| 2 | 刘华 | 女 | 78 | 55 | 66 | 68 | 55 | 322 | 10 |

图 4-36　学生成绩表

| A | B | C | D | E | F | G | H | I | J |
|---|---|---|---|---|---|---|---|---|---|
| | 姓名 | 性别 | 语文 | 高数 | 英语 | 物理 | 化学 | 总分 | 名次 |
| 2 | 刘华 | 女 | 78 | 55 | 66 | 68 | 55 | 322 | 10 |

图 4-37　高数不及格的同学

| | A | B | C | D | E | F | G | H | I | J |
|---|---|---|---|---|---|---|---|---|---|---|
| 1 | | | | 学生成绩表 | | | | | | |
| 2 | | 姓名 | 性别 | 语文 | 高数 | 英语 | 物理 | 化学 | 总分 | 名次 |
| 3 | 3 | 万科 | 男 | 82 | 97 | 94 | 77 | 97 | 447 | 1 |
| 4 | 1 | 程春 | 男 | 80 | 88 | 88 | 89 | 88 | 433 | 4 |
| 5 | 4 | 黄飞 | 男 | 97 | 81 | 76 | 76 | 73 | 403 | 5 |
| 6 | 5 | 王立 | 男 | 68 | 68 | 68 | 77 | 88 | 369 | 8 |
| 7 | | | 男 平均值 | | 83.5 | | | | | |
| 8 | 9 | 吴丽 | 女 | 97 | 93 | 88 | 99 | 87 | 464 | 2 |
| 9 | 6 | 苏丹 | 女 | 55 | 89 | 78 | 80 | 62 | 364 | 3 |
| 10 | 8 | 韩小燕 | 女 | 85 | 81 | 94 | 68 | 88 | 416 | 6 |
| 11 | 7 | 李萍 | 女 | 84 | 80 | 99 | 75 | 85 | 423 | 7 |
| 12 | 10 | 石晶 | 女 | 58 | 67 | 78 | 99 | 97 | 399 | 9 |
| 13 | 2 | 刘华 | 女 | 78 | 55 | 66 | 68 | 55 | 322 | 10 |
| 14 | | | 女 平均值 | | 77.5 | | | | | |
| 15 | | | 总计平均值 | | 79.9 | | | | | |

图 4-38　男、女生高数平均值

3. 操作步骤

① 将"高数"列从高到低排序：选中单元格中任一数据，选择"开始"选项卡"排序和筛选"组中的"降序"命令，在"排序"对话框中进行排序设置。

② 自动筛选出高数不及格的记录：选中任一数据，选择"开始"选项卡"排序和筛选"组中的"筛选"命令，相应的标题会出现下拉按钮，然后进行筛选。

③ 利用分类汇总，求出男女平均高数成绩：先按性别排序，然后在"数据"选项卡下选择"分类汇总"，分类字段是性别，汇总方式是求平均值，对高数汇总。

4. 案例点评

在整个成绩数据的处理中，学习委员灵活运用了 Excel 的排序、筛选和分类汇总等数据处理功能来完成要求，特别是最后能想到用分类汇总的按性别汇总学习成绩来代替简单的计算平均成绩，是整个案例的点睛之笔，可说是做到了活学活用。

5. 拓展训练

给出一张教师信息表，包含姓名、性别、职称、工资等，要求学生做三张表：第一张表统计工资的高低、第二张表统计哪些人工资在 12 000～13 000 元之间，第三张表统计男、女工资的平均值。

# ‖4.7　操 作 题

操作题 1　工作簿和工作表的操作

1. 实验要求

掌握工作簿、工作表的新建、删除、重命名、移动或复制操作，以及 Excel 2016 中各种数据的输入及设置单元格格式操作，包括数字、对齐、边框、填充等。

2. 实验内容

（1）对"操作题 1"文件夹中的 demo.xlsx 执行的操作

① 在 Sheet4 工作表前插入一个工作表。

② 删除 Sheet3 工作表。

③ 把 Sheet1 工作表移动到 Sheet5 工作表的前面。

④ 复制 Sheet2 工作表并把复制后的工作表放到 Sheet1 的前面。

⑤ 重命名：把 Sheet2(2) 重命名为"销售计划表"。

⑥ 在 Sheet6 中输入以下数据：

在 A1 中输入 00128；

在 A2 中输入 00129；

……

在 A10 中输入 00137。

⑦ 在 C3 中输入一个日期：9 月 1 日；

在 D3 中输入一个日期：9 月 2 日；

……

在G3中输入一个日期：9月5日。

⑧ 在E6中输入一个分数：1/2。

⑨ 在B1中输入3；

在B2中输入6，

……

在B11中输入33。

⑩ 在C5到L5中都输入5。

⑪ 在C7到K7中输入等比数列：2,4,8,16,…,512。

（2）对"操作题1"文件夹中的A41-1.xlsx执行的操作

① 在"员工编号"列之前插入一列，输入标题"序号"（在A2单元格中），用快速的方法输入1、2、3等序列编号。

② 清除表格中序号为9的一行内容。

③ 标题格式（职员登记表）：字体为隶书，字号为20，跨列居中A1到G1单元格（使用"合并后居中"按钮）。

④ 表头格式：字体为楷体，粗体；底纹为黄色；字体颜色为红色。

⑤ 表格对齐方式："工资"一列的数据右对齐；表头和其余各列居中。

⑥ "工资"一列的数据单元格应用货币格式。

⑦ "部门"一列中所有"市场部"单元格底纹为灰色。

⑧ 添加批注：为"员工编号"一列中K12单元格添加批注"优秀员工"。

⑨ 重命名工作表：将Sheet1工作表重命名为"职员表"。

⑩ 复制工作表：将"职员表"工作表复制到Sheet2工作表中（把该工作表全选，然后复制）。

## 操作题2　图表的运用

1. 实验要求

掌握Excel 2016图表的制作及更改图表类型，设置图表布局、图表格式等。

2. 实验内容

（1）打开"操作题2"文件夹中的"产品市场销售表.xlsx"

① 插入一个饼图，反映出第一季度每种饮料的市场份额，图例靠左，并显示数据标签值。

② 插入一个条形图，反映出橙汁在每个季度所占市场份额，数据标志显示值。

③ 插入一个柱形图，反映出每个季度每种产品的市场份额，切换行/列（设计），图表标题为产品市场统计图表，横坐标标题为季度，纵坐标标题为百分比，数据标签上显示值，把图表中的字体都设成9号，把横坐标标题下方的"季度"两字拖动到X轴上，把"百分比"三个字拖动到纵坐标上，并且使"百分比"三个字水平对齐，给整个图表加"蓝色"的图案。

（2）打开"操作题2"文件夹中的book2.xlsx

① 插入一个曲面图，反映出第三季度每种产品的市场份额，图例右上角，数据标志显示值。

② 插入一个面积图，反映出网络服务器这种产品四个季度的市场份额，图例靠上，数据标志显示值。

③ 插入一个瀑布图，反映出每种产品在每个季度的市场份额，显示数据表。

（3）打开"操作题2"文件夹中的A43-1.xlsx

① 插入一个柱形图反映"计算机"专业五名考生的姓名、英语、数学、政治成绩，图表标题："计算机专业考生成绩统计"，12号、楷体；横坐标标题："考生姓名"，10号、楷体；纵坐标标题："考试成绩"，10号、隶书；数据标志：显示值。

② 插入一个条形图反映出"通信"专业考生的姓名、平均成绩，图表标题："通信专业考生成绩统计"，22号、隶书、粗体，图例的字体为16号、楷体，显示数据标志的值，16号，倾斜。

（4）打开"操作题2"文件夹中的"电子元件的温度变化.xlsx"

插入一个折线图，反映出在时间变化下温度A、B、C的走势。

## 操作题3　Excel函数与公式的运用

### 1. 实验要求

掌握Excel 2016中各种公式和函数的使用。

### 2. 实验内容

打开"操作题3"文件夹中的Excel文件。

（1）在Sheet1工作表中

① 计算出每种销售产品的总金额（=单价 × 数量）和总金额折后价（8折）。

② 制作条形图表，反映出每种销售产品的数量情况，图表标题是"2022年8月8日某旗舰店计算机硬件销量表"。

（2）在Sheet2工作表中

① 利用函数求出每个人的总分、平均分以及各科的平均分。

② 利用函数求出总分的最高分，把结果放在H18单元格中。

③ 利用函数求出物理不及格的人数，把结果放在H19单元格中。

（3）在Sheet3工作表中

把Sheet3表的所有数据以及Sheet4和Sheet5中的数据求总和结果放在J10单元格中。

（4）在Sheet7工作表中

① 将工作表A1:D1单元格区域合并为一个单元格内容并居中。

② 计算增长比例列的内容，增长比例=(当年人数-去年人数)/当年人数，计算完成后加一个百分样式，小数点为2位。

③ 将工作表Sheet7命名为"招生人数情况表"。

④ 制作柱形图表反映出"招生人数情况表"的"专业名称"和"增长比例"的数据。

⑤ 图表标题改为"招生人数情况图"，数据标志显示值。

（5）在Sheet8工作表中

先算出y的值：y=2*x+3，再取X、Y两列建立折线图。

（6）在Sheet9工作表中

给备注填1或0，当所在行的离店日期与入住日期之差大于2时，备注为0，否则为1。

（7）在Sheet10工作表中

① 把A9:H10单元格合并及居中。

② 把标题员工工资表字号设为24号。

③ 把表头标题居中，加红色双横线边框和灰色底纹。

④ 计算每个人的纳税金额，如果基本工资、奖金、补贴之和大于5 000元要纳税，超过5 000的部分纳税率为3%，否则纳税为0。

⑤ 计算每个人的实发工资等于基本工资加奖金加补贴减纳税金额。

⑥ 计算男性的基本工资的和，把结果放在H8单元格中。

## 操作题4　数据的排序、筛选、分类汇总的运用

### 1. 实验要求

掌握Excel中排序、筛选及分类汇总的使用。

### 2. 实验内容

（1）打开"操作题4"文件夹中的B.xlsx文件

① 在Sheet1工作表中，按数学升序、物理降序、外语升序排列学生成绩表。

② 在Sheet2工作表中，按星期日、星期一、星期二、星期三、星期四、星期五、星期六顺序排列节目表。

③ 在Sheet3工作表中，按性别升序（字母排列）、姓名降序（笔画）排列学生成绩表。

④ 在Sheet4工作表中，筛选出心理学成绩为56分或89分的学生。

⑤ 在Sheet5工作表中，筛选出数学和外语成绩都大于80分的学生。

⑥ 在Sheet6工作表中，筛选出哲学成绩大于70分且小于90分的学生。

⑦ 在Sheet7工作表中，筛选出心理学成绩大于85分或小于60分的学生。

⑧ 在Sheet8工作表中，筛选出政治成绩大于70分小于90分和数学成绩大于75分或物理成绩大于80分的全部记录。

⑨ 在Sheet9工作表中，筛选出职称为副教授、学历为硕士或者博士的记录。

⑩ 在Sheet10工作表中，按职称汇总出各职称的总篇数。

⑪ 在Sheet11工作表中，按班号对数据表中的全体同学的数学、物理、化学成绩进行分类汇总，计算各班每门课的最高分。

⑫ 在Sheet12工作表中，按性别对全体同学的数学、物理、化学成绩进行分类汇总，计算男、女生这三门课程的平均分。

（2）打开"操作题4"文件夹中的A.xlsx文件

① 在Sheet1工作表中：

● 通过Excel公式与函数算出每个总分和平均成绩。

● 通过Excel公式与函数算出，所有人总分的平均值把结果放在L16单元格中。

● 通过Excel公式与函数算出每个人的总评，如果总分高于总分的平均值的5%，总评填"优秀"，否则填"一般"。

● 把每个人五门课程中成绩大于80分的字体设为红色。

● 把学生成绩表按总分降序排列。

② 在Sheet2工作表中：

● 在A1单元格中添加标题"高三（1）班成绩"，并设为"蓝色""粗体""18号"，并合并单元格。

- 利用函数求出每个人的平均分，保留1位小数。
- 把A2:A25单元格区域加红色双横线边框。
- 将平均分大于500的分数以黄颜色字体显示。
- 制作折线图表，反映出李平、梁文两人四次月考的走势。

# 习　题

一、选择题

1. 若要在D3存放"职业学校"，C4存放"肇庆"，则D2表达式"=C4&D3"应该表示为
（　　）。

    A. "肇庆"连接到"职业学校"　　　　B. "肇庆职业学校"

    C. "职业学校"连接到"肇庆"　　　　D. "肇庆"和"职业学校"

2. 工作表列标表示为（　　），行标表示为（　　）。

    A. 1、2、3　　　　　　　　　　B. A、B、C

    C. 甲、乙、丙　　　　　　　　　D. Ⅰ、Ⅱ、Ⅲ

3. 单元格D1中有公式=A1+$C1，将D1中的公式复制到E4格中，E4格中的公式为
（　　）。

    A. =A4+$C4　　　B. =B4+$D4　　　C. =B4+$C4　　　D. =A4+C4

4. Excel 2016中，在单元格中输入00/3/10，则结果为（　　）。

    A. 2000-3-10　　　　　　　　　B. 3-10-2000

    C. 00-3-10　　　　　　　　　　D. 2000年3月10日

5. 一个工作簿中有两个工作表和一个图表，如果要将它们保存起来，将产生（　　）个
文件。

    A. 1　　　　　　B. 2　　　　　　C. 3　　　　　　D. 4

6. 用【Delete】键来删除选定单元格数据时，它删除了单元格的（　　）。

    A. 内容　　　　B. 格式　　　　C. 附注　　　　D. 全部

7. 下列格式工具栏中的按钮分别表示为（　　）。

    A. 数据样式、百分比样式、标点符号、减少小数位数、增加小数位数

    B. 货币样式、百分比样式、标点符号、增加小数位数、减少小数位数

    C. 货币样式、百分比样式、千分分隔样式、增加小数位数、减少小数位数

    D. 货币样式、百分比样式、标点符号、增加字符间距、减少字符间距

8. 在工作表的编辑过程中，按钮的功能是（　　）。

    A. 复制输入的文字　　　　　　　B. 复制输入单元格的格式

    C. 重复打开文件　　　　　　　　D. 删除

9. A1单元格中的内容为100，B1单元格中的公式为=A1，将A1单元格移动到B2单元格，
B1单元格的公式为（　　）。

    A. =B2　　　　　B. =A1　　　　　C. #DEF　　　　D. =A1+B2

10. 表达式=SUM(D3,F5,C2:G2,E3)的数学意义是（　　　）。

    A. =D3+F5+C2+D2+E2+F2+G2+E3

    B. =D3+F5+C2+G2+E3

    C. =D3+F5+C2+E3

    D. =D3+F5+G2+E3

11. 在Excel 2016窗口的不同位置，（　　　）可以引出不同的快捷菜单。

    A. 单击鼠标右键　　　　　　　　　　B. 单击鼠标左键

    C. 双击鼠标右键　　　　　　　　　　D. 双击鼠标左键

12. Excel 2016中录入任何数据，只要在数据前"'"（单引号），则单元格中表示的数据类型是（　　　）。

    A. 字符类　　　　　B. 数值　　　　　C. 日期　　　　　D. 时间

13. 要在A1单元格中输入字符串时，其长度超过A1单元格的显示长度，若B1单元格为空的，则字符串的超出部分将（　　　）。

    A. 被删除　　　　　　　　　　　　　B. 作为另一个字符串存入B1中

    C. 显示"#####"　　　　　　　　　　D. 连续超格显示

14. 要采用另一个文件名来存储文件时，应选"文件"中的（　　　）命令。

    A. "关闭文件"　　　　　　　　　　　B. "保存文件"

    C. "另存为"　　　　　　　　　　　　D. "保存工作区"

15. 在选定单元格中操作中先选定A2单元格，按住【Shift】键，然后单击C5单元格，这时选定的单元格区域是（　　　）。

    A. A2:C5　　　　　B. A1:C5　　　　　C. B1:C5　　　　　D. B2:C5

16. 单元格的格式（　　　）。

    A. 一旦确定，将不可改

    B. 随时可以改变

    C. 依输入的数据格式而定，并不能改变

    D. 更改后，将不可以改变

17. 已知A1、B1单元格中的数据为33、35，C1中公式为"=A1+B1"，其他单元格均为空，若把C1单元格中的公式复制到C2单元格，则C2单元格显示为（　　　）。

    A. 88　　　　　B. 0　　　　　C. =A1+B1　　　　　D. 55

18. Excel 2016总共为用户提供了（　　　）种图表类型。

    A. 9　　　　　B. 6　　　　　C. 102　　　　　D. 15

19. 在Excel工作表中，如果没有预先设定整个工作表的对齐方式，系统默认的对齐方式为：数值（　　　）。

    A. 左对齐　　　　　B. 中间对齐　　　　　C. 右对齐　　　　　D. 视具体情况而定

20. 执行一次排序时，最多能设（　　　）个关键字段。

    A. 1　　　　　B. 2　　　　　C. 3　　　　　D. 任意多个

21. Excel 主要应用在于（　　　）。

　　A. 美术、装潢、图片制作等各个方面

　　B. 工业分析、机械制造、建筑工程

　　C. 统计分析、财务管理分析、股票分析和经济、行政管理等

　　D. 多媒体制作

22. Excel 2016 中，当设定小数是 "2" 时，输入 56789 表示（　　　）。

　　A. 567.89　　　　B. 0056789　　　　C. 56789.00　　　　D. 56789

23. 在 Excel 中，若单元格引用随公式所在单元格位置的变化而改变，则称之为（　　　）。

　　A. 相对引用　　　　　　　　　　B. 绝对地址引用

　　C. 混合引用　　　　　　　　　　D. 3-D 引用

24. Excel 的基础是（　　　）

　　A. 工作簿　　　　B. 工作表　　　　C. 数据　　　　D. 报表

25. 在 Excel 中，公式的定义必须以（　　　）符号开头。

　　A. =　　　　　　B. "　　　　　　C. :　　　　　　D. *

26. 在 Excel 中，若要将光标移到工作表 A1 单元格，可按（　　　）键。

　　A.【Ctrl+End】　　　　　　　　B.【Ctrl+Home】

　　C.【End】　　　　　　　　　　D.【Home】

27. Excel 2016 工作簿的默认名称是（　　　）。

　　A. Sheet1　　　　B. Excel1　　　　C. Xlstart　　　　D. Book1

28. Excel 工作簿的基础是（　　　）。

　　A. 文件　　　　B. 图表　　　　C. 单元格　　　　D. 对话框

29. 在单元格内输入当前日期可按（　　　）键。

　　A.【Alt+;】　　　B.【Shift+Tab】　　C.【Ctrl+;】　　　D.【Ctrl+=】

30. 在 Excel 单元格中输入后能直接显示 "1/2" 的数据是（　　　）。

　　A. 1/2　　　　　B. 0 1/2　　　　C. 0.5　　　　　D. 2/4

31. 在 Excel 中，下列引用地址为绝对引用地址的是（　　　）。

　　A. $D5　　　　　B. E$6　　　　C. F8　　　　　D. $G$9

32. Excel 工作表最底行为状态行，准备接收数据时，状态栏显示（　　　）。

　　A. 就绪　　　　B. 等待　　　　C. 输入　　　　D. 编辑

33. 在 Excel 工作表中，数据库中的行是一个（　　　）。

　　A. 域　　　　　B. 记录　　　　C. 字段　　　　D. 表

34. Excel 处理的对象是（　　　）。

　　A. 工作簿　　　　B. 文档　　　　C. 程序　　　　D. 图形

35. 如果将选定单元格（或区域）的内容消除，单元格依然保留，则称为（　　　）。

　　A. 重写　　　　B. 清除　　　　C. 改变　　　　D. 删除

36. 在 Excel 中各运算符的优先级由高到低顺序为（　　　）。

　　A. 数学运算符、比较运算符、字符串运算符

    B. 数学运算符、字符串运算符、比较运算符

    C. 比较运算符、字符串运算符、数学运算符

    D. 字符串运算符、数学运算符、比较运算符

37. 对单元格中的公式进行复制时，(　　) 地址会发生变化。

    A. 相对地址中的偏移量　　　　　　　B. 相对地址所引用的单元格

    C. 绝对地址中的地址表达式　　　　　D. 绝对地址所引用的单元格

38. 在降序排序中，在序列中空白的单元格行被 (　　)。

    A. 放置在排序数据清单的最前　　　　B. 放置在排序数据清单的最后

    C. 不被排序　　　　　　　　　　　　D. 应重新修改公式

## 二、填空题

1. Excel 2016的单元格公式中，可通过＿＿＿＿＿＿＿＿输入函数，也可用工具按钮，将函数直接粘贴到单元格公式中。

2. Excel 2016中，一切单元格数据类型都可通过单元格格式化中的＿＿＿＿＿＿＿＿来定义。

3. Excel 2016中，在降序排列中，序列中空白的单元格行被放置在排序数据清单的＿＿＿＿＿＿＿＿。

4. 在Excel默认格式下，数值数据会＿＿＿＿＿＿＿＿对齐；字符数据会＿＿＿＿＿＿＿＿对齐。

5. 单元格引用分为绝对引用、＿＿＿＿＿＿＿＿、＿＿＿＿＿＿＿＿三种。

6. Excel 2016中提供了两种筛选命令，是＿＿＿＿＿＿＿＿和＿＿＿＿＿＿＿＿。

7. 在Excel中，数据库包括＿＿＿＿＿＿＿、＿＿＿＿＿＿＿、＿＿＿＿＿＿＿三个要素。

8. 在Excel中，一般的工作文件的默认文件类型为＿＿＿＿＿＿＿＿。

9. 在Excel工作表中可以输入两类数据：一类是常量值；另一类是＿＿＿＿＿＿＿＿。

10. Excel 2016中打开文件的方法分为使用＿＿＿＿＿＿＿＿操作与使用＿＿＿＿＿＿＿＿操作两类。

11. 在Excel 2016中默认的工作表的名称为＿＿＿＿＿＿＿＿。

12. Excel 2016工作表被保护后，该工作表中的单元格的内容、格式可否进行修改、删除＿＿＿＿＿＿＿＿。

13. Excel 2016中，工作表行列交叉的位置称为＿＿＿＿＿＿＿＿。

14. Excel 2016单元格中可以存放＿＿＿＿＿＿＿＿等。

15. Excel 2016中引用绝对单元格需在工作表地址前加上＿＿＿＿＿＿＿＿符号。

16. 要在Excel单元格中输入内容，可以直接将光标定位在编辑栏中，也可以对活动单元格按＿＿＿＿＿＿＿＿键输入内容，输入完后单击编辑栏左侧的＿＿＿＿＿＿＿＿按钮确定。

17. 在Excel工作表中，行标号以表示＿＿＿＿＿＿＿＿，列标号以表示＿＿＿＿＿＿＿＿。

18. 要Excel中，所有文件数据的输入及计算都是通过＿＿＿＿＿＿＿＿来完成的。

19. 间断选择单元格只要按住＿＿＿＿＿＿＿＿键同时选择各单元格即可。

20. 填充柄在每一单元格的＿＿＿＿＿＿＿＿下角。

21. 在Excel中，对于单一的工作表，可以使用＿＿＿＿＿＿＿＿来移动画面。

22. 在Excel中被选中的单元格称为＿＿＿＿＿＿＿＿。

23. 在G8单元格中引用B5单元格地址，相对引用是＿＿＿＿＿＿＿＿，绝对引用是＿＿＿＿＿＿＿＿，混

合引用是_____或_____。

24. 工作簿窗口默认有_____张独立的工作表，最多不能超过_____张工作表。

25. Excel 中输入数据后，要将光标定位到下一行应按键，向右移动一列应按_____键。

26. 单元格最多能容纳_____个字符。

27. Excel 中图表是指将工作表中的数据用图形方式表示出来。图表可分为_____、_____、_____、_____以及_____。

28. 在 Excel 中，若活动单元格在 F 列 4 行，其引用的位置以_____表示。

29. 工作表数据的图形表示方法称为_____。

30. 在 Excel 2016 中，菜单栏共有_____。

31. 若只对单元格的部分内容进行修改，则双击_____或单击_____即可。

# 演示文稿制作软件 PowerPoint 2016

第5章

PowerPoint 2016 是微软公司的演示文稿制作软件。利用它可以在投影仪或者计算机上进行演示；也可以将演示文稿打印出来，制作成胶片，以便应用到更广泛的领域中；还可以在互联网上召开面对面会议、远程会议或在网上给观众展示演示文稿。

PowerPoint 2016 在已有功能的基础上增加了更多实用的演示功能，界面相比之前也优化了不少。本章从 PowerPoint 2016 用户界面着手，详细讲解 PowerPoint 2016 的基本应用、外观与动画制作等。

## ▌5.1　PowerPoint 2016 的启动与退出

在 Microsoft 公司推出的办公软件 Office 2016 中，PowerPoint 2016（简称 PPT）用来创建形象生动、图文并茂的演示文稿，如制作公司简介、会议报告、产品推介、培训教学等各种演示文稿。

PowerPoint 2016 具有功能强大、界面友好等特点，与 PowerPoint 2013 相比有如下特点：

① 新增五个图表类型，分别是树状图、箱形图、旭日图、直方图、瀑布图。

② 搜索比以前更加智能，可以直接输入想要使用的功能或者操作，主要面向新手用户。

③ 新增"墨迹公式"，可以手写输入公式。

④ 屏幕录制功能，可以将屏幕的操作录制成视频并直接插入 PPT，生成的视频具有高清晰、体积小的特点，非常适合步骤演示和制作微课。

⑤ 原生支持 EPS 矢量文件，可以直接打开 EPS 文件对其编辑。

### 5.1.1　启动 PowerPoint 2016

**1. 通过"开始"菜单启动**

这是 Windows 操作系统中最常用的启动方式。其方法为：选择"开始"→"所有程序"→ PowerPoint 2016 命令。

**2. 通过桌面快捷方式启动**

创建 PowerPoint 2016 的桌面快捷方式后，即可直接双击桌面上的快捷方式图标启动 PowerPoint。

**3．通过创建新演示文稿启动**

在桌面或磁盘或文件夹窗口的空白区域右击，在弹出的快捷菜单中选择"新建"→"Microsoft Office PowerPoint 演示文稿"命令后，双击文件也可启动 PowerPoint 2016。

**4．通过现有演示文稿启动**

用户在创建并保存 PowerPoint 演示文稿后，可以通过已有的演示文稿启动 PowerPoint 2016。其方法有两种：直接双击演示文稿图标启动和在"文件"→"打开"→"最近的文档"中启动。

## 5.1.2　退出 PowerPoint 2016

当完成了一个任务，不再需要 PowerPoint 时，即可将其退出。退出 PowerPoint 2016 的方法与退出其他程序基本相同，其方法有以下几种：

① 单击"关闭"按钮：单击 PowerPoint 2016 工作界面右上角的"关闭"按钮 。

② 单击菜单中的"关闭"按钮：单击"文件"按钮，在弹出的菜单中单击"关闭"按钮，如图 5-1 所示。

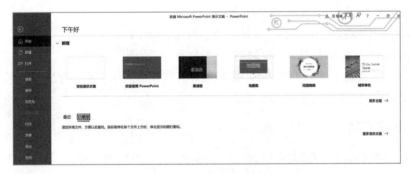

图 5-1　通过文件按钮退出

③ 使用快捷菜单：在标题栏上右击，在弹出的快捷菜单中选择"关闭"命令，如图 5-2 所示。

④ 按【Alt+F4】组合键。

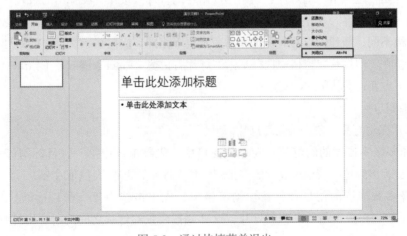

图 5-2　通过快捷菜单退出

# 5.2 PowerPoint 2016 的基本操作

## 5.2.1 建立演示文稿

建立演示文稿的方法有很多，如快速创建空白演示文稿、使用模板创建有内容的演示文稿、根据自定义模板创建演示文稿、使用主题创建有样式的演示文稿。

### 1. 快速创建空白演示文稿

启动 PowerPoint 2016，软件会自动创建一个空白演示文稿，用户可以在空白幻灯片上设计自己需要的背景颜色、配色方案、文本格式和图片等。如果还要继续创建新的空白演示文稿，其具体操作如下：

① 启动 PowerPoint 2016，选择"文件"→"新建"命令。

② 在右侧窗格中，单击"空白演示文稿"按钮。

### 2. 使用模板创建有内容的演示文稿

使用 PowerPoint 2016 提供的模板创建有内容的演示文稿的方法与创建空白演示文稿一样，都是在"新建"窗格中完成。具体操作如下：

① 启动 PowerPoint 2016，选择"文件"→"新建"命令。

② 在右侧窗格中，选择自己需要的模板，最后单击"创建"按钮。

根据自定义模板创建演示文稿、使用主题创建有样式的演示文稿的方法与使用模板创建有内容的演示文稿类似，这里不再重复介绍。

## 5.2.2 操作幻灯片

幻灯片的基本操作主要有添加新幻灯片、选择幻灯片、移动幻灯片、复制幻灯片、删除幻灯片、播放演示文稿等。

### 1. 添加新幻灯片

启动 PowerPoint 2016 后，演示文稿中会自动创建一张幻灯片。如果演示文稿需要多张幻灯片，就需要添加新幻灯片。

单击"开始"选项卡"幻灯片"组中的"新建幻灯片"按钮，在弹出的版式列表中选择一个选项，如"两栏内容"，如图 5-3 所示。

演示文稿不同，新建幻灯片时可选择的版式也不相同。空白演示文稿中的幻灯片版式是最常见的版式。在"幻灯片"窗格中选择某张幻灯片后，按【Enter】键或按【Ctrl+M】组合键可在该幻灯片下方新建默认版式的幻灯片。

### 2. 选择幻灯片

① 选择单张幻灯片：单击某张幻灯片即可。

② 选择多张不连续的幻灯片：在左侧窗格中，先单击选中第一张目标幻灯片，再按住【Ctrl】键不放，继续选择其他不连续的多张幻灯片，选完后再松开【Ctrl】键。

③ 选择多张连续的幻灯片：在左侧窗格中，先单击选中第一张目标幻灯片，再按住【Shift】键不放，再单击最后一张幻灯片，这样就把两张幻灯片之间的所有幻灯片都选中了，选完后再松开【Shift】键。

④ 选择全部幻灯片：在左侧窗格中，按【Ctrl+A】组合键，即可选中全部的幻灯片。

图 5-3　弹出的版式列表

## 3．移动幻灯片

移动幻灯片的方法很简单，直接选择幻灯片将其拖动到目标位置即可。

## 4．复制幻灯片

选中要复制的幻灯片，右击，在弹出的快捷菜单中选择"复制幻灯片"命令。

## 5．删除幻灯片

删除幻灯片的方法也很简单，选择目标幻灯片后，按【Delete】键即可。

## 6．播放演示文稿

播放演示文稿的方法有很多，首先介绍常规方法的操作步骤。

① 单击"幻灯片放映"选项卡"开始放映幻灯片"组中的"从头开始"按钮，幻灯片就会
从第一张幻灯片开始播放，如图 5-4 所示。

图 5-4　单击"从头开始"按钮

② 全屏放映演示文稿时，单击就能切换到下一张幻灯片放映。

③ 放映完最后一张幻灯片时会出现黑屏和提示信息"放映结束，单击鼠标退出"。单击就
可以结束放映，回到演示文稿的查看视图。

## 5.2.3 保存、打开和关闭演示文稿

### 1. 保存演示文稿

（1）保存一般演示文稿

具体操作步骤如下：

① 选择"文件"→"保存"命令，右侧弹出"另存为"窗口界面，如图5-5所示。

② 单击"浏览"选项，在弹出的"另存为"对话框中选择保存位置，在"文件名"文本框中输入文件名称，如图5-6所示，单击"保存"按钮。

图 5-5 弹出的"另存为"窗口界面

图 5-6 "另存为"对话框

（2）保存为模板

具体操作步骤如下：

① 选择"文件"→"保存"命令。

② 弹出"另存为"对话框，在"保存类型"下拉列表中选择"PowerPoint 模板（*.potx）"选项，保存位置会切换到存放模板的位置，在"文件名"文本框中输入模板的名称，单击"保存"按钮。

（3）另存为演示文稿

具体操作步骤如下：

① 选择"文件"→"另存为"命令。

② 弹出"另存为"对话框，在"保存位置"下拉列表中选择保存位置，在"文件名"输入框中输入文件名称，最后单击"保存"按钮。

### 2. 打开演示文稿

具体操作步骤如下：

① 选择"文件"→"打开"命令。

② 弹出"打开"窗口界面，可以在窗口界面中选择最近使用的文档，或者选择"浏览"选项，在弹出的"打开"对话框中选择要打开的演示文稿，单击"打开"按钮，如图5-7所示。

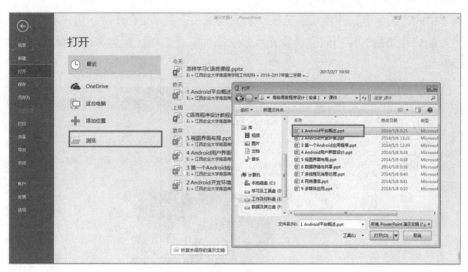

图 5-7　打开演示文稿

### 3. 关闭演示文稿

操作方法有两种：

① 选择"文件"→"关闭"命令。

② 单击 PowerPoint 2016 工作界面右上角的"关闭"按钮。

## 5.2.4　在演示文稿上添加文件

PowerPoint 2016 中的版式比以往更为强大，其中的若干种版式还包含了"内容"占位符，可以将它们用于文本或图形。例如，"标题和内容"版式。在该版式的一个占位符的中间，包括一组图标，如图 5-8 所示。单击其中的任一图标可插入该类型的内容，如表格、图表、SmartArt 图形、某个文件中的图片、联机图片或视频文件。

图 5-8　占位符图标组

### 1. 插入图片

例如，要加入公司管理人员的照片，或者想采用一张剪贴画强调幻灯片的内容，可以通过内容占位符直接从幻灯片插入图片，具体方法如下：

① 要插入自己的图片：单击"插入"选项卡"图像"组中的"图片"按钮。

② 要插入一张联机图片：单击"插入"选项卡"图像"组中的"联机图片"按钮。

插入图片后，图片将定位在占位符边框内。

如果要调整图片大小或为其应用特殊效果，首先在幻灯片上选择该图片，功能区上出现"图片工具-格式"选项卡。

单击"格式"选项卡，并使用该选项卡上的按钮和选项来处理图片。用户可以将图片的边缘设置为直的或弯曲的、应用阴影或发光效果、添加彩色边框、裁剪图片或设置图片大小等，如图5-9所示。

图 5-9　"图片工具－格式"选项卡

### 2．插入声音文件

为防止可能出现的链接问题，最好在添加到演示文稿之前将这些声音文件复制到演示文稿所在的文件夹。具体操作步骤如下：

① 打开需要添加背景音乐的 PPT。

② 单击要添加声音的幻灯片。

③ 单击"插入"选项卡"媒体"组中的"音频"下拉按钮，弹出下拉列表，如图5-10所示。

● 单击"PC上的视频"按钮，找到本机包含所需文件的文件夹，然后双击要添加的文件。

● 单击"录制音频"按钮，在弹出的"录制声音"对话框中，按提示录制音频，然后单击"确定"按钮，将其添加到幻灯片中。

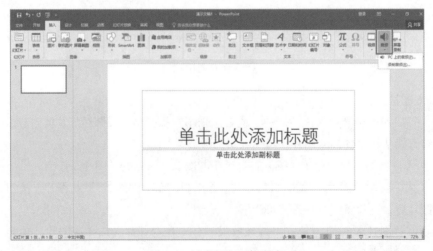

图 5-10　"音频"下拉列表

3. 插入屏幕录制文件

PowerPoint 2016 支持视频录制功能，具体操作步骤如下：

① 单击"插入"选项卡，在"媒体"组中单击"屏幕录制"按钮，如图 5-11 所示。

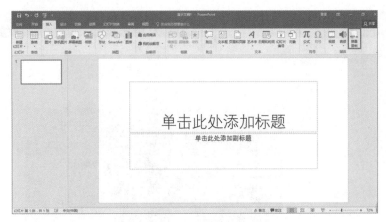

图 5-11　单击"屏幕录制"按钮

② 单击"屏幕录制"之后，在屏幕顶部的中央会弹出一个录制工具，首先单击"选择区域"选项，鼠标指针会变成一个十字形，按住鼠标左键选择需要录制视频的区域，如图 5-12 所示。

图 5-12　选择屏幕录制区域

③ 区域选择完成后，如果需要录制鼠标指针，则选中"录制指针"选项（灰色为选中状态），然后单击"录制"选项（小红点），如图 5-13 所示。屏幕会弹出倒计时和操作提示，3s 倒计时完成后开始录制，如图 5-14 所示。

图 5-13　单击录制

图 5-14　开始录制倒计时

④ 录制完成后，按【Windows+Shift+Q】组合键停止录制自动回到PowerPoint界面。此时在PPT中就会看到录制好的视频了，同时上方出现"视频工具"选项卡，这里可对视频进行编辑。单击"播放"按钮即可查看录制的视频，如图5-15所示。

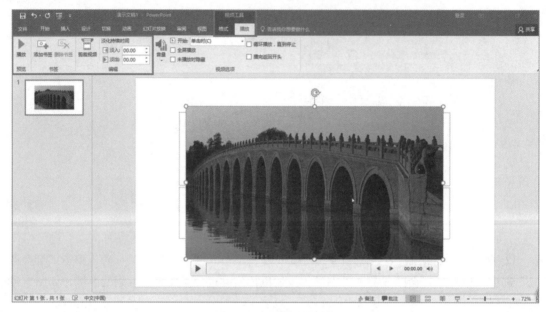

图 5-15　录制好的视频

### 4. 插入超链接

在PowerPoint 2016中，超链接是从一张幻灯片到同一演示文稿中的另一幻灯片的链接，或是从一张幻灯片到不同演示文稿中的另一张幻灯片、电子邮件地址、网页或文件的链接。用户可以从文本或一个对象（如图片、图形或形状）创建链接。

（1）创建链接到不同演示文稿中的幻灯片的超链接

具体操作步骤如下：

① 在"普通"视图中选择要用作超链接的文本或对象。

② 单击"插入"选项卡"链接"组中的"超链接"按钮。

③ 弹出"插入超链接"对话框，在"链接到"选择框中，单击"本文档中的位置"。

④ 在"请选择文档中的位置"下选择要用作超链接目标的幻灯片，单击"确定"按钮。

（2）创建链接到不同演示文稿中的幻灯片的超链接

具体操作步骤如下：

① 在"普通"视图中选择要用作超链接的文本或对象。

② 单击"插入"选项卡"链接"组中的"超链接"按钮。

③ 弹出"插入超链接"对话框，在"链接到"选择框中，单击"现有文件或网页"。

④ 找到包含要链接到的幻灯片的演示文稿。

⑤ 单击"书签"按钮，弹出"在文档中选择位置"对话框，选择要链接的幻灯片，单击"确定"按钮。

⑥ 回到"插入超链接"对话框，单击"确定"按钮。

（3）创建链接到电子邮件地址的超链接

具体操作步骤如下：

① 在"普通"视图中选择要用作超链接的文本或对象。

② 单击"插入"选项卡"链接"组中的"超链接"按钮。

③ 弹出"插入超链接"对话框，在"链接到"选择框中单击"电子邮件地址"。

④ 在"电子邮件地址"框中输入要链接到的电子邮件地址，或在"最近用过的电子邮件地址"框中单击电子邮件地址。

⑤ 在"主题"框中输入电子邮件的主题，单击"确定"按钮。

（4）创建链接到网站上的页面或文件的超链接

具体操作步骤如下：

① 在"普通"视图中选择要用作超链接的文本或对象。

② 单击"插入"选项卡"链接"组中的"超链接"按钮。

③ 弹出"插入超链接"对话框，在"链接到"选择框中单击"现有文件或网页"，然后单击"浏览 Web"按钮 。

④ 找到并选择要链接到的页面或文件，然后单击"确定"按钮。

（5）创建到新文件的链接

具体操作步骤如下：

① 在"普通"视图中选择要用作超链接的文本或对象。

② 单击"插入"选项卡"链接"组中的"超链接"按钮。

③ 弹出"插入超链接"对话框，在"链接到"选择框中单击"新建文档"按钮。

④ 在"新建文档名称"框中输入要创建并链接到的文件的名称。

⑤ 如果在不同的位置创建文档，可在"完整路径"下单击"更改"，浏览到要创建文件的位置，然后单击"确定"按钮。

⑥ 在"何时编辑"下单击相应的选项以确定是现在编辑文件还是在稍后编辑文件。

⑦ 单击"确定"按钮。

# ▌5.3　设置演示文稿的外观与动画

## 5.3.1　设置演示文稿的外观

### 1. 母版的创建和编辑

幻灯片母版是幻灯片层次结构中的顶级幻灯片，它存储有关演示文稿的主题和幻灯片版式的所有信息，包括背景、颜色、字体、效果、占位符和位置。

开始构建各张幻灯片之前最好先创建幻灯片母版，而不要在创建了幻灯片之后再创建母版。如果先创建了幻灯片母版，则添加到演示文稿中的所有幻灯片都会基于该幻灯片母版和相关联的版式。开始更改时，须在幻灯片母版上进行。

每个演示文稿至少包含一个幻灯片母版，并可以更改幻灯片母版。修改和使用幻灯片母版的主要好处是，可以对演示文稿中的每张幻灯片进行统一的样式更改，包括对以后添加到演示文稿中的幻灯片的样式更改。使用幻灯片母版可以节省时间，因为不必在多张幻灯片上输入相同信息。当演示文稿包括大量幻灯片时，幻灯片母版尤其有用。

由于幻灯片母版影响整个演示文稿的外观，因此在创建和编辑幻灯片母版或对应的版式时，要在幻灯片母版视图中进行。具体操作步骤如下：

① 在"视图"选项卡的"母版视图"组中单击"幻灯片母版"按钮，如图5-16所示。

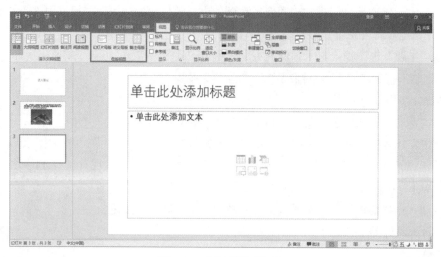

图 5-16  "母版视图"组

② 在包含幻灯片母版和版式的窗格中单击要编辑的版式，如图5-17所示。

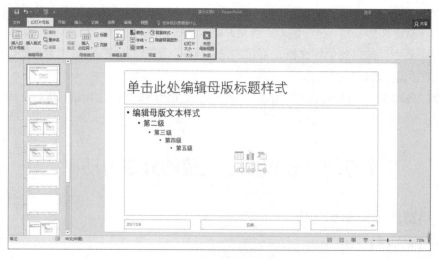

图 5-17  编辑母版

主要进行如下操作：重命名版式，占位符的更改或删除，添加页眉或页脚，更改或删除演示文稿中的页眉和页脚信息，对演示文稿中的页眉或页脚重新设置格式、重定位和调整大小。

此外，如果在构建了各张幻灯片之后再创建幻灯片母版，则幻灯片上的某些项目便不能遵循幻灯片母版的设计风格。可以使用背景和文本格式设置功能在单个幻灯片上覆盖幻灯片母版的某些自定义内容，但其他内容（如页脚）则只能在幻灯片母版视图中修改。

2. 模板

PowerPoint 2016模板是另存为.potx文件的一张幻灯片或一组幻灯片的图案或蓝图。模板可以包含版式、主题颜色、主题字体、主题效果、背景样式，甚至可以包含内容。

模板创建方法如下：

① 打开一个空的演示文稿，然后在"视图"选项卡"母版视图"组中单击"幻灯片母版"按钮。

② 在"幻灯片母版"选项卡"编辑母版"组中单击"插入幻灯片母版"按钮。

③ 要开始自定义幻灯片母版，须先执行以下操作：

- 要删除默认幻灯片母版附带的任何内置幻灯片版式：在幻灯片的缩略图窗格中右击不想使用的每个幻灯片版式，然后单击"删除版式"。

- 要删除不需要的默认占位符：在幻灯片的缩略图窗格中单击包含该占位符的幻灯片版式，在演示文稿窗口中单击占位符的边框，然后按【Delete】键。

④ 添加文本占位符，在幻灯片的缩略图窗格中单击要包含占位符的幻灯片版式，然后执行以下操作：

- 在"幻灯片母版"选项卡"母版版式"组中单击"插入占位符"按钮，单击"文本"按钮。

- 单击幻灯片母版上的某一位置，然后通过拖动来绘制占位符。

- 要添加包含内容（如图片、剪贴画、SmartArt图形、图表、影片、声音和表）的其他类型的占位符，可在"幻灯片母版"选项卡"母版版式"组中单击要添加的占位符的类型。

- 要将主题应用到演示文稿，可在"幻灯片母版"选项卡"编辑主题"组中单击"主题"按钮，然后单击某一主题。

⑤ 更改背景，可在"幻灯片母版"选项卡"背景"组中单击"背景样式"按钮，然后单击某一背景。

⑥ 设置演示文稿中所有幻灯片的页面方向，可在"幻灯片母版"选项卡"大小"组中单击"幻灯片大小"按钮，然后单击"自定义幻灯片大小"，在弹出的对话框中选择幻灯片的方向为"纵向"或"横向"。

⑦ 添加在演示文稿中所有幻灯片底部的页脚中显示的文本，可执行以下操作：

- 在"插入"选项卡"文本"组中单击"页眉和页脚"按钮。

- 在"页眉和页脚"对话框中的"幻灯片"选项卡中选中"页脚"复选框，然后输入要显示在幻灯片底部的文本。

- 要在所有幻灯片上显示页脚内容，可单击"全部应用"按钮。

⑧ 选择"文件"→"另存为"命令，右侧弹出"另存为"窗口界面。

⑨ 单击"浏览"选项，在弹出的"另存为"对话框中选择保存位置，在"文件名"文本框中，输入文件名，或者接受建议的文件名。在"保存类型"列表中，单击"PowerPoint模板"，然后单击"保存"按钮。

3. 主题

通过应用主题，可以快速轻松地设置整个演示文稿的格式，以使其具有一个专业的外观。主题是一组格式选项，它包含一组主题颜色、一组主题字体和一组主题效果。

PowerPoint 2016 提供了几种预定义的主题，也可通过自定义主题来创建自己的主题。

若要自定义主题，可以首先更改所使用的颜色、字体、线条和填充效果。如果要将这些更改应用到新的演示文稿幻灯片，则可以将它们保存为主题（.thmx）。

自定义主题的方法如下：

（1）自定义主题颜色

主题颜色包含四种文本和背景颜色、六种强调文字颜色以及两种超链接颜色。"主题颜色"按钮■中的颜色表示当前文本和背景颜色。单击"主题颜色"按钮后，"主题颜色"名称旁边的一组颜色表示该主题的强调文字颜色和超链接颜色。当更改其中任何颜色以创建自己的主题颜色集时，"主题颜色"按钮中的颜色和"主题颜色"名称旁边的颜色会相应地更改。具体操作步骤如下：

① 在"幻灯片母版"选项卡"背景"组中单击"颜色"按钮，如图5-18所示。

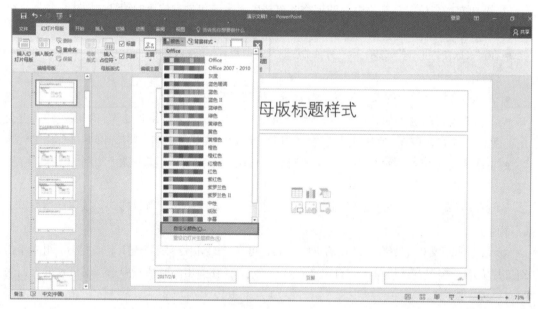

图 5-18　"背景"组"颜色"按钮

② 单击"自定义颜色"命令，弹出"新建主题颜色"对话框，如图5-19所示。

③ 在"主题颜色"下，单击要更改的主题颜色元素名称旁边的按钮。

④ 在"主题颜色"下，单击要使用的颜色。为要更改的所有主题颜色元素重复操作。在"示例"框中，可看到所做更改的效果。

⑤ 在"名称"文本框中，为新主题颜色输入适当的名称，然后单击"保存"命令。

⑥ 如果要将所有主题颜色元素返回到其原始主题颜色，可在单击"保存"之前单击"重置"按钮。

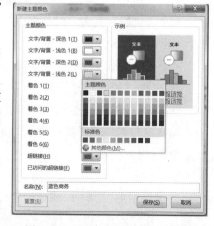

图 5-19　"新建主题颜色"对话框

（2）自定义主题字体

主题字体包括标题字体和正文文本字体。单击"主题字体"按钮 A 时，会在"主题字体"名称下方看到用于每个主题字体的标题和正文文本字体的名称。可以更改这两种字体以创建自己的一组主题字体。具体操作如下：

① 在"幻灯片母版"选项卡"背景"组中单击"字体"选项，如图 5-20 所示。

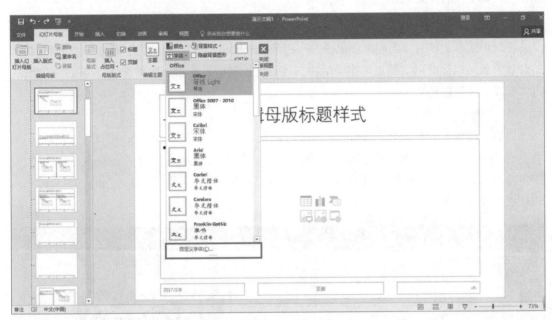

图 5-20　"背景"组"字体"选项

② 单击"自定义字体"，弹出"新建主题字体"对话框，如图 5-21 所示。

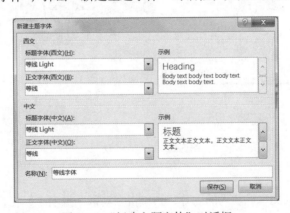

图 5-21　"新建主题字体"对话框

③ 在"标题字体"和"正文字体"下拉列表框中选择要使用的字体。在"示例"框中，可看到所选字体样式的示例文本。

④ 在"名称"文本框中，为新主题字体输入适当的名称，单击"保存"按钮。

（3）选择一组主题效果

主题效果是一组线条和一组填充效果。单击"主题效果"按钮 时，可在名称显示为"主题效果"的图形中看到每组主题效果使用的线条和填充效果。虽然无法创建自己的一组主题效果，但可以选择主题效果。具体操作如下：

① 在"幻灯片母版"选项卡"背景"组中单击"效果"选项。

② 单击要使用的效果。

### 5.3.2 设置演示文稿的动画与放映

**1. 动画**

在制作演示文稿时，人们总希望插入一些带动画效果的幻灯片，因为采用带有动画效果的幻灯片对象可以让演示文稿更加生动活泼，还可以控制信息演示流程并重点突出关键的数据。具体有以下四种自定义动画。

（1）"进入"动画

例如，需要给文本或图片添加动画效果时，先选定输入的文本或插入的图片，再单击"动画"选项卡，在弹出的面板中，单击其他箭头 ，里面有"进入"或"更多进入效果"，如图5-22所示，都是自定义动画对象的出现动画形式，如可以使对象逐渐淡入焦点、从边缘飞入幻灯片或者跳入视图中等。

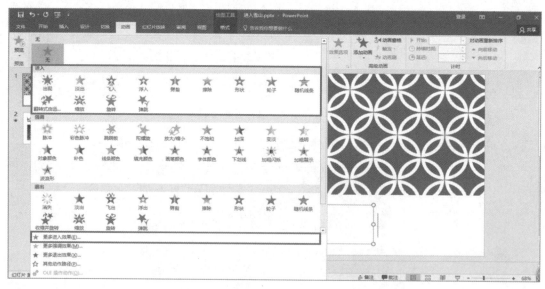

图 5-22　"进入"动画

（2）"强调"动画

同样先选定输入的文本或插入的图片，再单击"动画"选项卡，在弹出的面板中，单击其他箭头 ，里面有"强调"或"更多强调效果"，如图5-23所示，有"基本型""细微型""温和型""华丽型"四种特色动画效果，这些效果的示例包括使对象缩小或放大、更改颜色或沿着其中心旋转等动画效果。

（3）"退出"动画

这个自定义动画效果与"进入"动画效果相反，如图5-24所示。它是自定义对象退出时所表现的动画形式，如让对象飞出幻灯片、从视图中消失或者从幻灯片旋出。

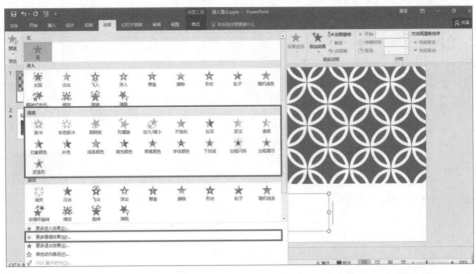

图 5-23　"强调"动画

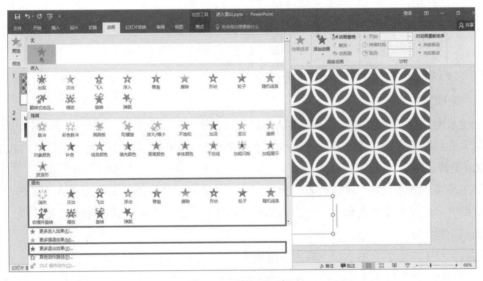

图 5-24　"退出"动画

（4）"动作路径"动画

这个动画效果是根据形状或者直线、曲线的路径来展示对象运动的路径，使用这些效果可以使对象上下移动、左右移动或者沿着星形或圆形图案移动。可选择图 5-24 下方的"其他动作路径"选项，弹出"更改动作路径"对话框，设置"动作路径"动画，如图 5-25 所示。

2. 设置放映方式、检查拼写以及审阅

① 创建幻灯片放映所需的操作命令位于"幻灯片放映"和"审阅"选项卡上。

使用"幻灯片放映"选项卡，可以创建旁白、运行放映、创建自定义放映、设置多监视器放映方式等。

② 检查拼写方法如下：

在"审阅"选项卡"校对"组中单击"拼写检查"按钮，如图 5-26 所示。

图 5-25 "更改动作路径"窗格

图 5-26 拼写检查

从过去常用的选项中进行选择。

③ 在"审阅"选项卡上，可以按照一直以来的方式运行拼写检查、使用信息检索服务和同义词库，以及使用批注来审阅演示文稿。

# 5.4 案 例

### 案例1 大学生安全教育演示文稿的制作

#### 1. 案例场景

安全教育是保护大学生安全的一项基础教育，是学生素质教育的一部分，是人才保障的根本教育，它始终贯穿于人才培养的全过程。今天我们带大家一起制作大学生安全教育的PPT。

#### 2. 设计思路

小王刚接到这个任务，非常兴奋。他想了一下，觉得应该把学校的安全教育生动形象又简洁大方的方式通过PPT展现出来，以让同学们受到教育。于是小王就开始行动起来了。

#### 3. 操作步骤

创建大学生安全教育的PPT的操作方法如下：

① 在计算机桌面上新建一个PowerPoint文档，选择PowerPoint 2016窗口中的"视图"→"母版视图"→"幻灯片母版"→"插入幻灯片母版"命令，如图5-27所示。

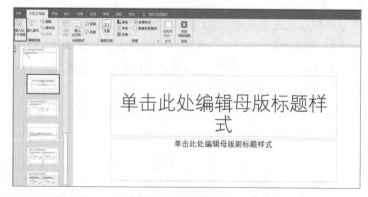

图 5-27 幻灯片母版

② 设置幻灯片母版背景图片，如图 5-28 所示，选择 PowerPoint 2016 窗口中的"幻灯片母版"→"背景"→"背景样式"→"设置背景格式"命令。

图 5-28　PPT 背景设置

③ 单击"设置背景格式"按钮，弹出"设置背景格式"任务窗格，单击"填充"选项中的"图片或纹理填充"，如图 5-29 所示。

④ 单击图片源的"插入"按钮，插入名为"大学生安全教育"的背景图片，如图 5-30 所示，效果如图 5-31 所示。

图 5-29　"设置背景格式"任务窗格

图 5-30　插入图片

图 5-31　插入大学生安全教育背景图片后的幻灯片效果

⑤ 单击"关闭母版视图"按钮返回幻灯片编辑状态。

在 PowerPoint 窗口中单击"开始"选项卡中的"新建幻灯片"按钮，如图 5-32 所示。

⑥ 在"新建幻灯片"自定义设计方案中选择名为"空白"的幻灯片，新建大学生安全教育PPT的首页，并输入图5-33所示的文字内容，设置标题字体格式为微软雅黑，60号字体，加粗，加阴影。

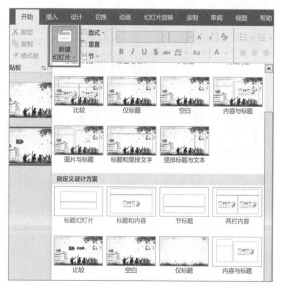

图 5-32　新建幻灯片

图 5-33　大学生安全教育 PPT 封面页

⑦ 选择 PowerPoint 2016 窗口中的"视图"→"母版视图"→"幻灯片母版"命令，编辑导航页母版如图5-34所示。

⑧ 在PPT导航页幻灯片母版上，单击"插入"→"形状"命令，如图5-35所示，画一个箭头图形并输入数字内容，单击"幻灯片母版"→"插入占位符"→"文本"命令，如图5-36所示，输入文本内容，如图5-37所示。单击"关闭母版视图"按钮返回幻灯片编辑状态。

⑨ 在"新建幻灯片"自定义设计方案中选择名为"比较"的幻灯片，新建5张大学生安全教育PPT的导航页，如图5-38所示，并设置字体格式为"微软雅黑，60号字体，加粗，加阴影"。

图 5-34　PPT 导航页幻灯片母版

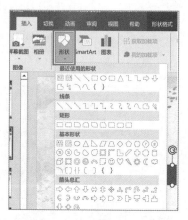

图 5-35　插入形状

图 5-36　插入文本占位符

图 5-37　PPT 导航页幻灯片母版效果

图 5-38　PPT 导航页效果

⑩ 选择 PowerPoint 2016 窗口中的"视图"→"母版视图"→"幻灯片母版"命令，编辑 PPT 内容页母版如图 5-39 所示。单击"关闭母版视图"按钮返回幻灯片编辑状态。

图 5-39　PPT 内容页幻灯片母版

⑪ 在"新建幻灯片"自定义设计方案中选择名为"仅标题"的幻灯片，新建大学生安全教育PPT"防盗篇"的内容页，利用"插入"→"形状"绘制图5-40所示的圆形和圆角矩形，并输入相关文字内容。

图 5-40　PPT 防盗篇内容页

⑫ 在"新建幻灯片"自定义设计方案中选择名为"仅标题"的幻灯片，新建大学生安全教育PPT"消防篇"的内容页，利用"插入"→"图片"，插入图5-41所示的图片，并输入相关文字内容。

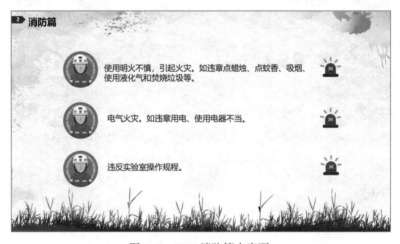

图 5-41　PPT 消防篇内容页

⑬ 在"新建幻灯片"自定义设计方案中选择名为"仅标题"的幻灯片，新建大学生安全教育PPT"交通篇"的内容页，利用"插入"→"形状"绘制图5-42所示的箭头和圆角矩形，并输入相关文字内容。

⑭ 在"新建幻灯片"自定义设计方案中选择名为"仅标题"的幻灯片，新建大学生安全教育PPT"防诈骗篇"的内容页，利用"插入"→"形状"绘制图5-43所示圆角矩形和小三角，并输入相关文字内容。

⑮ 在"新建幻灯片"自定义设计方案中选择名为"仅标题"的幻灯片，新建大学生安全教

育PPT"网络安全篇"的内容页，利用"插入"→"形状"绘制图5-44所示矩形和圆形，并输
入相关文字内容。

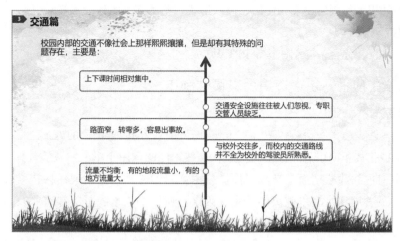

图 5-42　PPT 交通篇内容页

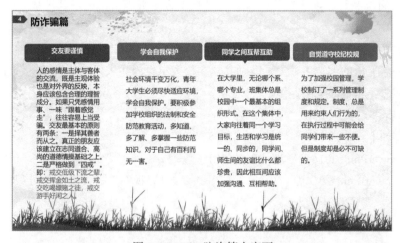

图 5-43　PPT 防诈篇内容页

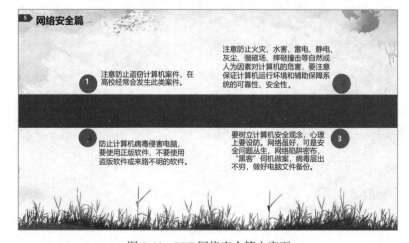

图 5-44　PPT 网络安全篇内容页

**4. 案例点评**

小王的大学生安全教育PPT做得比较简洁明了、生动直观，容易吸引大家的注意力。在制作过程中，他使用了母版的设置和使用、插入形状、艺术字、图片设置等知识点。

**5. 拓展练习**

如果你是小王，你会怎样制作这个PPT呢？

## 案例2　大学生应征入伍宣传演示文稿的制作

**1. 案例场景**

国家兴亡，匹夫有责。自古以来参军入伍都是最直接的服务国家的方式之一。当前战争的形态已经从机械化战争向信息化战争转变。在高技术广泛运用于军事领域的今天，高科技武器无疑是战争中的主战武器，而掌握和运用高技术武器的必然是具备现代科技素质的人，所以高素质的人才是决定现代战争胜负的决定性因素。所以，国家和军队都需要较高文化素质的兵员，近些年整个国家征兵政策都在向大学生倾斜。大学生适合在部队发展，可以学技术、选士官、考军校、提干。同时部队是一个人才成长环境和氛围很好的大学校，在部队成长起来的军事人才是多岗位经历、素质复合的人才，是从多方面锻炼自己的最佳环境，会使个人受益终生。

**2. 设计思路**

李强是一名退伍的大学生，为了鼓励其他在校大学生当兵入伍，他想做一份好的大学生应征入伍宣传PPT给其他同学做宣传。

**3. 操作步骤**

操作步骤如下：

① 启动PowerPoint 2016，创建一个空白幻灯片。

② 选择PowerPoint 2016窗口中的"视图"→"母版视图"→"幻灯片母版"→"插入幻灯片母版"命令，如图5-45所示。

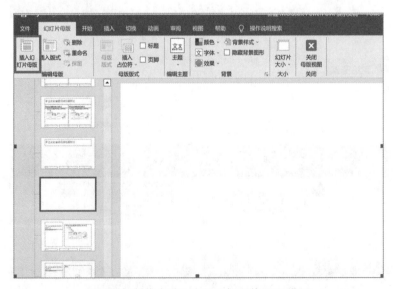

图 5-45　制作大学生应征入伍宣传 PPT 模板

③ 设置幻灯片母版背景图片，选择PowerPoint 2016窗口中的"幻灯片母版"→"背景"→"背景样式"→"设置背景格式"命令，如图5-46所示。

图 5-46　设置大学生应征入伍宣传 PPT 的背景

④ 单击"设置背景格式"按钮，出现"设置背景格式"任务窗格，单击"填充"选项中的"图片或纹理填充"，如图5-47所示。

图 5-47　设置大学生应征入伍宣传 PPT 的背景格式

⑤ 单击图片源的"插入"按钮，插入名为"大学生应征入伍宣传"的背景图片，效果如图5-48所示。单击"关闭母版视图"按钮返回幻灯片编辑状态。

⑥ 在"新建幻灯片"自定义设计方案中选择名为"空白"的幻灯片，新建大学生应征入伍宣传PPT的首页，插入图5-49所示的图片内容和文字内容。

图 5-48　大学生应征入伍宣传 PPT 的背景图片

图 5-49　大学生应征入伍宣传 PPT 首页效果

⑦ 在"新建幻灯片"自定义设计方案中选择名为"空白"的幻灯片，新建大学生应征入伍宣传PPT的目录页，利用"插入"→"形状"绘制图5-50所示圆角正方形和圆角矩形，并输入相关文字内容。

⑧ 选择 PowerPoint 2016 窗口中的"视图"→"母版视图"→"幻灯片母版"→"插入幻灯片母版"命令，插入图5-51所示的图片、圆角矩形和文字内容。单击"关闭母版视图"按钮返回幻灯片编辑状态。

图5-50　大学生应征入伍宣传PPT目录页效果　　　　图5-51　大学生应征入伍宣传PPT导航页模板

⑨ 在"新建幻灯片"自定义设计方案中选择名为"仅标题"的幻灯片，新建5张大学生应征入伍PPT的导航页，如图5-52所示。

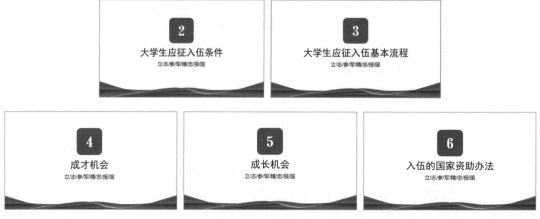

图5-52　大学生应征入伍宣传PPT导航页效果图

⑩ 在"大学生应征入伍宣传PPT导航页——大学生征兵政策新动向"下面插入一个空白页，输入图5-53所示的文字及插入图5-53所示的图片。

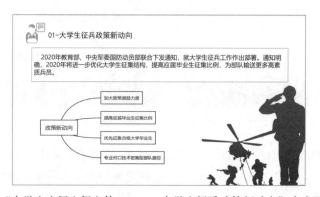

图5-53　"大学生应征入伍宣传PPT——大学生征兵政策新动向"内容页效果图

⑪ 在"大学生应征入伍宣传PPT导航页——大学生应征入伍条件"下面插入一个空白页，输入图5-54所示的文字及插入图5-54所示的图片。

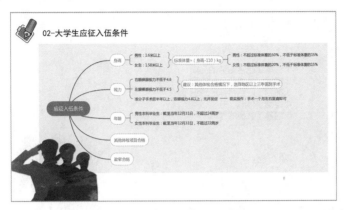

图 5-54　"大学生应征入伍宣传 PPT——大学生应征入伍条件"内容页效果

⑫ 在"大学生应征入伍宣传PPT导航页——大学生应征入伍基本流程"下面插入一个空白页，输入图5-55所示的文字及插入图5-55所示的图片。

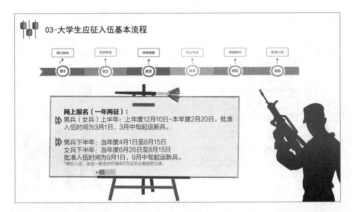

图 5-55　"大学生应征入伍宣传 PPT——大学生应征入伍基本流程"内容页效果

⑬ 在"大学生应征入伍宣传PPT导航页——成长成才机会"下面插入一个空白页，输入图5-56所示的文字及插入图5-56所示的图片。

图 5-56　"大学生应征入伍宣传 PPT——成长机会"内容页效果

⑭ 在"大学生应征入伍宣传PPT导航页——成长机会下面插入一个空白页，输入图5-57所示的文字，插入图5-57所示的图片。

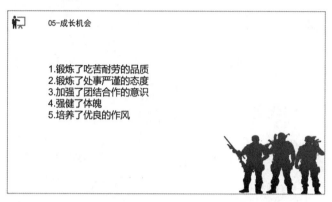

图 5-57　"大学生应征入伍宣传 PPT——成长机会"内容页效果

⑮ 在"大学生应征入伍宣传PPT导航页——国家资助办法"下面插入一个空白页，输入图5-58所示的文字，插入图5-58所示的图片。

图 5-58　"大学生应征入伍宣传 PPT——国家资助办法"内容页效果

### 4. 案例点评

李强的大学生应征入伍PPT做得比较简洁明了、生动直观，容易吸引大家的注意力。在制作的过程中，他使用了母版的设置和使用、插入形状、艺术字、图片设置等知识点。

### 5. 拓展练习

作为李强的老师，你觉得他做的PPT有哪些不足？该如何帮他修改？

## 案例3　电子相册的制作

### 1. 案例场景

小王刚进入星亿装潢公司做策划。工作的第一天，策划部经理就交给他一个任务：公司要参加该市的中型装修会展，让小王做一个PPT，在展区展示给大家看，让大家了解本公司的装潢实力。

### 2. 设计思路

小王刚接到这个任务，非常兴奋。他想了一下，觉得应该把公司做得最好的装潢案例以电子相册的形式放映出来，这样即生动形象又简洁大方，容易让人们接受和认可。于是小王就开始行动起来了。

3. 操作步骤

创建电子相册集的操作方法如下：

① 将所有相册的图片插入幻灯片中。选择 PowerPoint 2016 窗口中的"插入"→"图像"→"相册"命令，在弹出的下拉列表中选择"新建相册"按钮，如图 5-59 所示。

图 5-59　新建相册

② 在弹出的"相册"对话框中，单击"文件/磁盘"按钮，如图 5-60 所示，弹出"插入新图片"对话框。

图 5-60　"相册"对话框

③ 选择制作相册的图片，单击"插入"按钮，返回"相册"对话框，可以看到所选图片的预览效果，使用上下箭头调整图片顺序，如图 5-61 所示。

图 5-61　插入图片后的"相册"对话框

④ 将"图片版式"设置为"1张图片"，如图5-62所示，单击"创建"按钮。

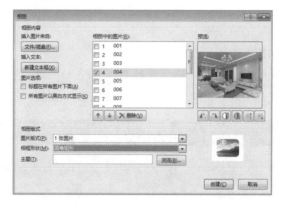

图 5-62　将"图片版式"设置为"1张图片"

⑤ 返回幻灯片，会发现已经插入所有图片，且为一张幻灯片插入一张图片，所有的图片位置都设置为居中，如图5-63所示。

图 5-63　插入相册图片后的幻灯片效果

⑥ 还可以为幻灯片增加主题效果。在PowerPoint窗口中打开"设计"选项卡，便可以为幻灯片设置主题。除本地的主题，还可以在微软网站下载安装网络主题，如图5-64所示。

图 5-64　"主题"选项组

⑦ PowerPoint 2016中还可以通过幻灯片母版"主题"后面的按钮 ■颜色 ▾ 文字体 ▾ ◎效果 ▾ 修改主题的颜色搭配、字体、主题效果等。单击"视图"选项卡"演示文稿视图"组中的"幻灯片母版"进行设置，如图5-65所示。

（a）打开幻灯片母版

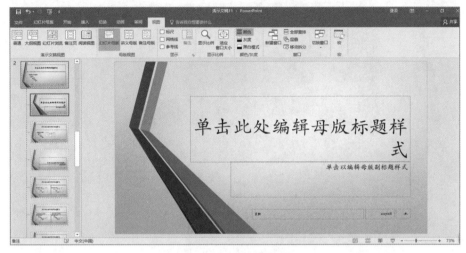

（b）幻灯片母版

图 5-65　设置幻灯片母版

⑧ 可以为幻灯片添加页眉和页脚。选择"插入"选项卡"文本"组中的"页眉和页脚"按钮，如图 5-66 所示。弹出"页眉和页脚"对话框。

图 5-66　"页眉和页脚"按钮

⑨ 选择"日期和时间"复选框选择"自动更新"单选按钮，选择"幻灯片编号"和"页脚"复选框，在文本框中输入页脚的内容，最后单击"全部应用"按钮，如图 5-67 所示。

图 5-67　设置页眉和页脚

⑩ 单击"幻灯片母版"选项卡中的"关闭母版视图"按钮，返回幻灯片编辑状态。除标题幻灯片以外，其他所有幻灯片显示页眉和页脚设置。母版设计完成后，幻灯片效果如图 5-68 所示。

图 5-68　幻灯片效果

⑪ 制作相册封面。在封面上插入图片并设置相片格式，如图 5-69 所示。

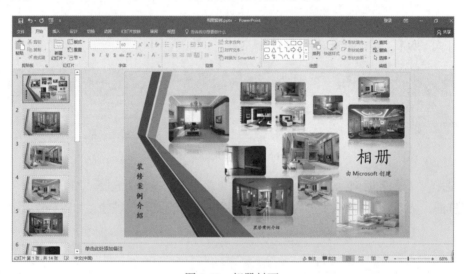

图 5-69　相册封面

⑫ 为封面图片添加超链接。设置完成后，放映幻灯片时单击封面上的图片就可切换到相应的幻灯片，在其他幻灯片中制作一个返回首页的超链接。

⑬ 添加幻灯片切换效果。选择第一张封面幻灯片，单击"切换"选项卡，选择"切换到此幻灯片"组"快速样式"列表中的幻灯片切换效果"融解"，如图 5-70 所示。

⑭ 利用"切换到此幻灯片"组右边的"声音"设置切换声音，从"声音"下拉列表中选择切换的声音"风铃"，如图 5-71 所示。

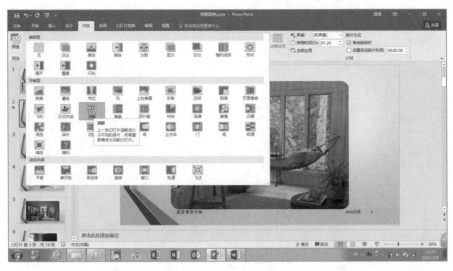

图 5-70　"融解"切换样式

图 5-71　切换声音

### 4．案例点评

小王的 PPT 做得简洁明了、生动直观，容易吸引大家的注意力。在制作的过程中，他使用了创建电子相册集、应用设计主题、母版的设置和使用、插入对象艺术字图片、编辑对象、超链接的使用和幻灯片切换效果设置等知识点。

### 5．拓展练习

如果你是小王，你会怎样制作这个 PPT，使公司在展示会中脱颖而出呢？

## 案例 4　幻灯片图形与图表设计

### 1．案例场景

李强在百度的一家代理公司做销售，现有客户想了解一下视频播放器好评排行榜的情况，希望李强找一些相关数据给他。

### 2．设计思路

李强觉得该客户不是十分了解视频播放器，最好能简单直观地把数据做成一个 PPT，让客户快速了解到他想知道的内容。PPT 可以将数据表和图表相结合，这样就更形象了。李强马上想到这次也是他向客户营销百度的一个好机会，所以他找的行业数据是百度公布的官方数据。

### 3．操作步骤

（1）设计封面

操作步骤如下：

① 启动 PowerPoint 2016，创建一个空白幻灯片。

② 选中要设置背景的幻灯片，右击弹出快捷菜单，选择"设置背景格式"命令，出现"设

置背景格式"任务窗格，将"填充"设为"渐变填充"，"预设渐变"设为"底部聚光灯"，"类型"设为"矩形"，"方向"设为"从中心"，具体如图5-72所示。

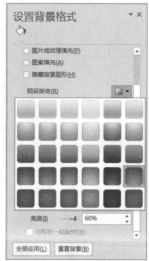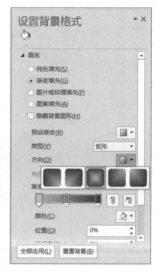

图 5-72　设置背景格式

③ 在幻灯片中绘制一个平行四边形。单击"开始"选项卡，找到"绘图"组，如图5-73所示。

图 5-73　"绘图"组

④ 单击"绘图"组的 按钮，选择"基本形状"中的平行四边形，如图5-74所示。在幻灯片中绘制一个平行四边形，如图5-75所示。

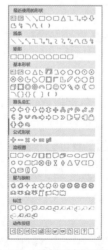

图 5-74　选择平行四边形

图 5-75　绘制平行四边形

⑤ 双击平行四边形，转到"格式"选项卡。可以在"格式"选项卡"形状样式"组中修改平行四边形的填充、边框和阴影等属性，如图5-76所示。

图 5-76　"形状样式"组

⑥ 单击"格式"选项卡"形状样式"组中"形状填充"右边的下拉箭头，选择"渐变"→"其他渐变"，如图5-77所示，在弹出的"设置形状格式"任务窗格中，选择"填充"选项卡，选中"渐变填充"单选按钮，在"预设颜色"中选择"顶部聚光灯"选项，"类型"设置为"矩形"，"方向"选择"从右下角"，"角度"设置为"90°"，"透明度"设置为"0%"，如图5-78所示。

⑦ 设置形状格式完成后，效果如图5-79所示。

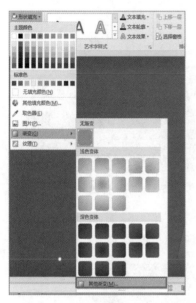

图 5-77　"形状填充"命令　　图 5-78　"其他渐变"命令　　图 5-79　设置填充效果后的平行四边形

⑧ 在"设置形状格式"任务窗格"线条"组中选中"无线条"单选按钮，如图5-80所示，将线条颜色设置为透明。单击"格式"选项卡"形状样式"组中"形状效果"右边的下拉箭头，选择"阴影"→"透视"→"右上"命令，如图5-81所示。

⑨ 阴影效果如图5-82所示。

⑩ 在平行四边形中添加标题文本"视频播放器"。右击平行四边形，在弹出的快捷菜单中选择"编辑文字"命令。添加文本，并设置文本大小为44号字，颜色为黑体，字体为华文行楷，效果如图5-83所示。

⑪ 设置封面幻灯片切换方式。幻灯片切换方案设置为"平滑淡出"，切换声音设置为"抽气"，切换速度为"慢速"。

图 5-80　线条设置

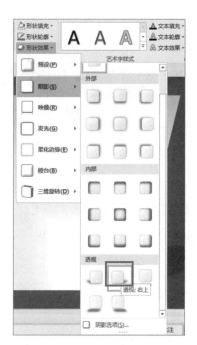

图 5-81　"透视"设置

图 5-82　阴影效果

图 5-83　输入标题文字

（2）制作第二张幻灯片——表格幻灯片

① 新建一张版式为"标题和内容"的幻灯片，如图5-84所示。

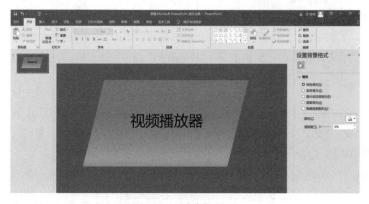

图 5-84　新建幻灯片

② 在新建的第二张幻灯片的内容中插入一个11行7列的表格，在"插入"选项卡中单击"表格"组下拉按钮，在下拉列表中选择"插入表格"选项，如图5-85所示。在弹出的"插

入表格"对话框中输入表格的行数为11，列数为7，注意行数和列数必须在1～75之间，如图5-86所示。

③选择喜欢的表格样式。在这里选择"中度样式2-强调5"，效果如图5-87所示。

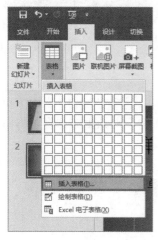

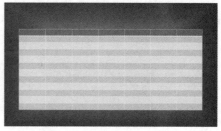

图 5-85　选择"插入表格"选项　图 5-86　填写表格行数和列数　　图 5-87　"插入表格"效果

④在第二张幻灯片标题位置输入"视频播放器排行榜"，标题文字的"颜色"为"白色"，"字体"为"华文琥珀"，"大小"为"32"，"加粗"，在11行7列的表格中输入表5-1所示的内容，表中的文字"颜色"为"黑色"，"字体"为"宋体"，"大小"为"15"。

表 5-1　视频播放器好评率排行榜

| 播　放　器 | 好　评　率 |
| --- | --- |
| 恒星播放器 | 94 |
| 优酷客户端 | 95 |
| 哔哩哔哩 | 85 |
| 快手2019电脑版 | 90 |
| 斗鱼PC客户端 | 79 |
| 暴风影音5 | 86 |

⑤调整表格宽度。选中"网站"单元格，选择"表格工具-布局"选项卡→"单元格大小"组，将宽度设为9厘米，再将总排名到最后一列的单元格都选中，将宽度设为3.5厘米，效果如图5-88所示。

图 5-88　第二张幻灯片效果

⑥ 设置第二张幻灯片的切换效果。在"切换"选项卡"切换到此幻灯片"组中选中"向左擦除"，选择"声音"为"电压"，如图 5-89 所示。

图 5-89  幻灯片的切换效果列表

⑦ 标题动画设置。单击标题，在"动画"选项卡"动画"组中单击下拉按钮 ⌄，在下拉菜列表中选中"更多进入效果"，如图 5-90 所示。在"更多进入效果"对话框中选择"华丽型"→"挥鞭式"进入动画效果，如图 5-91 所示。

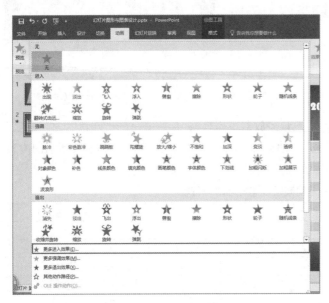

图 5-90  切换"动画效果"　　　　　　　　　图 5-91  "更多进入效果"对话框

⑧ 表格动画设置。用同样的方法，为表格添加进入动画为"缩放"，"开始"方式为"单击开始"，如图 5-92 所示。为动画对象进入时添加声音，如图 5-93 所示。

图 5-92  设置动画播放方式　　　　　　　　　图 5-93  添加声音

（3）制作第三张幻灯片——图表幻灯片

① 新建幻灯片。

② 在第三张幻灯片中输入标题"百度视频搜索对视频网站导流TOP10（4月至8月）"，"颜色"为"白色"，"字体"为"华文彩云"，"大小"值为"28"，加粗，标题显示效果如图5-94所示。

图 5-94　第三张幻灯片标题显示效果

③ 在"插入"选项卡"插图"组中单击"图表"按钮。弹出"插入图表"对话框，选择系统默认选择的"柱形图"中的"簇状柱形图"，如图5-95所示。

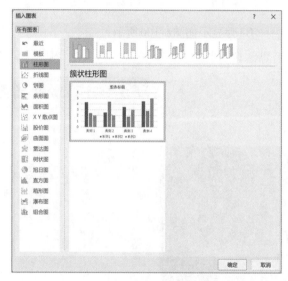

图 5-95　选择"簇状柱形图"

④ 单击"确定"按钮后，在第三张幻灯片中会出现默认的簇状柱形图和一个嵌入在本幻灯片中的Excel表，如图5-96所示。

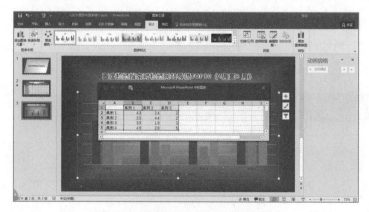

图 5-96　簇状柱形图和 Excel 表效果

⑤ 设置垂直坐标轴的刻度。右击"簇状柱形图"中任意"柱形条"，在弹出的快捷菜单中选择"设置数据系列格式"命令，如图 5-97 所示。

⑥ 设置"坐标轴选项"，选择系列绘制在"主坐标轴"还是"次坐标轴"上，如图 5-98 所示。将表 5-1 中的数输入 Excel 中，如图 5-99 所示。

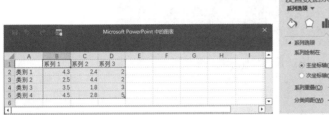

图 5-97　选择"设置数据系列格式"　　　图 5-98　设置"坐标轴"　图 5-99　Excel 数据输入

⑦ 完成 Excel 表格后，幻灯片显示如图 5-100 所示。

⑧ 设置第三张幻灯片的切换效果为"涟漪"，"声音"为"风声"，如图 5-101 所示。

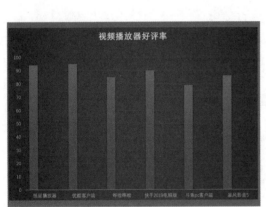
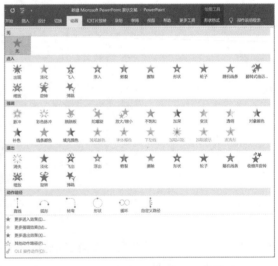

图 5-100　图表显示效果　　　　　图 5-101　设置第三张幻灯片的切换效果

（4）放映幻灯片

① 播放幻灯片排练计时，选择"幻灯片放映"选项卡→"设置"组→"排练计时"命令，如图 5-102 所示，弹出"录制"对话框，将自动计时，如图 5-103 所示。

图 5-102　"排练计时"设置　　　　　图 5-103　"录制"对话框

② 如果幻灯片放到最后一张，计时器将自动停止，并提示是否保留新的幻灯片计时，这里

选择"是",如图5-104所示。

③ 设置放映方式。在"幻灯片放映"选项卡"设置"组中单击"设置幻灯片放映"命令,如图5-105所示。在弹出的"设置放映方式"对话框中,可以设置放映类型、放映幻灯片播放页数、换片方式、放映选项、性能等,如图5-106所示。

图 5-104　提示是否保留新的幻灯片计时

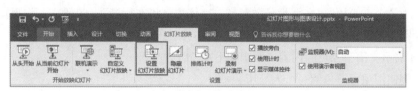

图 5-105　幻灯片放映

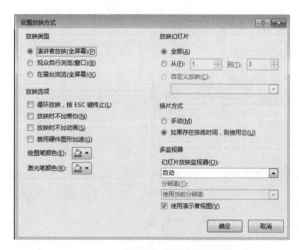

图 5-106　"设置放映方式"对话框

保存文档名为"2016视频搜索行业报告.pptx",即完成客户要的PPT。

4. 案例点评

李强的PPT将表格与图表相结合,生动形象、简洁明了,很适合客户的需求。他的PPT中主要运用到了PowerPoint 2016中自选图形的绘制和格式修改、插入图表和修改图表格式、插入表格和表格样式设置、动画设置和设置放映方式等知识要点。

5. 拓展练习

作为李强的部门经理,你觉得他做的PPT有哪些不足?该如何修改效果会更好?

# 5.5　操　作　题

操作题1　演示文稿的制作

1. 实验要求

① 学会PowerPoint的启动和退出的方法。

② 了解演示文稿的基本操作。

③ 掌握幻灯片的编辑。

④ 掌握幻灯片的基本格式设置和美化方法。

**2. 实验内容**

启动 PowerPoint，制作自我介绍演示文稿（个人简历.ppt）。内容如下：

① 新建演示文稿，添加第一页（封面）的内容，要求如下：

● 标题为"个人简历"，文字为分散对齐，字体为"华文行楷"，60磅字，加粗。

● 副标题为本人姓名，文字为居中对齐，字体为"宋体"，32磅字，加粗。

② 添加演示文稿第二页的内容，要求如下：

● 在左侧使用项目符号编写个人简历。

● 在右侧插入一张剪贴画，并根据页面情况调整图片的尺寸。

③ 添加演示文稿第三页的内容，要求在左侧使用项目符号编写个人学习经历。

④ 添加演示文稿第四页的内容，要求如下：

● 插入一张个人的课程成绩单。

● 将表格中第一行文字的字体加粗。

● 将成绩单中不合格的成绩用蓝色字体表示。

● 使表格中的所有内容呈"居中"对齐。

⑤ 播放此演示文稿，并将其保存。

## 操作题2　图片的插入与编辑

**1. 实验要求**

掌握在幻灯片中插入、绘制和编辑内容的方法。

**2. 实验内容**

① 通过图片库选取和插入图片。

● 单击"插入"选项卡"图像"组中的"图片"按钮，打开"插入图片"窗口，插入本地图片。

● 单击"搜索"按钮，找到满意的"剪贴画"，单击插入即可。

② 在空白幻灯片上绘制正方形、矩形、五角形、圆形、长方体、空心箭头、小鸟等。

打开一空白的幻灯片，在空白幻灯片上绘制正方形、矩形、五角形、圆形、长方体、空心箭头等。

③ 为上述图形和外框分别涂色。

● 选中图形并右击，弹出快捷菜单，再单击其"设置形状格式"选项，即打开了"设置形状格式"任务窗格。

● 在"设置形状格式"任务窗格中，单击"填充"和"线条"选项卡，改变边框和图形的填充颜色。

## 操作题3　文稿的切换与播放设置

**1. 实验要求**

掌握文稿的切换与播放设置的方法、技能。

2. 实验内容

设计6张自动循环播放的幻灯片，要求：间隔时间为数2 s，每幅切换的方式要不同。

① 打开含有6张幻灯片的PPT文件。

② 单击第一张幻灯片并选中它，在"幻灯片切换"任务窗格中设置该幻灯片的切换方式、效果、速度等。再单击第二张幻灯片并将其选中，依次将6张幻灯片设置不同的切换效果。

③ 设置放映方式。打开"幻灯片放映"选项卡，单击其"设置放映方式"，打开"设置放映方式"对话框。在其中选定放映方式即可。

## 操作题4　演示文稿的放映

1. 实验要求

① 了解幻灯片的打印和演示文稿的打包。

② 掌握幻灯片的基本格式设置和美化方法。

③ 掌握幻灯片的放映设置。

2. 实验内容

利用PowerPoint 2016制作宣传学校的演示文稿（学校简介.pptx）。内容如下：

① 添加演示文稿第一页（封面）的内容，要求如下：

- 添加标题为"××学校"，文字分散对齐、宋体、48（磅）字、加粗、加阴影效果。
- 添加副标题为"制作日期"，文字居中对齐、宋体、32（磅）字、加粗。
- 插入学校的网址，并设置超链接到相应的主页。
- 插入本学校的校徽标志。
- 为学校的校徽标志设置动画播放效果：在单击后呈"缩放/放大"显示。

② 添加演示文稿第二页（学校简介）的内容，要求为文字设置动画播放效果：在单击后呈"按照第一层段落分组""从底部切入"。

③ 添加演示文稿第三页（介绍专业设置）的内容，要求如下：

- 为每个专业名称设置项目符号，符号颜色为红色。
- 插入校园风景图片。

④ 添加演示文稿第4～10页（各个专业的详细介绍）的内容，要求在每页中插入返回第三页的动作按钮。

⑤ 在第三页幻灯片中，为每个专业名称插入超链接。

链接分别指向每个专业详细介绍的幻灯片（第4～10页）。

⑥ 在每张幻灯片的右上角位置加入幻灯片编号。编号字体为斜体，字号为24（磅）。

⑦ 设置演示文稿的背景为"白色大理石"的纹理填充效果。

⑧ 为幻灯片添加放映时的伴随音乐。

⑨ 设置演示文稿为"循环放映"方式。

将演示文稿保存到磁盘中，文件名为"学校简介.pptx"。

# 习　题

## 一、选择题

1. PowerPoint 2016演示文稿的扩展名为（　　　）。

  A．.ppt     B．.pps     C．.pptx     D．.htm

2. 选择不连续的多张幻灯片，可借助（　　　）键。

  A.【Shift】    B.【Ctrl】    C.【Tab】     D.【Alt】

3. 在PowerPoint 2016中插入幻灯片的操作可以在（　　　）下进行。

  A．列举的三种视图方式      B．普通视图

  C．幻灯片浏览视图        D．大纲视图

4. 在PowerPoint 2016中选一个自选图形，打开"格式"对话框，不能改变图形的
（　　　）。

  A．旋转角度    B．大小尺寸    C．内部颜色    D．形状

5. 在PowerPoint 2016中执行了插入新幻灯片的操作，被插入的幻灯片将出现在（　　　）。

  A．当前幻灯片之前      B．当前幻灯片之后

  C．最前           D．最后

6. PowerPoint 2016中没有的对齐方式是（　　　）。

  A．两端对齐    B．分散对齐    C．右对齐    D．向上对齐

7. 下列（　　　）不能在绘制的形状上添加文本，然后输入文本。

  A．在形状上单击鼠标右键，选择"编辑文字"命令

  B．使用"插入"选项卡中的"文本框"命令

  C．只要在该形状上单击

  D．单击该形状，然后按【Enter】键

8. 在PowerPoint 2016中，不属于文本占位符的是（　　　）。

  A．标题     B．副标题     C．图表     D．普通文本框

9. PowerPoint 2016提供了多种（　　　），它包含了相应的配色方案、母版和字体样式等，
可供用户快速生成风格统一的演示文稿。

  A．版式     B．模板     C．母版     D．幻灯片

10. 下列操作中，不能退出PowerPoint的操作是（　　　）。

  A．单击"文件"中的"关闭"命令

  B．单击"文件"中的"退出"命令

  C．按【Alt + F4】组合键

  D．双击PowerPoint窗口的"控制菜单"图标

11. PowerPoint 2016是一个（　　　）软件。

  A．文字处理    B．表格处理    C．图形处理    D．文稿演示

12. PowerPoint的核心是（　　　）。

  A．标题     B．版式     C．幻灯片     D．母版

13. 供演讲者查阅以及播放演示文稿时对各幻灯片加以说明的是（　　　）。

　　A. 备注窗格　　　　B. 大纲窗格　　　　C. 幻灯片窗格　　　　D. 任务窗格

14. 在幻灯片浏览中，可多次使用（　　　）键+单击来选定多张幻灯片。

　　A.【Ctrl】　　　　　B.【Alt】　　　　　C.【Shift】　　　　　D.【Tab】

## 二、填空题

1. PPT 中有三种母版，这三种母版分别是_____、_____、_____。

2. 幻灯片中的文本段落共有五种对齐方式，分别是左对齐、右对齐、居中对齐、_____和_____。

3. PowerPoint 2016 中可以对幻灯片进行移动、删除、添加、复制、设置动画效果，但不能编辑幻灯片中具体内容的视图是_____。

4. PowerPoint 2016 的普通视图可同时显示幻灯片、_____和_____，而这些视图所在的窗格都可调整大小，以便可以看到所有的内容。

5. PowerPoint 2016 中常用的快捷键：字体加粗为_____；文本左对齐为_____。

6. 在 PowerPoint 2016 中，_____视图模式可以实现在其他图中可实现的一切编辑功能。

7. 在 PowerPoint 2016 中，设置文本字体时，选定文本后，选择_____选项卡开始设置。

8. 当利用空演示文稿，并选择一种自动版式建立新演示文稿时，先选定_____，输入内容会自动替换其中的提示性文字。

9. PowerPoint 2016 的一大特色就是可以使演示文稿的所有幻灯片具有一致的外观。控制幻灯片外观的方法主要有_____。

10. 在幻灯片中段落缩进可分为首行缩进和_____两种。

# 第6章

## 计算机网络与安全

随着时代的前进，计算机网络特别是 Internet 取得了迅猛的发展，已经成为当今社会信息化最重要的基础设施。原来的个人计算机（personal computer，PC）已经进化为现在的网络计算机（network computer，NC），脱离网络的计算机将成为信息的孤岛，其功能极大地受到限制。但同时由于网络的发展，计算机病毒和各种安全隐患也使得计算机和网络的使用受到威胁。

## ▌6.1 计算机网络

计算机网络是现代通信技术和计算机技术相结合而发展起来的，本节将介绍计算机网络的概念、分类、常用设备和连接介质等基础知识。

### 6.1.1 计算机网络概述

#### 1. 计算机网络的定义和发展

到目前为止，对于计算机网络没有一个准确的定义。简单地说，计算机网络就是将计算机用某种介质连接起来实现某种功能的系统。一般而言，计算机网络是按照网络协议，将分散的、具有独立功能的计算机，使用通信线路连接起来，实现数据传输和资源共享的计算机系统。

当今最大的计算机网络就是因特网（Internet）。

计算机网络的发展大致可分为以下四个阶段。

第一阶段是20世纪50年代，这时候的计算机网络只是将一台主机通过通信线路与若干终端直接连接起来，这是最简单的计算机网络雏形。这一阶段为计算机网络的产生奠定了理论基础。

第二阶段是20世纪60年代，美国国防部高级研究项目局（ARPA）提出了分组交换的技术，建设了全球第一个计算机网络——阿帕网[①]。这是计算机网络发展的重要标志，为现在的 Internet 奠定了基础。

---

[①] 阿帕网（ARPANet）是美国国防部高级研究计划署开发的世界上第一个计算机网络，是全球互联网的始祖，其主要目的是用于军事研究。最早的阿帕网中只有四个节点，分别位于不同的高校中，通过专门的接口信号处理机（IMP）和专门的通信线路，把美国的几个军事及研究用计算机主机连接起来。阿帕网的另一个重大贡献是 TCP/IP 协议簇的开发，为异构网络互联打下了基础。

　　第三阶段是20世纪70年代，各大计算机公司都设计了自己的网络体系结构和产品，各种类型的网络迅速发展，国际标准化组织（ISO）提出了开放系统互联参考模型，制定了计算机网络的标准。

　　第四阶段是20世纪90年代，计算机技术和通信技术得到了迅猛发展，并且由于教育、科研和商业力量的推动，计算机网络发展成了一个全球性的网络，形成了现在的Internet。

　　Internet把世界上不同地理位置、不同规模、不同结构、不同功能的网络连接起来，形成最大的计算机网络。

　　2．计算机网络的功能

　　计算机网络最主要的功能体现在四个方面：数据传输、资源共享、即时通信和分布式处理。

　　（1）数据传输

　　计算机网络的产生使计算机之间的通信成为可能。借助计算机网络，处在不同地理位置的计算机可以交换各类信息，如文字、音频、视频等。

　　（2）资源共享

　　提供资源共享是计算机网络的基本功能之一，这使得网络中各计算机的硬件、软件和数据等资源能够被其他计算机所使用，提高资源的利用率。

　　（3）即时通信

　　即时通信允许两个及两个以上的用户通过网络即时发送文字、语音、视频甚至文件。在当今人际沟通的方式中，传统的有线或无线电话已不再是主流，微信、QQ等工具已成为通信的首选，而这些正是以计算机和网络为核心的。

　　（4）分布式处理

　　对于大型的计算，可以将任务分配给网络中多台计算机进行处理，这充分利用了网络中计算机CPU空闲的处理能力。目前一些较大的分布式计算的处理能力已经能够达到甚至超过速度最快的巨型计算机。当网上某台计算机的任务过重时，可以将其部分任务转交到其他空闲的计算机上处理，或者可以把一个任务分解到网络中不同的计算机同时进行处理，从而均衡计算机的负担、提高性能。

　　3．网络的组成

　　计算机网络是借助通信线路以实现资源共享的目的，因此，可以把计算机网络划分为资源子网和通信子网两部分，如图6-1所示。

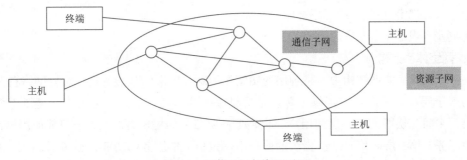

图 6-1　通信子网与资源子网

（1）资源子网

资源子网负责网络中的信息处理，向用户提供各类网络资源和网络服务。

（2）通信子网

通信子网负责网络的通信系统，包括通信介质、网络连接设备、网络通信协议及通信软件等。

## 6.1.2 网络协议和体系结构

计算机网络是一个庞大的系统。为了设计这样的系统，ARPANet提出了"分层"的方法。分层可将复杂的问题转化为若干相对简单的局部问题，便于分别研究而解决。各层完成特定的功能，层与层之间通过相应的接口进行通信。

分层之后，每一层都有自身相应的协议，相邻层之间也有层间协议，各层相对独立。若由于技术发展而导致某一层的功能变化时，只要层间接口保持不变，其他各层将不会受到影响。

计算机网络的各个层次及其协议的集合称为网络的体系结构。图6-2描述了计算机网络体系结构的分层模型。

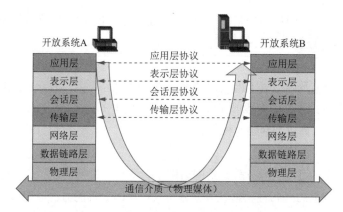

图 6-2　计算机网络体系结构的分层模型

1. 网络协议

网络协议是网络上的计算机为进行数据交换而制定的规则、标准和约定，是通信参与者必须遵循的一整套规则。网络协议使得相互通信的实体能够协调工作，完成信息的交换。

网络协议主要由下面三个要素组成：

① 语法：规定数据及控制信息的格式、编码和信号等，即"怎么做"。

② 语义：规定控制信息的含义和相应的动作及响应，即"做什么"。

③ 同步：规定操作的执行顺序。

2. 网络体系结构

在计算机网络体系结构中，将各层的功能作为划分层次的基础，将计算机网络自下而上划分为若干层次。最底层只提供服务，是提供服务的基础；最高层是用户，是使用服务的最高层；中间各层既是下一层的用户，也是上一层服务的提供者。第$N$层只能使用第$N$-1层提供的服务；第$N$层向第$N$+1层提供的服务不仅包括下层服务的功能，还包括第$N$层本身的功能。

计算机网络典型的网络体系结构有 OSI 和 TCP/IP。

（1）OSI模型

在计算机网络的发展过程中，很多企业都推出过自己的网络体系结构，例如 IBM 的 SNA（system network architecture），把自己的产品按自己的体系结构进行设计和制作。由于各个企业的体系结构不尽相同，使得不同企业的产品相互之间很难兼容。

为了改变这种各自为政、标准不一的局面，国际标准化组织（ISO）于1977年提出了开放式系统互联参考模型（open system interconnection reference model，OSI RM）的计算机网络体系结构，它将计算机网络的体系结构自上而下分为七层，分别是应用层、表示层、会话层、传输层、网络层、数据链路层和物理层，如图6-3所示。

OSI描述了一个网络设计的参考模型，用于保证不同网络技术的兼容性和互操作性，指导软硬件厂商在设计和生产其产品时应实现的功能。Internet参考了OSI模型的设计理念，采用的是TCP/IP的体系结构。

（2）TCP/IP模型

TCP/IP（transfer control protocol/Internet protocol）是现在互联网实际采用的体系结构，如图6-4所示。其中，IP是网际协议，负责将数据从源送往目标；TCP是传输控制协议，负责数据在传输过程中的可靠性。

| 应用层 |
| 表示层 |
| 会话层 |
| 传输层 |
| 网络层 |
| 数据链路层 |
| 物理层 |

| 应用层 |
| 传输层 |
| 网络层 |
| 网络接口层 |

图 6-3  OSI 参考模型          图 6-4  TCP/IP 模型

表面上看，TCP/IP模型中只有TCP和IP两个协议，但它实际上是Internet中所使用的协议集的总称，包括上百种协议，通过不同的应用程序实现不同的服务，常用的有 ARP、ICMP、FTP、SMTP、POP3、DNS、HTTP等。

## 6.1.3  计算机网络分类

有很多种划分计算机网络类型的方法，如按网络拓扑结构、按网络规模、按交换方式等。

### 1. 按网络拓扑结构进行划分

网络拓扑结构是指网络中各个站点以几何形式通过通信线路连接起来的几何连接，这种几何连接反映了网络中各实体间的结构关系。网络的物理拓扑结构仅仅描述了网络的物理连接方式，而网络的逻辑拓扑结构指的是数据在网络中传输的路径。物理拓扑结构和逻辑拓扑结构是两个不同的概念。这里说的是逻辑拓扑结构。

按连接方式的不同，网络拓扑结构可分为星状、树状、总线、环状和网状，如图6-5所示。

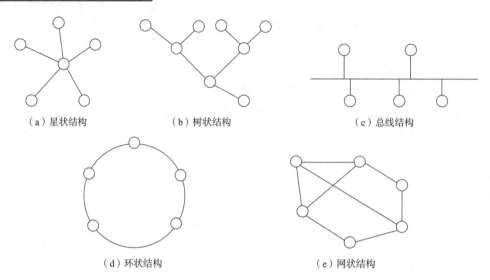

（a）星状结构　　　（b）树状结构　　　（c）总线结构

（d）环状结构　　　　　　（e）网状结构

图 6-5　按网络拓扑结构划分

### 2. 按覆盖范围进行分类

按网络覆盖范围的大小，可以把网络分为局域网、城域网和广域网三类。

（1）局域网

局域网（local area network，LAN）的覆盖范围通常为几米到几千米，一般为一个单位所有，用于互联有限地理范围内（如一个宿舍、一座教学大楼乃至一个校园）的计算机、终端和外围设备，如校园网就是典型的局域网。局域网提供较高的数据传输率（10 Mbit/s ～10 Gbit/s）、低延时、高可靠性的传输服务。

（2）城域网

城域网（metropolitan area network，MAN）的覆盖范围一般为几千米到几十千米，一般用在一个城市中连接多个局域网。城域网属于宽带局域网，可以看作一种大型的局域网，传输延时小、带宽高。

（3）广域网

广域网（wide area network，WAN）的覆盖范围一般为几十到上千千米，可以覆盖一个省、国家甚至洲。广域网通常由政府部门（如电信所）组建，规模大、结构复杂、带宽低、延时高。广域网可以将多个局域网和城域网连接起来，使不同网络之间可以相互交换信息。Internet就是典型的广域网。

### 3. 按交换方式进行划分

按照网络中数据交换的方式可以把计算机网络分为三种类型：电路交换、报文交换和分组交换，如图6-6所示。

电路交换原理与电话交换原理基本相同。在发送数据之前要先建立连接，然后传送数据，最后拆除连接。电路交换的优点是时延小、安全性高；缺点是电路的利用率低。

报文交换和分组交换都属于存储转发交换方式，都是先将数据交给相邻节点，经过存储、转换后再交给下一节点，最后送达目标。它们的优点是多路复用，网络资源的利用率高；缺点是时延大、安全性差。

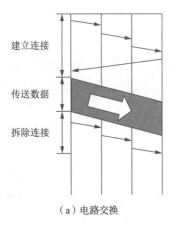
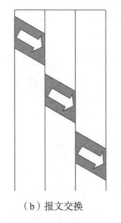
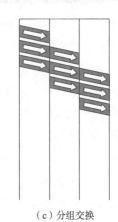

（a）电路交换　　　　　　　　（b）报文交换　　　　　　　　（c）分组交换

图 6-6　三种不同的网络数据交换方式

## 6.1.4　网络传输介质

网络传输介质是连接网络上各个站点的物理通道，可分为有线传输介质和无线传输介质两大类。

### 1. 有线传输介质

常用的有线传输介质主要有同轴电缆、双绞线和光纤。

（1）同轴电缆

同轴电缆由相互绝缘的同轴导体构成，内导体为硬铜芯，外导体为铜网（即屏蔽层），外导体和内导体之间为绝缘层，外层为护套，结构如图 6-7 所示。同轴电缆可分为 50 Ω 基带同轴电缆和 75 Ω 宽带同轴电缆。基带同轴电缆又可分为细缆和粗缆两种。

（2）双绞线

双绞线是用一对相互绝缘的金属导线绞合而成。实际使用时，双绞线是由多对双绞线组成的，外层再套以绝缘保护层，是目前使用最为广泛的传输介质。双绞线电缆分为屏蔽双绞线和非屏蔽双绞线两大类。非屏蔽双绞线的结构如图 6-8 所示。

图 6-7　同轴电缆结构　　　　　　　　　　　　图 6-8　非屏蔽双绞线结构

按传输质量，双绞线可分为 1 类到 7 类。目前局域网中常用的为 3 类和 5 类双绞线。3 类双绞线的最大带宽为 16 Mbit/s，5 类双绞线最大带宽为 100 Mbit/s。

（3）光纤

光纤（光导纤维）利用光的全反射原理，通常由玻璃和塑料制成。光纤非常细，其纤芯的直径仅为 8～10 μm，质地脆，需要外加保护层。由于光纤的电磁绝缘性能好、衰减小、带宽高，常用于长距离的主干网连接。

光纤按传输模式可分为单模光纤和多模光纤，按传输窗口可分为常规型单模光纤和色散位移型单模光纤，按折射率可分为跳变式光纤和渐变型光纤。

光纤及其连接器件如图6-9所示。

现在网络中的使用变得越来越普遍，但几乎所有传输信号的激光均不在人的可视范围之内。因此，虽然似乎没有见到任何东西，但人的视力和眼球已经受到损伤。所以不能用肉眼直接观察光纤中的光信号。

### 2. 无线传输介质

常用的无线传输介质有无线电波、红外线等。

（1）无线电波

无线电波是指在自由空间传播的射频频段的电磁波。无线电是在发送方将要发送的数据经过调制后，经过功率放大，经由天线用高频电磁波发送出去；在接收方收到信号后通过解调将信号进行分享、放大，还原成原始数据。无线电波的传播过程如图6-10所示。

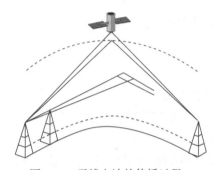

图 6-9　光纤及其连接器件　　　　　图 6-10　无线电波的传播过程

（2）红外线

红外线是不可见光，其波长范围为0.76～400 mm。与无线电波相比，红外线的传输速率高，安全性较好且价格低廉。但红外线对障碍物的穿透力很差，因此传输距离和覆盖范围受到很大限制。红外线常被用作短距离的无线通信介质，如家用电器的遥控器。

## 6.1.5　常用网络设备

网络连接设备是把网络中的通信线路和设备连接起来的各种器件的总称，包括中继器、集线器、交换机和路由器等。

### 1. 网卡

网卡（network interface card，NIC）也称网络接口卡，如图6-11所示，用来连接计算机和通信电缆，将计算机中的数字信号转换为电磁信号在通信介质中传输。

目前的网卡多采用标准的PCI总线，插接在主板的插槽中，也有很多网卡是集成在主板上的。在Windows 10环境下，有很多网卡不需要另外安装驱动程序即可直接使用。

网卡使用RJ-45接头（俗称水晶头）和网线连接在一起，双绞线的另外一端通常是交换机，在家庭或小型办公场所也有可能是小型路由器。

图 6-11　网卡

2. 集线器与交换机

集线器（hub）与交换机（switch）都是局域网的基本连接设备，其类似之处在于它们都可作为星状网络的中央节点，提供多个端口来连接多台计算机。交换机如图6-12所示。

3. 调制解调器

调制解调器（modem）是个人计算机通过电话线接入互联网的必要设备。ADSL调制解调器如图6-13所示。

图 6-12　交换机

图 6-13　ADSL 调制解调器

在计算机内部处理的是数字信号，而在电话线上传输的是模拟信号。将计算机中的数据发送到网络时，需要将数字信号转换成模拟信号，这一过程称为调制；而从网络中接收数据时，需要将模拟信号转换为数字信号，这一过程则称为解调。调制解调器就是实现数字信号和模拟信号相互转换的设备。

4. 路由器

路由器是在网络互联的主要设备，它的作用是将处在不同地理位置的、使用不同协议的局域网、城域网、广域网或主机互联起来，如图6-14所示。

路由器根据所传输数据的目的地址，选择一条到达目标网络的路径，最后把数据从源地址送往目标地址，并可通过访问控制实现安全访问。

5. 无线路由器

在家庭和宿舍及小型办公室中还会使用到无线路由器，它可以为用户提供有线或无线的网络连接，如图6-15所示。

图 6-14　路由器　　　　图 6-15　无线路由器

这种家用无线路由器通常提供了一个WAN（广域网）接口和四个LAN（局域网）接口。广域网接口类型有电话线接口、双绞线接口和光纤接口。局域网接口可以连接计算机、电视等设备。

无线路由器通常提供了如下功能：

①拨号：根据运营商提供的用户名和密码实现拨号。

②DHCP：为内网用户自动分配IP地址、网关、DNS等信息。

③NAT：为内网多个用户（多个IP地址）实现IP地址复用。

④无线连接：包括设置SSID（service set identifier，服务集标识），也就是无线网络的名称。无线连接的加密方式，包括WEP（wired equivalent privacy，有线等效保密协议）、WPA（Wi-Fi protected access，保护无线计算机网络安全系统）和WPA2、RADIUS（remote authentication dial in user service，远程用户拨号认证系统）等。

⑤网络安全：包括MAC地址过滤、URL过滤等。

### 6.1.6 计算机网络的未来

计算机网络按功能可划分为通信子网和资源子网。通信子网主要实现网络互联，资源子网主要为使用者提供各类资源、服务和应用。网络带宽的不断提高及通信费用的不断降低、网络接入的方式不断丰富，为计算机网络的发展提供了可能。计算能力的提高和存储容量的扩大，为计算机网络的各类应用创造了条件。

#### 1. 物联网

过去，网络中连接的是各类服务器、计算机或终端，现在各种各样的移动设备也纷纷加入到网络中来。"万物皆可通过网络互联"，阐明了物联网的基本含义。中国物联网校企联盟将物联网定义为：当下几乎所有技术与计算机、互联网技术的结合，实现物体与物体之间、环境以及状态信息的实时共享以及智能化的收集、传递、处理、执行。已经有许多物联网项目使用其他网络连接选项，但5G的到来有助于将单个项目组合成一个更加互联的整体。物联网传感器产生大量数据，需要将其传递给城市规划人员和城市主管部门，以便他们能够对其进行分析，并做出明智决策。5G兼容多种传感器和监控设备。更重要的是，5G的更高容量和吞吐量也使得处理数据的速度比当前网络快得多，同时减少了带宽并降低了能耗。受益于5G的特定智慧城市应用包括智能照明、废物管理、智能停车、水计量和环境监测等。

#### 2. 人工智能

人工智能（artificial intelligence, AI）是研究、开发用于模拟、延伸和扩展人的智能的理论、方法、技术及应用系统的一门新的技术科学。美国麻省理工学院的温斯顿教授认为："人工智能就是研究如何使计算机去做过去只有人才能做的智能工作。"人工智能充分利用了计算机运算速度快、存储容量大的特点，使计算机能够通过大量的学习积累经验进而学会创造。

人工智能作为新一轮产业变革的核心驱动力，将催生新的技术、产品、产业、业态、模式，从而引发经济结构的重大变革，实现社会生产力的整体提升。

#### 3. 云计算

按美国国家标准与技术研究院（NIST）给出的定义：云计算是一种按使用量付费的模式，这种模式提供可用的、便捷的、按需的网络访问，进入可配置的计算资源共享池（资源包括网络、服务器、存储、应用软件、服务），这些资源能够被快速提供，只需投入很少的管理工作，或与服务供应商进行很少的交互。

云并非一个实体，云计算是一种基于互联网的资源获取。对于一个组织来说，其内部的计算能力和资源可以构成一个私有云，为不同的应用提供不同的服务，每个应用也可以申请不同的资源。外部的公共资源构成公有云，组织和个人可以向公有云购买资源，这些资源可以是计算能力、存储能力等。

### 4. 虚拟现实

虚拟现实（virtual reality，VR）是仿真技术的一个重要方向，主要包括模拟环境、感知、自然技能和传感设备等方面，是由计算机来处理人的动作，对用户的输入作出实时响应。理想的VR应该具有一切人所具有的感知，除计算机图形技术所生成的视觉感知外，还有听觉、触觉、力觉、运动等感知，甚至包括嗅觉和味觉等。

虚拟现实可应用在日常生活的各个方面，包括娱乐、医学、军事、工业、地理以及教育行业等。2016年3月，阿里巴巴宣布成立VR（虚拟现实）实验室。VR实验室成立后的第一个项目就是"造物神"计划，目标是联合商家建立世界上最大的3D商品库，加速实现虚拟世界的购物体验。

# ▌6.2　Internet 基础

Internet是目前全球最大的网络，它把各种类型的网络互联起来，成为"网络的网络"。

## 6.2.1　Internet 的起源与发展

Internet的前身是阿帕网（ARPANet），它是20世纪60年代中期由美国国防部高级研究计划（ARPA）资助建设的网络。1986年美国国家科学基金会（NFS）的NFSNET加入了Internet的主干网，推动了Internet的发展。20世纪90年代，商业领域的应用真正促进了Internet的发展。

目前的Internet由成千上万不同类型、不同规模的计算机网络组成，是全球最大的信息资源和服务资源的集合体。

我国于1994年4月正式接入Internet，1996年初形成了与Internet连接的四大主干网。这四个主干网分别是中国教育和科研计算机网（CERNET）、中国科学技术网（CSTNET）、中国公用计算机互联网（CHINANET）和中国金桥信息网（CHINAGBN），其中前两个主要用于科研和教育，后两个面向全社会提供Internet服务。

## 6.2.2　Internet 提供的服务

Internet提供多种多样的服务，人们可以通过Internet浏览网页、下载所需要的文件、和亲朋好友聊天、收发电子邮件等。下面介绍几个Internet的基本服务。

### 1. WWW

WWW（world wide web，万维网）是Internet上的多媒体信息查询工具，通过交互式浏览来查询信息，它使用超文本和超链接技术，可以浏览和查阅所需要的信息，是Internet中发展最快和使用最广的服务。

统一资源定位器（uniform resource locator，URL）是WWW中用来确定资源地址的方法。这里的"资源"是指在Internet可以被访问的任何对象，包括文件、文件目录、文档、图像、声音和视频等。

URL通常由协议、主机、文件路径和文件名三部分组成，甚至还可以包括端口号和其他参数。URL的一般格式如下：

协议：// 主机 / 文件路径 / 文件名

其中：

- 协议是指不同服务方式，如HTTP、FTP等。
- 主机是指存放该资源的计算机，可以使用IP地址或域名来标识。
- 文件路径是文件在主机中的具体位置，通常由一系列的文件夹名称构成。

例如，江西农业大学南昌商学院WWW服务器的超文本传输协议的URL为http://www.ncsxy. com/default.aspx，表示使用HTTP访问名为www.ncsxy.com的主机上的网页文件default. aspx。

### 2. IM

IM（instant message，即时消息）是一种方便快捷的联系方式，通过它人们可以收发消息、收发文件，借助摄像头、音箱和麦克风还可以进行语音对话及视频会议，可以利用计算机甚至智能手机等设备实现。当前我国用户数最多的IM软件是QQ和微信。

### 3. 电子邮件

电子邮件（E-mail）是在Internet上使用最广的传统服务之一。只要拥有电子邮箱，通信双方就可以利用Internet接收和发送电子邮件。有很多ISP（internet service provider，互联网服务提供商）提供免费的电子邮件服务。

中国第一封电子邮件是中国兵器工业计算机应用研究所于1987年9月20日20时55分（北京时间）发出的，邮件内容为"Across the Great Wall, we can reach every corner in the world.（越过长城，走向世界）"。

### 4. 文件传输

文件传输协议（file transfer protocol，FTP）是指通过网络将文件从一台计算机传输到另一台计算机，是Internet最早提供的服务之一。将需要的文件从远程计算机复制到本地计算机的过程称为下载（download）；将本地计算机的文件复制到远程计算机的过程称为上传（upload）。

## 6.2.3 IP地址与域名系统

### 1. IP地址

在基于IP协议的Internet中，为保证通信设备能够始终根据特定的地址将数据包从源送往目的地，网络中的每一台主机、服务器或路由器等都必须至少有一个全球唯一的地址，这个地址称为IP地址。

在现在IPv4的地址分配方案中，IP地址是一组32位长的二进制字符串，如0011010110110 0110100100000011001，但这样的表示方法不便于标识和使用。由于我们习惯上使用十进制来表示数字，因此将这32位字符串以每8位为一组分别转换为十进制值，形成四个整数，然后用圆点将这四个整数分隔开，这种表示方法被称为点分十进制。如上面的IP地址可用点分十进制表示为53.179.72.25。

一个IP地址主要由两部分组成：前面的部分用于标识该地址所隶属的网络部分，后面的部分用于标识该地址所隶属网络的主机部分。

与电话号码类似，我们在拨打长途电话时，需要加上长途区号，这个区号就可以被理解为网络部分，而电话号码就是这个网络下某个主机的地址。例如，对于电话号码+86-791-8××××058，其中86代表中国，这是一个大型网络的集合，包括有数以亿计的用户；791代表南昌，这是一个中型网络的集合，包括有数以万计的用户；8××××058代表用户，这个用户归属于南昌网络，而南昌网络又归属于中国网络。

根据IP地址中第一个十进制（即二进制前八位）数值的大小范围，可以将IP地址分为A、B、C、D、E五类，分类的方法见表6-1。

表 6-1  IP 地址的分类

| 分　类 | 前八位二进制范围 | 十进制数范围 | 网络部分的位数 | 子 网 掩 码 |
|---|---|---|---|---|
| A | 00000000～01111111 | 0～127 | 8 | 255.0.0.0 |
| B | 10000000～10111111 | 128～191 | 16 | 255.255.0.0 |
| C | 11000000～11011111 | 192～223 | 24 | 255.255.255.0 |
| D | 11100000～11101111 | 224～239 | — | — |
| E | 11110000～11111111 | 240～255 | — | — |

在这五类地址中，实际使用的是A、B、C三类，D类地址用于组播，E类地址保留。A类地址的主机部分为24位，最多可容纳的主机数为$2^{24}-2=16\,777\,214$，适用于大型网络；B类地址的主机部分为16位，最多可容纳的主机数为$2^{16}-2=65\,534$，适用于中型网络；C类地址的主机部分为8位，最多可容纳的主机数为$2^8-2=254$，适用于小型网络。

IPv4可提供$2^{32}$个地址，约43亿个。IPv6可提供$2^{128}$个地址，号称能让"地球上每颗沙子都拥有一个IP地址"，理论上不存在数量上的担忧。

## 2. 域名

无规律、数字形式的IP地址不便于用户记忆和使用。从1985年开始，Internet开始向用户提供域名系统（domain name system，DNS）服务。

域名（domain name）是人们为Internet中的主机所取的名称，用来标识接入Internet的计算机，采用名称的形式便于网络的使用和管理。例如，江西农业大学南昌商学院的WWW服务器的域名为www.ncsxy.com，其相对应的IP地址为59.52.188.54。域名和IP地址都用来表示特定的主机，它们之间的转换便是通过专门的域名系统来完成。通过使用域名服务，人们只需要记住目标的名称（如www.baidu.com），而不需要去记忆那些无规律、没有意义的IP地址（如119.75.217.56）。

域名和IP地址之间的关系好比电信公司提供的黄页，每个在黄页上登记的单位都有其单位名称和电话，我们只需要记住单位的名称就很容易找到它所对应的电话号码。对于任何一个单位，只要它在电信公司登记过，只需要拨打114，接线员就会根据所查询的单位名称返回相应的电话号码，再拨打相应的电话号码就可以访问这个单位。这个114就是配置在网卡上的DNS服务器地址。实际上，每次打开浏览器，输入要访问的网站的域名，都会有DNS系统帮助把这个域名解析为IP地址，再引领计算机去访问这个目标IP。

域名的选择和命名必须遵循域名系统的层次结构。域名由主机名和一系列的子域名构成，它们之间用下圆点隔开，最左侧是最低一级的主机名，最右侧是最高级的顶级域名。例如，对于域名www.ncsxy.com，www表示WWW服务器；ncsxy是二级域名，表示江西农业大学南昌商学院；com是顶级域名（一级域名），表示商业组织。

顶级域名使用两类国际通用的标准代码，分别是组织机构代码和地理代码。常用的一级域名标准代码见表6-2。

表 6-2　常用的一级域名标准代码

| 组织机构代码 | 组织机构名称 | 地 理 代 码 | 国家或地区 |
| --- | --- | --- | --- |
| com | 商业组织 | cn | 中国 |
| edu | 教育机构 | jp | 日本 |
| gov | 政府机关 | uk | 英国 |
| mil | 军事部门 | kr | 韩国 |
| net | 网络中心 | de | 德国 |
| org | 其他组织 | fr | 法国 |
| Int | 国际组织 | fi | 芬兰 |

# ‖ 6.3　互联网应用

互联网已经深入人们工作、生活的方方面面，成为人们交流信息的重要方式。过去，人们常利用互联网来检索信息、收发邮件，但随着通信技术的发展和计算能力的提高，互联网的应用越来越丰富了。除传统的浏览、电子邮件外，发展出各种各样的网络应用，如购物、学习、交友和游戏等。同时，利用互联网来推动经济发展，使互联网和传统行业进行深度融合，提高生产力和创新能力，也成为互联网发展的新方向。2015年，国务院印发了《国务院关于积极推进"互联网+"行动的指导意见》，2016年，"互联网+"入选《中国语言生活状况报告（2016）》的十大新词和十个流行语。

本节介绍当今信息化社会下互联网中的典型应用。

## 6.3.1　信息检索

"百度"一词，来自南宋词人辛弃疾的一句词：众里寻他千百度。百度是国内最大的搜索平台，凭借庞大的数据库和快速的搜索，为人们提供所需要的各类资讯。

在过去，人们获取新闻的渠道是以报纸、广播和电视为代表的传统媒体。现在，以百度、360为代表的搜索引擎极大地冲击了上述传统媒体，人们每时每刻都可以以计算机、手机、平板电脑为终端，连接互联网获取各种各样的资讯。需要注意的是，这些搜索引擎正想方设法地挤入用户的桌面，发布各种各样的时事新闻及其他各类信息。还需要注意的是，由于这些搜索引擎拥有强大的搜索能力和丰富的数据库，同时还有无数用户在这里发布信息并回复，人们已经习惯了在这些搜索引擎上查找资料，长此以往，大家将会慢慢地丧失自己思考问题、分析问题以及解决问题的能力。此外，以往的搜索引擎是用户根据自身的需要自行去检索所需要的信息，但现在的搜索引擎会出于商业目的，向用户推送经过选择或过滤的信息。

## 6.3.2　电子商务

电子商务是以信息网络技术为手段，以商品交换为中心的商务活动；也可理解为在互联网（internet）、企业内部网（intranet）和增值网（value added network，VAN）上以电子交易方式进行交易活动和相关服务的活动，是传统商业活动各环节的电子化、网络化、信息化。

电子商务通常是指在全球各地广泛的商业贸易活动中，在因特网开放的网络环境下，买卖双方不谋面地进行各种商贸活动，实现消费者的网上购物、商户之间的网上交易和在线电子支付以及各种商务活动、交易活动、金融活动和相关综合服务活动的一种新型的商业运营模式。电子商务是利用微电脑技术和网络通信技术进行的商务活动。电子商务分为 ABC、B2B、B2C、C2C、B2M、M2C、B2A（即 B2G）、C2A（即 C2G）、O2O 等电子商务模式。

网络营销也是电子商务的一种产物。对于网络营销来说，在做之前要先做好网络营销方案，那样才有便于计划的实施。事实上，电子商务的经营模式主要包括以下几种，其中的 B2C 和 C2C 是我们所熟悉的网上购物。

O2O（online to offline）模式：主要面向第三产业，是线上到线下或线上结合线下的经营模式，类似于农家乐的旅游项目，通过线上宣传介绍，线下实现服务。

B2B（business to business）模式：主要是企业和企业之间进行交易的经营模式，类似于批发商收购粮食后卖给超市。

B2C（business to customer）模式：主要是企业和消费者之间进行交易的经营模式，类似于农民把粮食卖给批发商。

C2C（customer to customer）模式：主要是个人（买家和卖家）之间进行交易的经营模式，类似于农民直接将粮食卖给消费者。

电子商务的应用不仅可以方便人们的生活，还可以有效地指导生产和消费。例如，在农产品收获季节，通过电子商务平台可以迅速将产品消息发布出去。互联网中众多的消费者可以获得消息并和生产者协商购销事宜。

## 6.3.3　即时通信

在即时通信方面，腾讯公司的 QQ 和微信占据了国内最大的市场。构建人际网络的主要目的就是与人沟通，以计算机网络为基础的互联网的主要功能之一也是信息交流。通过 QQ 和微信，人们不仅可以发布文字和图片信息，还可以传送文件甚至实现语音和视频的交流。在此基础上，QQ 的空间和微信的朋友圈还构成了社交网络，成为新兴的"自媒体"的一种表现形式。

通过"自媒体"[①]，任何人都可以轻松成为新闻的发布者，其发布的内容通常是作者的所见、所感，但也不排除一些虚假的、有违道德和法律的文章。这些内容的推送在某种程度上可以方便大家及时了解国内外新闻事件，但也会对我们的学习和工作造成干扰。此外，借助于微信平台的微商也成为电子商务的新形式。

---

① 在谢因波曼与克里斯威理斯提出的"We Media（自媒体）"研究报告中对"We Media"定义为："We Media 是普通大众经由数字科技强化，与全球知识体系相连之后的一种开始理解普通大众如何提供与分享他们自身的事实、新闻的途径。"

# 6.4 计算机病毒及防治

本节介绍计算机病毒的常识，使用户对计算机病毒有所认识，了解病毒的危害，增强防范意识，以保证计算机系统的正常工作。

## 6.4.1 计算机病毒的分类

和日常使用的软件一样，计算机病毒也是一种程序，以窃取用户信息、破坏计算机系统甚至损毁硬件为目的。

病毒侵入某台计算机后，不仅会在这台计算机中迅速复制并感染文件，在网络环境下还会传播到其他计算机中。这种行为就像生物病毒侵入生物体并在生物体内及生物体间传染一样，病毒一词就是由此而得名。

本书1.4.2节已对计算机病毒进行了简单介绍，本节再对其分类、危害及日常防治进行深入阐述。

计算机病毒有多种划分方法，按病毒的传染途径可将其划分为以下五大类。

（1）引导型病毒

引导型病毒隐藏在硬盘或U盘的引导区中，利用系统引导的漏洞侵入系统。病毒修改引导程序，先将病毒载入内存然后再去引导系统。这样就使病毒驻留在内存中，然后进行感染和破坏活动。引导型病毒在MS-DOS时代特别猖獗，典型的有大麻病毒、小球病毒等。

（2）文件型病毒

文件型病毒主要感染可执行文件（.com、.exe、.sys等）和数据文件。文件型病毒通常寄生在文件的首部或尾部，并修改文件的第一条指令，当用户执行感染病毒的可执行文件时，病毒就获得了控制权，执行大量操作，并进行自我复制。

在MS-DOS时代，文件型病毒一度非常活跃，如1575/1591病毒等，曾经大名鼎鼎的CIH病毒也是一种文件型病毒。

文件型病毒还有生成很多变体，这些变体在每次传染时都会改变程序代码的特征，使病毒程序每次都呈现不同的形态，以防止杀毒软件的查杀。

（3）混合型病毒

混合型病毒是指兼有引导型和文件型病毒的特征，能够通过以上两种方式进行传染。例如有些病毒可以传染磁盘的引导区，也可以传染可执行文件。典型的有新世纪病毒、Flip病毒和One-half病毒等。

（4）宏病毒

宏是微软为其Office办公软件设计的一个特殊功能，以使得一些重复的工作简单化和自动化。宏病毒是一种寄存于文档或模板的宏中的病毒。一旦打开感染了宏病毒的文档，宏病毒就会被激活并驻留在Normal模板中，以后所有自动保存的文档都会被感染上这种宏病毒。例如，Macro/Concept、Macro/Atoms等宏病毒感染.doc文件。宏病毒也可衍生出各种变形变种病毒。

（5）网络病毒

网络病毒借助网络不断查找有安全漏洞的计算机，一旦检测到有漏洞，就入侵并驻留其中。木马病毒、蠕虫病毒和邮件病毒都是属于网络病毒，其特点是传染力强、破坏性大、传播迅速。

## 6.4.2　病毒的危害与防治

本节介绍了计算机病毒对系统和数据的危害，提示用户不仅要使用各类杀毒软件和防火墙来保护计算机系统，更要从安全意识的角度来提高警惕，不可松懈大意。

### 1. 计算机病毒的主要危害

计算机病毒对计算机系统的危害程度，从早期对单台计算机系统资源的破坏，发展到如今对全球计算机网络安全都构成了极大的危害，主要表现为：

（1）直接破坏数据

大部分病毒会直接破坏计算机系统的重要数据，如格式化磁盘、改写文件分配表和目录区、删除重要文件等。

（2）非法侵占磁盘空间

病毒也是一个程序代码，或多或少要占用一部分磁盘空间。

引导型病毒为了驻留在磁盘引导区，需要把原来的引导区搬迁到其他扇区，致使被覆盖扇区的数据丢失。

文件型病毒把病毒代码写入其他文件中，也将导致被感染文件的体积增大，造成非法占据大量磁盘空间。

（3）抢占系统资源、干扰计算机运行

大多数病毒在发作时都抢占内存并逐渐消耗，使其他合法程序无法正常运行。病毒激活后，还要与其他程序争夺CPU和其他资源，影响计算机正常工作，主要表现为系统运行缓慢、窗口或系统被自动关闭、鼠标指针自行移动等。

### 2. 计算机病毒的预防

计算机病毒严重影响了人们正常使用计算机，它所造成的有形损失和无形损失都是难以估量的。

计算机病毒防治的关键是做好预防工作，制定切实可行的预防病毒的管理措施，并严格地贯彻执行。除1.4.2节介绍到的防范措施外，在日常工作、生活中我们要注意以下几点：

① 使用正版软件，不随意复制、使用来历不明及未经安全检测的软件。

② 建立、健全各种切实可行的预防管理规章、制度及紧急情况处理的预案措施。

③ 严格管理网络核心设备特别是服务器及信息系统，合理部署安全设备，及时更新操作系统、安装各类补丁程序。

④ 重要数据要定期与不定期地进行备份。

⑤ 严格规范用户的访问权限和访问行为。

⑥ 注意观察和记录计算机系统及网络系统的运行状况，形成日志，及时更新杀毒软件和病毒库。

目前国内常用的杀毒软件有瑞星、金山、360等。个人用户可以在自己的计算机上安装杀毒软件进行查杀；集团用户可以使用网络版或多用户版杀毒软件，在集团内部安装专用的病毒服务器，便于集中管理。

# 6.5 案 例

本节介绍计算机网络的一些应用和病毒的查杀案例，在这些案例中会给出相应的操作步骤，帮助初学者了解和熟悉相关知识点。

### 案例1 安装暑期宽带

#### 1. 场景要求

经过了高中三年的辛勤努力，经过了忐忑不安的等待，郑洁同学终于收到了她期盼已久的大学录取通知书，准备过一个愉快而充实的暑假了。

为了表彰郑洁的努力，同时也是应郑洁本人的强烈要求，郑洁的父母答应在家里安装宽带，并交代她自己去办理这件事。

#### 2. 设计思路

得到父母的许可后，郑洁马上开始了解宽带的安装过程。考虑到家里已经安装了电信的电话，经过多方咨询，郑洁选择了电信的暑期宽带。

#### 3. 过程实现

为了具体了解宽带的安装，郑洁拨打了电信的咨询电话10000，客服人员向郑洁介绍了暑期宽带的资费标准和安装过程。

首先，使用电话线接入网络可分为普通电话拨号、ISDN（integrated services digital network，综合业务数字网）和ADSL等。现在的主流技术是ADSL（asymmetric digital subscriber line，非对称数字用户线路），采用分频的技术把电话线路分为电话、上行和下行三个相对独立的信道，其非对称性表现在不同的上下行速率。

其次，使用ADSL上网需要在原有的电话线路上加装分离器，从分离器分别连接电话和专用的ADSL调制解调器，再通过网线把调制解调器和计算机的网卡连接起来。ADSL接入的网络拓扑结构如图6-16所示。

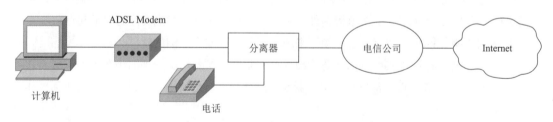

图 6-16 ADSL 接入方式

连接完成后，还需要在Windows操作系统中安装拨号软件（如"星空极速"），最后在"星空极速"拨号窗口中输入用户名和密码即可访问Internet了。

#### 4. 项目点评

对于大部分家庭用户，都已经安装了电信所提供的电话线路，可以很容易地利用现有线路安装宽带。但由于计算机中所传输的信号是数字信号，所以需要一个专用的调制解调器；又因为需要在电话线路传输不同的信号，所以还需要一个信号分离器。

**5. 拓展练习**

现在有些小区使用LAN接入的方式，通过双绞线或光纤接入到用户住宅或宿舍，请思考一下这时候应该使用什么网络设备接入？

## 案例2　资源下载

**1. 场景要求**

在宿舍开通网络后，郑洁终于可以在宿舍上网了。郑洁是学英语专业的，她想把网上很多听力练习的音频和原版的电影下载到自己的计算机中，以方便学习。

**2. 设计思路**

把网络上的资源保存到本地计算机的过程称为下载。最简单的下载方式是使用浏览器直接下载，操作方法如下：

① 将鼠标指针移动到下载链接上，右击，会弹出快捷菜单。

② 选择"目标另存为"命令，在弹出的"另存为"对话框中为要下载的文件选择保存位置即可，如图6-17所示。

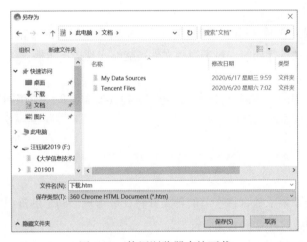

图 6-17　使用浏览器直接下载

使用一段时间后，郑洁发现使用这种方式只适合下载小文件。如果下载的文件比较大，一方面速度较慢，另一方面一旦网络中断，下载也会失败，下次下载只能重新开始。有没有什么办法能够提高下载的效率呢？

**3. 过程实现**

为了解决这个问题，需要使用断点续传工具，这是专门为从Internet上下载文件而设计的软件，具有三个主要的优点：

① 能够暂存下载的文件。

② 能够记录下载文件的URL。

③ 使用多点连接（分段下载）技术。

一旦下载出现了中断，断点续传工具能够将已下载的部分暂存下来，用户在下一次下载时可以继续从断点处开始下载。同时，此类工具还能够充分利用网络带宽，将一个文件分成若干段同时下载。

现在常用的下载工具有迅雷等。下面是郑洁使用迅雷7下载文件的过程。

首先到迅雷的官方网站下载迅雷软件，安装完成后运行，打开迅雷的主窗口。在图6-18所示窗口中可以对迅雷进行设置，主要包括设定下载文件的存放路径、下载模式、同时下载的文件数等。

图 6-18　使用迅雷进行下载

### 4. 项目点评

目前的各类下载工具不仅都能支持断点续传、充分利用网络的带宽，还具有离线下载、定时下载、下载完成后关机等功能，对于视频文件还能够实现边下边播。

### 5. 拓展练习

网络的带宽是有限的，下载软件时势必会影响到其他应用程序使用网络，请思考如何设定可以平衡、协调各程序对网络的使用？

## 案例3　宿舍共享

### 1. 场景要求

郑洁的计算机中积累了数百吉字节的各类资料，成为班上同学的资源宝库，同学们经常拿着U盘、移动硬盘到她的计算机上复制资料。

郑洁想，用U盘复制，又慢又不方便，有什么更好的办法能够让大家方便地从自己的计算机上获取资料呢？有很多同学是有计算机的，也连接了网线，只是没有办理上网手续，能不能利用这现有的网络呢？

### 2. 设计思路

计算机网络的重要功能之一就是资源共享，可共享的资源包括硬件和软件，如打印机、磁盘和文件等，甚至应用程序，可以使用有线网卡、无线网卡、蓝牙和红外等连接方式实现共享。

### 3. 过程实现

以下简单介绍如何在Windows 10环境下实现文件共享。在该场景中有两台计算机，其中A机作为服务方提供共享，B机作为用户方使用A机所提供的共享。假定A、B机的主机名和IP地址如图6-19所示。

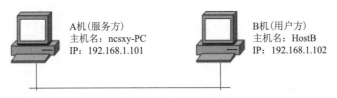

A机（服务方）
主机名：ncsxy-PC
IP：192.168.1.101

B机（用户方）
主机名：HostB
IP：192.168.1.102

图 6-19　Windows 10 局域网共享示例

在局域网中共享是指一方将某些资源（可以是硬件、软件或数据等）共享出来，可以将其理解为服务方将自家中某些资源共享出来，用户方要使用的时候就必须知道服务方的地址及打开门的钥匙。以下分别介绍实现共享双方所需要完成的工作。

（1）服务方工作

① 将本机的计算机名或 IP 地址告知用户，以便对方寻址。

可以在桌面"计算机"的图标上右击，在弹出的快捷菜单中选择"属性"命令，或直接使用组合键【Win + Pause】，打开新窗口，在"计算机名称、域和工作组设置"组中显示计算机名。图 6-20 中显示的台计算机的名称为 LAPTOP-3RSVJAH9，工作组为 WORKGROUP。

图 6-20　系统信息（计算机名）

Windows 10 系统下默认的工作组是 WORKGROUP，如果共享双方的工作组名不一致，需要在图 6-21 所示的系统信息左侧栏中单击"高级系统设置"，将会弹出"系统属性"对话框，选择"计算机名"选项卡，单击右下方的"更改"按钮，在新弹出的"计算机名/域更改"对话框中重新设置工作组或域的名称。

依次打开"控制面板"→"网络和共享中心"→"更改适配器设置"，在相应的网卡上双击，选择详细信息，在 IPv4 地址所对应的值中可以查看到这台计算机的 IP 地址。图 6-22 中显示这台计算机的 IP 地址为 192.168.1.101。

图 6-21 计算机名 / 域更改

图 6-22 查看 IP 地址

② 设置用户名和密码。

为了能让用户进入计算机访问相应的文件或其他资源，需要对用户进行授权，为访问这台计算机的用户设置用户名和密码。默认情况下，在 Windows 10 系统中最高权限的用户是 Administrator（管理员）。为方便起见，可以直接用管理员的账号登录，虽然这会产生很多不安全的隐患。

在"开始"菜单选中"设置"，在新窗口中选择左侧的"登录选项"，选择"密码"，单击"添加"按钮，如图 6-23 所示。

图 6-23 添加密码

接下来按要求两次输入密码后密码即可生效，如图 6-24 所示。

③ 创建共享文件夹，将需要共享的文件放在此文件夹中。

例如，在 E 盘创建文件夹 share，在该文件夹中放置待共享的文件。在该文件夹上右击弹出快捷菜单，依次选择"授予访问权限"→"特定用户"命令，打开"网络访问"窗口，如

图6-25所示，在该窗口中设置权限。

图 6-24　为 Administrator 设置密码　　　　　　　　　　图 6-25　设置权限

（2）用户方工作

① 根据服务方的主机名或IP地址找到目标。

可以双击桌面上的"网络"图标，打开局域网中同一工作组的列表，会显示包括服务方主机在内的所有计算机。

也可以在地址栏中直接输入服务方的计算机名或IP地址（需加上\\的前缀，表示网络路径），如\\LAPTOP-3RSVJAH9或\\192.168.1.101，直接打开服务方的计算机而不是列出所有计算机。

② 取得授权。

双击目标机后，系统将弹出"Windows安全"对话框，要求输入服务方的用户名和密码。如果需要经常访问服务方所提供的共享资源，可以选择下方"记住我的凭据"复选框，这样就不需要每次都输入用户名和密码了。

③ 享用资源。

这时候，用户就可以使用服务方的共享资源了。打开相应的文件夹，可以读取或复制其中的文件；如果有足够的权限，还可以对该文件夹进行"写入"操作，如删除文件和文件夹等。

4．项目点评

在局域网中，可以通过设置共享的方法来让其他用户使用本计算机上的资源，可以共享的资源不仅仅包括文件，还可以是打印机等，设置的方法类似。

5．拓展练习

对于一些重要而敏感的资源，可能只能对特定用户开放，这时候需要对特定的用户授权允许访问特定的资源，未授权的用户是不能访问的，应如何设置？

另外，用户可能需要经常访问网络中的某些共享资源，如果每次都通过"网上邻居"去查找将会非常麻烦，有没有可能可以把远程的资源设置成本地的一个磁盘或者文件夹，方便用户的使用？

### 案例4 无线互联

#### 1. 场景要求

转眼几个学期过去，郑洁凭着她高超的计算机水平和为同学服务的热情，已经成了学院计算机协会的会长，协会的工作也得到了学校的认可。为了更好地开展工作，学校特别安排了两间办公室作为协会的办公场地。

这天，郑洁高高兴兴地来考察这两间办公室，准备研究下怎么好好利用这得来不易的空间，把协会的工作做得更好。这两间办公室都是空房间，虽说面积不大，但放些桌椅和文件柜肯定是没问题的，可是，郑洁发现一个很严重的问题：那就是这每间房间里都只有一个网络信息插座，而作为计算机协会，少不了的就是计算机，如果这些计算机都接上网线，那岂不是到处都是线缆？影响美观不说，使用起来也不方便。郑洁又想，现在同学们用的大多是笔记本式计算机，也经常用智能手机上网，有线用起来不方便，那不如改无线好了。

#### 2. 设计思路

无线网络可以作为有线网络的扩展，用于不方便布线和密集布线的场合。相对于有线网络，无线网络的组建更加灵活，扩展性也更强，使用更加方便。用户只需要在有线网络节点上设置一个无线访问点，那么在这个访问点的覆盖区域中，人们就可以利用无线设备（如笔记本式计算机、平板电脑、智能手机等）访问了。

#### 3. 过程实现

通常情况下，无线路由器使用WAN接口连接至外部网络，使用LAN接口通过双绞线连接内部网络，使用无线电波提供无线连接。新购置的无线路由器通常需要设置IP地址、DHCP、无线名称和加密等信息。

（1）连接到路由器

将无线路由器插上电源后，可以使用一条双绞线连接计算机和无线路由器的LAN接口。由于无线路由器默认启用了DHCP，因此只需要把网卡设置为"自动获得IP地址"即可。

然后打开浏览器，输入无线路由器的管理地址（可以在无线路由器上粘贴的标签或说明书中找到），可以看到图6-26所示的设置向导界面。用户既可以按设置向导的提示完成配置，也可以通过左侧窗口的链接进行操作。

图 6-26　无线路由器设置向导

（2）配置WAN接口

WAN接口需要配置的参数主要包括连接方式、网关和DNS服务器地址等，如图6-27所示。

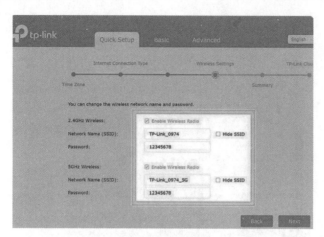

图 6-27 WAN 口设置

在左侧栏中选择"网络参数"中的"WAN口设置"，在右侧"WAN口连接类型"中有三个选择，分别是"静态IP""动态IP""PPPoE"，以及下面的各个参数，都需要咨询本地的网络管理员。如果是PPPoE方式，还需要输入运营商所提供的用户名和密码。

（3）配置LAN接口

LAN接口的地址也就是内网中计算机的网关地址，可以自行设置，如图6-28所示。

图 6-28 LAN 口设置

（4）配置DHCP服务

在当今的互联网中，每一台上网的计算机都需要一个IP地址，这些IP地址可以由管理员手工分配，也可以动态获取。DHCP（dynamic host configuration protocol，动态主机配置协议）就可以用来给网络中客户机分配动态的IP地址、网关、DNS等信息。试想下，例如餐厅这样人员流动的场合，总不能由管理员手工为每一位前来就餐的顾客来分配IP地址，这就需要使用到DHCP。

在图6-29所示的DHCP服务中，还有一个"地址租期"的参数，这个参数指的是网络设备一旦获得了IP地址，可以使用这个IP地址的时间。对于类似餐厅这样的场合，我们希望顾客离开之后就把这个IP地址释放出来，以便其他新顾客使用，所以可以把这个参数设得比较小，例如5 min。

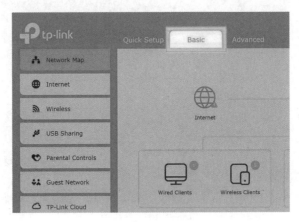

图 6-29　DHCP 服务

（5）配置无线网络

每个无线网络都有自己的名称，称为SSID（service set identifier，服务集标识）。图6-30所示为设置无线网络的名称及工作模式。

图 6-30　无线网络基本设置

SSID广播默认是开启的，这便于人们搜索到这个无线网络。当然它也可以关闭，这样做的好处是增强了安全性：只有知道这个无线网络的人才可以使用它，不知道的人是搜索不到它的。

为了进一步增强无线网络的安全性，还需要为它设置加密方式和复杂的密码，如图6-31所示。

WEP（wired equivalent privacy，有线等效保密）协议是对在两台设备间无线传输的数据进行加密的方式，用以防止非法用户窃听或侵入无线网络。WPA（Wi-Fi protected access，Wi-Fi网络安全接入）是一种保护无线网络安全的系统，有WPA和WPA2两个标准，替代了安全性不足的 WEP。

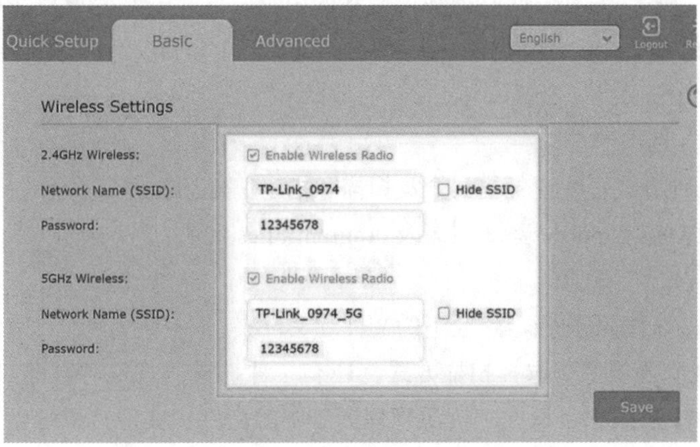

图 6-31　设置无线加密

### 4. 项目点评

无线网络已在人们日常生活中被广泛使用，如家庭和办公场所，在公共场所也有很多免费的无线热点

无线网络使人们的生活更加便利，但也使得我们的各种设备暴露在无所不在的无线网络中。别有用心者更可能架设非法的无线网络，盗取我们的各种资料甚至银行密码等。

### 5. 拓展练习

目前虽然说 Wi-Fi 的使用越来越普遍，但仍然存在覆盖范围小、衰减大、信号不稳定的情况。而另一方面，从 2G 到 3G、4G 直至今天的 5G，运营商在不断改进自己的通信技术，提供越来越高的通信带宽，资费标准也在不断地降低。无线通信的实现可使用 Wi-Fi 或运营商提供的流量套餐。在未来，如果运营商能提供资费足够低、带宽足够大、流量充足的套餐，Wi-Fi 会不会消亡？

## 案例5　病毒查杀

### 1. 场景要求

有一天，郑洁的计算机变得异常缓慢，运行程序动不动就变得没有响应，鼠标指针在屏幕上只能艰难地移动，硬盘也时不时发出"咔咔"的异响，还时不时地出现蓝屏和重启。

### 2. 设计思路

郑洁这时候已经是一个比较有经验的计算机使用者了，经过简单的测试之后，她得出了判断：病毒把她的计算机感染了。

### 3. 过程实现

下面以目前在国内使用较多的杀毒软件 360 杀毒（版本号为 V 2.0.1.2033）为例介绍杀毒软件的使用。

（1）创建一个"干净"的系统环境

郑洁首先把自己的资料移动到同学的计算机上，然后对硬盘进行重新分区，对所有的驱动器全部格式化，然后用正版光盘重新安装了操作系统。

（2）下载并安装杀毒软件

郑洁到360杀毒软件的官方网站下载了最新的杀毒软件。安装完成后在桌面右下角生成了一个盾牌形的图标。右击该图标，选择"打开360杀毒主窗口"。

主窗口中有四个选项卡，下面依次进行简单介绍。

① "病毒查杀"选项卡。

病毒查杀有三种方式：快速扫描、全盘扫描和指定位置扫描。

快速扫描：只扫描 Windows 系统目录及 Program Files 目录。

全盘扫描：扫描所有磁盘。

指定位置扫描：扫描用户指定路径下的文件和文件夹。

用户可以在这个选项卡下选择扫描方式。还有一种扫描方式是"右键扫描"，该功能被集成到右键快捷菜单中。用户可以在"资源管理器"中的文件、文件夹或磁盘分区上右击，选择"使用360杀毒扫描"对其进行扫描。

② "实时防护"选项卡。

实时防护是指即时的防护。杀毒软件常驻于系统中，监视可能的恶意访问，在文件被访问时对文件进行扫描，及时拦截活动的病毒。

文件系统防护：实时监控系统中的文件访问，拦截恶意程序。

聊天软件防护：即时扫描聊天软件接收的文件是否安全。

下载软件防护：即时扫描下载工具下载的文件是否安全。

U盘病毒防护：阻止恶意程序从U盘运行。

③ "产品升级"选项卡。

由于每天都会有新的病毒产生，因此杀毒软件也必须经常进行更新，以有能力查杀新的病毒。

基本上所有的杀毒软件都具有自动升级功能。如果用户的计算机能接入到互联网，安装在用户计算机上的杀毒软件会自动检测服务器上的软件版本，如果发现有新版本，用户计算机将自动连接到服务器进行更新和安装。

如果不能连接到网络，用户也可以先在其他场所下载最新的杀毒引擎和病毒库，用U盘复制到计算机上进行升级安装。

④ "工具大全"选项卡。

工具大全中主要是各类系统管理和优化工具，主要包括以下几个：

文件粉碎机：可以删除一些用普通方法无法删除的文件，也可以用来摧毁文件，避免机密文件被恢复。

开机加速：可用来修改、调整开机启动项及系统服务项，以加快系统启动速度。

进程管理器：查看程序运行状态和系统资源的使用状态，作用类似于Windows下的任务管理器。

流量监控器：用于查看、管理各个应用程序对网络带宽的占用情况，根据需要进行调整和优化。

电脑垃圾清理：用于清理系统中无用的垃圾文件，包括系统临时文件、缓存文件、回收站中的文件等。

360杀毒软件安装完成后，郑洁把自己的文件从同学的计算机中移动回来，先对计算机进行了一次全盘扫描，然后把自己和同学的U盘、移动硬盘和手机卡等统统扫描了一次，还真的扫描出了不少病毒。虽然在扫描的过程中有不少文件由于感染了病毒被360杀毒无情地删除，但郑洁还是很高兴，因为她终于可以安全地上网和使用计算机了。

### 4. 项目点评

杀毒软件能够有效地防护文件和系统不受病毒的感染，但杀毒软件也不是万能的，一方面用户要经常升级杀毒软件，以应对新的病毒；另一方面，用户在使用计算机和网络的时候，也应该养成良好的习惯，不要随意访问不安全的网站，也不要随意打开可疑的文件和邮件附件等。

### 5. 拓展练习

使用杀毒软件时可以配合使用防火墙，防火墙可以有效地阻止病毒和入侵者的攻击，几乎所有杀毒软件厂商都有相应的防火墙产品。但不同厂家的产品之间都似乎存在兼容性问题，如果用户使用A公司的杀毒软件，同时使用B公司的防火墙，有可能会出现系统运行缓慢、出现异常错误等情形。

大家务必注意保护自己的U盘和移动硬盘，特别是对于在外面不安全场合（如打印店）下使用过的U盘，要利用杀毒软件进行查杀后再使用。

## 案例6  防火墙应用

### 1. 场景描述

5月的一天，郑洁打开计算机，正要继续完成她的课程作业，可是计算机上突然弹出一个图6-32所示的窗口。

图6-32  WannaCry病毒窗口

**2. 设计思路**

WannaCry病毒是利用Windows操作系统中445端口存在的漏洞进行传播，并具有自我复制、主动传播的特性，入侵后会对计算机中的几乎所有的文件进行加密，加密后文件的扩展名变为.wncry，并在用户桌面上弹出勒索对话框。

那么什么是端口呢？在计算机网络体系结构的传输层中有两个重要的协议：TCP（传输控制协议）和UDP（用户数据报协议），它们使用不同的端口分别运行不同的应用程序。一台计算机可以提供很多服务，这些服务是根据不同的商品号来区分的，如Web服务就是使用TCP的80端口。而445端口本来是用来实现Windows文件和打印机共享的，但也被黑客用来攻击和入侵。

**3. 过程实现**

防火墙是一种安全设备，通常位于内外网（安全区和非安全区）之间，对经过防火墙的数据流进行过滤，根据预先所设定的规则允许或拒绝特定的数据。防火墙分为硬件防火墙和软件防火墙两种。Windows防火墙集成在Windows操作系统中，有效提高系统的安全性。要防止勒索病毒的入侵，首先要关闭Windows系统的445端口。

具体操作方法如下：

① 在控制面板中打开防火墙，如图6-33所示。

图6-33　Windows防火墙

② 确保启用防火墙。

选择"启用或关闭Windows Defender防火墙"，为"专用网络设置"和"公用网络设置"启用防火墙，如图6-34所示，单击"确定"按钮。

图 6-34　启用 Windows 防火墙

## 4．设置规则

继续在图6-33中选择"高级设置"，在弹出的"高级安全Windows Defender防火墙"窗口中，选择左侧栏中"入站规则"，再选择右侧栏中"新建规则"，如图6-35所示。

图 6-35　高级安全 Windows Defender 防火墙

弹出"新建入站规则向导"对话框，如图6-36所示，选择"端口"单选按钮，单击"下一步"按钮。

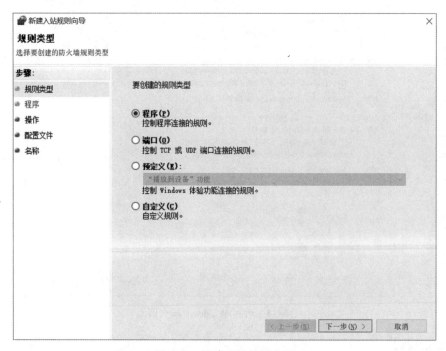

图 6-36　新建入站规则向导

选择"特定本地端口"单选按钮，如图6-37所示，输入445，单击"下一步"按钮。

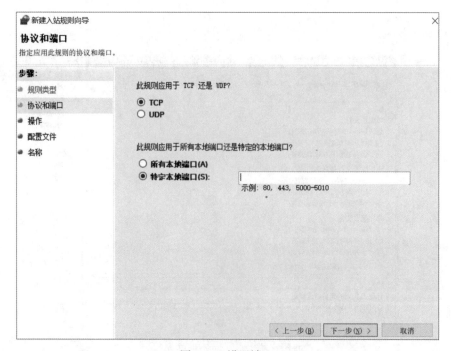

图 6-37　设置端口

如图6-38所示，选择"阻止连接"单选按钮，单击"下一步"按钮。

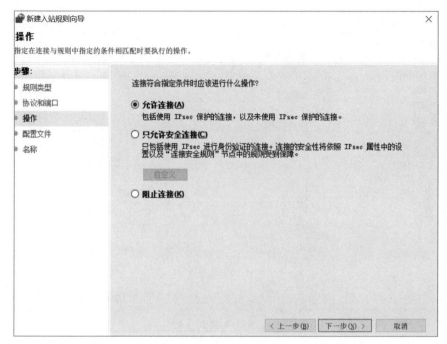

图 6-38 指定操作

全选（包括"域""专用""公用"），如图6-39所示，单击"下一步"按钮。

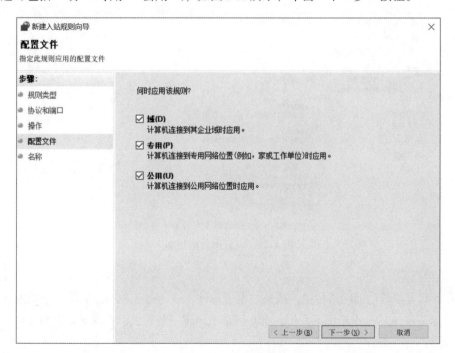

图 6-39 应用规则

为规则命名，"名称"栏可以自定，如445，如图6-40所示，单击"完成"按钮。

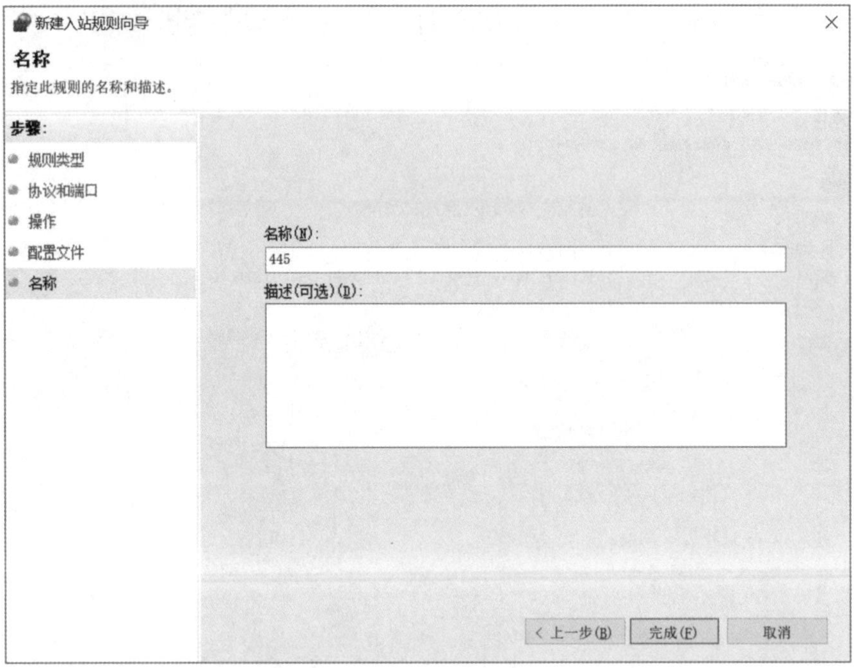

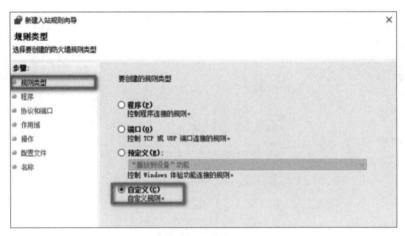

图 6-40　为规则命名

完成规则添加后，可在"高级安全Windows Defender防火墙"的入站规则列表中查看到这条规则，规则名称前的禁止标志说明这是一条用于阻止连接的规则，如图6-41所示。

图 6-41　查看添加的规则

5. 项目点评

现在的病毒都能借助网络传播，或通过电子邮件，或通过各种网络应用及系统漏洞。最初的蠕虫病毒是在DOS操作系统下发作，会在屏幕上出现一条软虫，吞噬屏幕上的文字或改变其形状。

在2017年5月份爆发的WannaCry病毒之后，新一轮Petya勒索病毒变种又出现了。新病毒变种的传播速度达到每10分钟感染5 000余台计算机，欧洲国家成为重灾区。值得注意的是，这种病毒同样适用Windows系统下的445端口。

要预防这种蠕虫病毒，一方面要打开Windows防火墙并做相应的设置，另一方面还要注意及时更新操作系统的补丁，再配合相关厂商提供的安全工具，加上用户正确的计算机操作，是可以应对这些病毒和攻击的。

6. 拓展练习

请大家尝试使用Windows防火墙配置规则，禁止自己访问Web站点（提示：应使用"高级安全Windows防火墙"中的出站规则，禁止访问远程站点的TCP中80端口）。

# 6.6　操　作　题

1. 实验要求

掌握计算机互联网的运用。

2. 实验内容

① 使用百度搜索关键字"南昌商学院"，根据搜索结果打开南昌商学院的网站，将其设置为首页，并将首页另存于桌面。

② 在D盘新建名为"共享"的文件夹，为此文件夹设置共享，共享名为share，允许网络用户通过网上邻居访问该文件夹并向此文件夹中添加文件。

# 习　　题

一、单选题

1. 电子邮件只能有一个收件人，不能同时发送给多人。这种说法是（　　）的。

　　A. 正确　　　　　　　　　　　　B. 错误

2. 如果要同时发送邮件给多个收件人，可以在收件人地址栏中用（　　）将邮箱地址隔开。

　　A. 顿号　　　　　B. 逗号　　　　　C. 分号　　　　　D. 单引号

3. 在学校某个机房中，常用的计算机网络拓扑结构是（　　）。

　　A. 环状　　　　　B. 总线　　　　　C. 星状　　　　　D. 树状

4. 一台计算机要接入网络所必须使用的硬件是（　　）。

　　A. 调制解调器或网卡　　　　　　B. 操作系统

　　C. 网线或电话线　　　　　　　　D. 浏览器

5. 下列各项中，不能作为IP地址的是（　　）。

　　A. 211.11.0.1　　　B. 133.4.4.2　　　C. 198.256.3.47　　　D. 159.145.5.34

6. 合法的电子邮件地址格式是（　　）。

　　A. 用户名@域名　　B. 用户名#域名　　C. 用户名~域名　　D. 用户名.域名

7. 现在计算机病毒传播最广的途径是通过（　　）。

　　A. U盘　　　　　B. 光盘　　　　　C. 硬盘　　　　　D. 网络

8. 扩展名（　　）能表示网页文件。

    A. .txt            B. .htm            C. .doc            D. .com

9. 计算机网络常用的无线传输介质有（　　）。

    A. 双绞线            B. 光纤            C. 电话线            D. 激光

10. 发送邮件需要使用到（　　）协议。

    A. IP            B. TCP            C. HTTP            D. SMTP

二、简答题

1. 什么是计算机网络？

2. 计算机网络中使用的传输介质有哪些？

3. 什么是IP地址？简述IP地址的分类特点。

4. 什么是搜索引擎？常用的搜索引擎有哪些？

5. 计算机网络的主要功能是什么？

6. 常用网络设备包括哪些？它们的主要功能是什么？

7. 什么是计算机病毒？

# 第7章

## 移动互联网应用

移动互联网应用多彩缤纷。娱乐、商务、信息服务等各种各样的应用开始渗入人们的基本生活。手机电视、视频通话、手机音乐下载、手机游戏、手机即时通信、移动搜索、移动支付等移动数据业务开始带给用户新的体验。本章从移动互联网应用背景出发，详细讲解移动互联网应用的相关产品，包括社交类移动应用、旅游类移动应用、可穿戴设备、师生宝移动应用软件等。

## ▎7.1 移动互联网概述

### 7.1.1 移动互联网的应用背景

#### 1. 智能手机的普及

智能手机是如今人们生活中必不可少的工具，人们不仅使用它来打电话，还要进行各种娱乐、消费交易。所谓的"吃喝玩乐衣食住行"等生活所需要的，都能通过智能手机来实现。这也是移动互联网崛起之后，带给人们最大的便利。

#### 2. 无线上网日趋便捷

Wi-Fi、5G这些无线互联网的产物在人们的生活中是常见的。我国无线宽带通信技术的发展非常迅速，技术也日趋成熟，人们对于无线网络的需要也日渐频繁。除运营商5G网络外，一些地方政府也开始推动免费无线上网服务，使得无线上网越来越方便。

据一份Wi-Fi联盟的数据显示，中国已经成为Wi-Fi需求量最大市场。Wi-Fi在中国的渗透率达到90%，目前Wi-Fi的覆盖范围扩展到了城市道路、景区、公交站台、购物商场、行政服务、交通枢纽、酒店、度假村、餐厅以及咖啡厅，很多人可以随时随地手机上网，市区商业中心尤为密集。现在，在城区或乡镇的人口密集区，提供免费无线上网或基于5G的无线网络服务变得越来越普及。

### 7.1.2 移动互联网的定义

移动互联网是移动和互联网融合的产物，继承了移动随时随地随身和互联网分享、开放、互动的优势，是整合二者优势的"升级版本"，即运营商提供无线接入，互联网企业提供各种成熟的应用。移动互联网被称为下一代互联网Web 3.0。移动互联网业务和应用包括移动环境下的网页浏览、文件下载、位置服务、在线游戏、视频浏览和下载等业务。随着宽带无线移动通信技术的进一步发展，移动互联网业务的发展将成为继宽带技术后互联网发展的又一个推动力，为互联网的发展提供一个新的平台，使得互联网更加普及，并以移动应用固有的随身性、可鉴权、可身份识别等独特优势，为传统的互联网类业务提供了新的发展空间和可持续发展的新商业模式；同时，移动互联网业务的发展为移动网带来了无尽的应用空间，促进了移动网络宽带化的深入发展。

## 7.1.3　移动互联网的特点

（1）便捷性

移动互联网的基础网络是一张立体的网络，GPRS、EDGE、5G和WLAN或Wi-Fi构成的无缝覆盖，使得移动终端具有通过上述任何形式方便连通网络的特性。

（2）便携性

移动互联网的基本载体是移动终端。顾名思义，这些移动终端不仅仅是智能手机、平板电脑，还有可能是智能眼镜、手表、服装、饰品等各类随身物品。它们属于人体穿戴的一部分，随时随地都可使用。

（3）即时性

由于有了上述便捷性和便利性，人们可以充分利用生活中、工作中的碎片化时间，接收和处理互联网的各类信息，不再担心有任何重要信息、时效信息被错过了。

（4）定向性

LBS即location based service，它是通过电信移动运营商的无线电通信网络或外部定位方式（如GPS）获取移动终端用户的位置信息，在地理信息系统的支持下，为用户提供相应服务的一种增值业务。基于LBS的位置服务，不仅能够定位移动终端所在的位置，甚至可以根据移动终端的趋向性，确定下一步可能去往的位置，使相关服务具有可靠的定位性和定向性。

（5）精准性

无论是什么样的移动终端，其个性化程度都相当高。尤其是智能手机，每一个电话号码都精确地指向了一个明确的个体。有的移动互联网能够针对不同的个体，提供更为精准的个性化服务。

（6）感触性

感触性不仅仅体现在移动终端屏幕的感触层面，更重要的是体现在照相、摄像、扫描二维码，以及重力感应、磁场感应、移动感应、温度湿度感应，甚至人体心电感应、血压感应、脉搏感应等无所不及的感触功能。

## 7.1.4　移动互联网的发展趋势

中国《移动互联网蓝皮书》认为，移动互联网在短短几年时间里，已渗透到社会生活的方方面面，产生了巨大影响，但它仍处在发展的早期，"变化"仍是它的主要特征，革新是它的主要趋势。未来其六大发展趋势如下：

（1）移动互联网超越PC互联网，引领发展新潮流

有线互联网是互联网的早期形态，移动互联网（无线互联网）是互联网的未来。PC只是互

联网的终端之一，智能手机、平板电脑、电子阅读器（电子书）已经成为重要终端，电视机、车载设备正在成为终端，冰箱、微波炉、抽油烟机、照相机，甚至眼镜、手表等穿戴之物，都可能成为泛终端。

（2）移动互联网和传统行业融合，催生新的应用模式

在移动互联网、云计算、物联网等新技术的推动下，传统行业与互联网的融合正在呈现出新的特点，平台和模式都发生了改变。这一方面可以作为业务推广的一种手段，如食品、餐饮、娱乐、航空、汽车、金融、家电等传统行业的 App 和企业推广平台，另一方面也重构了移动端的业务模式，如医疗、教育、旅游、交通、传媒等领域的业务改造。

（3）不同终端的用户体验更受重视

终端的支持是业务推广的生命线，随着移动互联网业务逐渐升温，移动终端解决方案也不断增多。2011 年主流的智能手机屏幕是 3.5～4.3 英寸，2012 年发展到 4.7～5.0 英寸，2017 年发展到 5.5 英寸，2019 年发展到 6.5 英寸，而平板电脑却以 mini 型为时髦。但是，不同大小屏幕的移动终端，其用户体验是不一样的，适应小屏幕的智能手机的网页应该轻便、轻质化，它承载的广告也必须适应这一要求。而目前，大量互联网业务迁移到手机上，为适应平板电脑、智能手机及不同操作系统，开发了不同的 App，HTML5 的自适应较好地解决了阅读体验问题，但是，还远未实现轻便、轻质、人性化，缺乏良好的用户体验。

（4）移动互联网商业模式多样化

成功的业务，需要成功的商业模式来支持。移动互联网业务的新特点为商业模式创新提供了空间。随着移动互联网发展进入快车道，网络、终端、用户等方面已经打好了坚实的基础，不盈利的情况已开始改变，移动互联网已融入主流生活与商业社会，货币化浪潮即将到来。移动游戏、移动广告、移动电子商务、移动视频等业务模式流量变现能力快速提升。

（5）用户期盼跨平台互通互联

不同品牌的智能手机，甚至不同品牌、类型的移动终端都能互联互通，是用户的期待，也是发展趋势。移动互联网时代是融合的时代，是设备与服务融合的时代，是产业间互相进入的时代，在这个时代，移动互联网业务参与主体的多样性是一个显著的特征。技术的发展降低了产业间以及产业链各个环节之间的技术和资金门槛，推动了传统电信业向电信、互联网、媒体、娱乐等产业融合的大 ICT（information and communication technology，信息与通信技术）产业的演进，原有的产业运作模式和竞争结构在新的形势下已经显得不合时宜。在产业融合和演进的过程中，不同产业原有的运作机制和资源配置方式都在改变，产生了更多新的市场空间和发展机遇。

（6）大数据挖掘成蓝海，精准营销潜力凸显

随着移动带宽技术的迅速提升，更多的传感设备、移动终端可随时随地接入网络，加之云计算、物联网等技术的带动，中国移动互联网也逐渐步入"大数据"时代。目前的移动互联网领域，仍然是以位置的精准营销为主，但未来随着大数据相关技术的发展，人们对数据挖掘的不断深入，针对用户个性化定制的应用服务和营销方式将成为发展趋势，它将是移动互联网的另一片蓝海。

# 7.2　社交类移动应用

## 7.2.1　移动社交概述

### 1. 移动社交的概念

移动社交是指用户以手机、平板电脑等移动终端为载体，以在线识别用户及交换信息技术为基础，按照流量计费，通过移动网络来实现的社交应用功能。移动社交不包括打电话、发短信等通信业务。与传统的 PC 端社交相比，移动社交具有人机交互、实时场景等特点，能够让用户随时随地创造并分享内容，让网络最大限度地服务于个人的现实生活。

### 2. 移动社交的分类

（1）移动社交从熟人社交走向兴趣社群

在移动互联网发展初期，移动社交应用主要是 PC 端社交网络在移动端的延续，基本继承了 PC 端的产品形态和内容，以熟人社交为主，基本目的是与好友保持联络，关注好友动态，共享生活资讯和内容。

随着移动端位置服务的不断发展成熟，基于位置的新型移动端社交应用兴起。这种社交关系存在较大弹性，用户可以在各种情景之下基于位置结交好友，加入基于位置信息的社群等。而用户的移动设备配置不断提升，多媒体功能变得日益强大，移动端的基于图片、视频等各种多媒体形式的兴趣社群也不断增加。因此，目前移动社交已经不仅仅局限于传统的熟人社交，陌生人社交、兴趣社交等成为新的社交形式，生机勃勃。例如，婚恋社交是以形成婚姻、恋爱关系为目的的社区交友活动，是一个拥有较长历史的细分社交类别，属于用户的刚性需求，目的性较强，对于特定用户来说具有强大的用户黏性。图 7-1 所示为按目的划分的移动社交分类图。

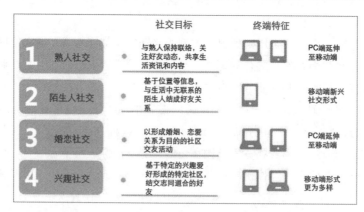

图 7-1　按目的划分的移动社交分类

（2）移动社交应用形式多样

论坛，全称为 bulletin board system（BBS，电子公告板），或者 bulletin board service（公告板服务），是互联网上的一种电子信息服务系统。它提供一块公共电子白板，用户可以在上面书写，可以发布信息或提出看法。它是一种交互性强、内容丰富而及时的互联网电子信息服务系统。用户在 BBS 站点上可以获得各种信息服务、发布信息、进行讨论、聊天等。

微博是一种允许用户及时更新简短文本并可以公开发布的微型博客。它允许任何人阅读或者只能由用户选择的群组阅读，逐渐发展成可以发送链接、图片、音频、视频等多媒体。发布终端包括网页、移动终端、短信等。

社交网络（SNS）是指以"互动交友"为基础，基于用户之间共同的兴趣、爱好、活动等，或者用户之间真实的人际关系，以实名或者非实名的方式，在网络平台上构建的一种综合性社会关系网络服务。

位置交友服务是基于LBS的一种社交服务。图7-2所示为按形式划分的移动社交分类图。

图 7-2 按形式划分的移动社交分类

## 7.2.2 移动社交App

### 1. 社交App介绍

（1）微信

微信是2011年1月由腾讯公司推出的新型网络社交软件，它为手机提供免费的即时通信服务，支持跨手机操作系统、跨通信运营商，通过网络快速发送语音短信、视频、图片和文字，支持多人群聊。它还提供了公众平台、朋友圈、消息推送等功能，用户可以通过"摇一摇""搜索号码""附近的人""扫二维码"等方式添加好友和关注公众平台，同时用户可以将内容分享给好友或将自己看到的精彩内容分享到朋友圈。

微信的特色功能包括语音消息转文字、边聊天还能相互定位、发信息自动推荐表情、外文消息翻译、收藏多条聊天记录、给好友添加文字和图片备注及图片墙、自动识别图片中的二维码、快速返回朋友圈顶部、聊天文件自动添加为邮件附件。例如，当约定出游找不到对方，或聚会找不到地方时，可以在聊天窗口下，选择"共享实时位置"邀请朋友一起晒出坐标，免去打电话的烦琐，如图7-3所示。

（2）手机QQ

QQ是由腾讯公司打造的移动互联网领航级手机应用。它是目前国内较为流行、普及面较广的社交软件。QQ手机版带来了全新的闪照、多彩气泡、原创表情、个性主题、游戏、阅读、数据线等功能，结合语音、视频、附近的人等热门应用，实现了更移动化的社交、娱乐与移动生活体验。

手机QQ特色功能包括一键将纸质名片变成电子名片、QQ钱包移动支付更方便、消息漫游。其中QQ钱包移动支付有三个入口：第一是单击QQ头像右边的二维码按钮，可以看到收钱（收款）和付款码的入口；第二是QQ钱包里面有付款码入口；第三是手机QQ右上角"+"按钮的"付款"功能里面也有"付款码"入口。

图 7-3　边聊天边相互定位

### 7.2.3　社交软件未来发展趋势

#### 1. 用户对社交App的需求

移动社交 App 成为移动网民上网的主要习惯之一。网络已成为生活和工作不可或缺的一个重要渠道。网络社交服务产业将是未来最具市场活力和发展潜力的一大产业。网络社交已成为人与外界交流的一条主要途径，成为人与人认识和交往的重要载体。而兴趣是引发人与人之间产生联系的可能，活动维持着人与人之间的关系，基于活动的兴趣社交是未来的发展趋势，这也是目前市场社交 App 所缺少的。

年轻一代有个性，爱玩新潮、爱冒险和刺激，喜欢一起活动，消费能力强，并且他们乐于接受新事物，爱好运动，热衷于通过社交网络来扩大自己的交际圈，而电子终端的交友方便快捷，又新奇好玩，十分适合年轻人，有着巨大的市场需求，所以很多社交类的 App 应运而生。

目前陌生人社交软件不在少数，没有强大的用户基础和定位不准确会使一些软件走向终点，轻度社交也是无法维持用户黏性的。目前社交的效率低、安全性、猎奇心理和打擦边球一直为人所诟病，使得用户黏性不足且无法把线上转换成线下。一个好的社交平台应该从一个好的角度去考虑，怎么通过自己的技术和特点让社交平台起到一个良好的作用，去平衡社交与生活之间的联系。

#### 2. 社交App设计的独特性

早期的社交行为多是为了维护某种关系，而随着社交活动的深入，人们越来越多为兴趣爱好选择合适的社交产品。换句话说，用户的需求从原始的关系维持到个人的自我追求，成为社交 App 开发方向的新引爆点，也是社交 App 的发展趋势之一。从兴趣爱好出发，可以有很多选择。尤其在当下，社交领域的可挖掘空间因为用户对社交 App 的需求而更加广阔。

移动互联网继承了互联网开放、共享的精神，创造出了越来越多的机会，而有机会，自然也有竞争，App 这个领域也不例外。当一个前所未有的新兴市场呈现，资本、企业、创业者都竞相模仿，角逐其中。然而，在这种统一模式的激烈竞争下，竞争者想要赢得胜利就需要创新，只有创新才具备改变的力量。创新不仅可以让应用本身更加完善和丰富，更可以给用户带来更好的服务和体验，从而真正推动整个市场的进步和成熟。

# 7.3　旅游类移动应用

## 7.3.1　旅游类移动应用介绍

旅游业在近年来的发展十分迅猛。随着社会福利逐步健全，我们有了很多规范的节假日。很多人会选择在节假日出游散心，这给旅游行业带来了很大的机会。在人们已经习惯依靠互联网来获取交通、住宿、景点等信息的时代，传统的出游方式受到了冲击，人们不再满足于跟团游，自由行成了更多人的选择。

如何解决自由行中遇到的种种问题呢？虽然提前查找攻略是个不错的选择，但是出门在外，总有意想不到的突发情况。而智能手机的发展让互联网延伸到了移动端。通过移动网络进行查阅、预订、购买已成为时下成熟的技术手段。消费者需要有更为便捷的应用出现，能够满足他们随时随地获得旅游相关的帮助和信息。例如，出行交通工具和酒店的预订以及景点的购票、部分景点详情的了解、当地风俗习惯和特色的信息等。

旅游类 App 也应运而生。当前，酒店、机票、景点等和旅游息息相关的信息，都存在临时变动的机制，用户需要及时了解这些信息，给自己的行程做调整，从用户体验的角度上来说，App 移动平台将成为未来更有竞争性的优势。通过 App，用户可以实时查询各种机票、酒店和旅游价格，并融入 LBS 定位和便捷的地图导航系统，方便用户出行过程中的查询、预订等需求。App 为用户提供专业的景点介绍，不仅有文字描述，还有配套的图片。融入评论系统的App 还能引导用户分享信息，增强游客与景点的互动性。

## 7.3.2　旅游类 App

### 1. 去哪儿旅行

去哪儿旅行是由去哪儿网推出的手机旅游出行导航应用，提供机场大巴、出租车等信息，同时提供机场天气查询，帮用户做足出行准备，如图7-4所示。

图 7-4　"去哪儿旅行"App 特色功能图

### 2. 携程旅行

携程旅行提供多种旅行产品预订服务，包括酒店、机票、火车票、汽车票、景点门票、用车、跟团游、周末游、自由行、自驾游、邮轮、游轮度假等。此外，还提供旅游攻略、旅游保险、旅行特惠等功能。

携程旅行以"智能化"方式切实解决旅行的一系列难题，包括旅行前制订出行计划、旅行中随时调整出行选择等，开启轻松的智能旅游。打开"排行程"，用户只需花费几秒时间选择"出发地""目的地""出行天数""出行时间"，一键提交，携程旅游即可快速呈现出一份完整的行程，如图7-5和图7-6所示。

图 7-5　定制行程

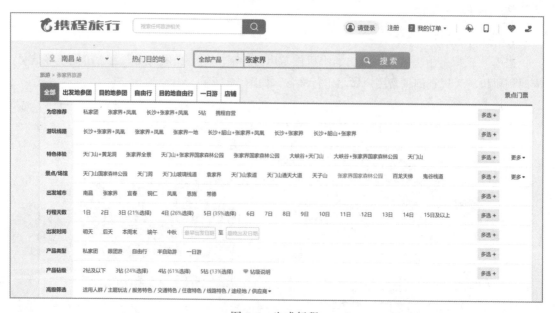

图 7-6　生成行程

### 3. 面包旅行

面包旅行是一款记录旅行轨迹、图文并茂分享旅行见闻、完整生成游记的旅行社交App，致力于通过移动互联网技术帮助人们更便捷地探索世界、发现精彩，享受个性化旅行的乐趣。同时在记录旅行的过程中，与全世界同样喜爱旅行的人们沟通交流，分享美好的体验和记忆，以行交友，如图7-7所示。

## 7.3.3　旅游软件未来发展趋势

（1）未来旅游市场会更细分

不同的人有截然不同的旅游想法。不同的身份、人生阶段以及生活水平直接影响着旅游方式的选择。有人只有坐车的钱也义无反顾前行，去体验不同的生活；有人即使温饱有余，仍有众多顾虑而放弃出

图 7-7　面包旅行

门的念头；也有人看山是山，看水是水，勇敢地尽情享受生命的温度。用户群体需求、看法的差异化，必然会导致旅游App的市场细分。

细分明显的表现是为某一群体的用户量身打造旅游软件。其中的旅游产品会更加直观和精准地推荐给App用户，从而快速形成品牌效应，提高曝光率、知名度等。垂直的旅游App会越来越明显，人们只要有住宿、交通预订、攻略查询、当地情况等需求，都可以下载对应的垂直手机应用。

（2）社交元素的融入

社交是人类社会无法绕开的话题。单纯的社交App在应用市场上所占的比例高，且受人们的喜爱。其他行业的产品融入社交元素逐渐普遍，尤其是旅游App。无论是跟团还是自助游，都离不开交流互动。社区圈子可以帮助旅游软件更加具有黏性，同时也能成为用户表达自我情绪、分享经历的平台。未来的旅游App，社交会是非常重要的一个元素。

（3）企业立体化竞争，App区分化运营

在移动端未兴起之前，PC端的旅游网站已经有不少树立了自身的品牌。但是在移动互联网的时代，旅游企业不能单纯地照搬，重要的是要有策略的区分运营。旅游市场的细分，需要多个旅游App的相互独立和联结，解决用户更多的旅游需求。同时，企业团队需要在App宣传、品牌推广等方面形成立体化的竞争。

（4）旅游App的功能设计突出而有特色

旅游市场细分后，同质化产品现象严重，但旅游App会从自身开始突破。旅游应用的核心功能将会更加突出，而不是众多功能没有重点。除了社交元素的增多，提高用户的操作体验同样是未来的方向之一。为了避免多层的交互以及页面的长时间等待反应，设计上会更加快捷简便。旅游产品如何在短时间内让用户解决需求是保证良好体验的关键。旅游App的设计将会更加重视这一问题。

同时，为有出游需求的用户精准提供有用且具有特色的信息能为产品增色不少。未来的旅游应用会重视产品特色。一些有特色的设计，会给用户意想不到的惊喜，也会让用户印象深刻，更容易回忆起来。这对提高用户黏度是非常有用的。

无论未来的旅游App开发如何发展，形式如何改变，都离不开用户体验的考察。旅游应用的所有改变都不能脱离丰富用户体验这一目的。只有好的体验，才能留住用户，才能有效达到产品的营销。App开发设计者从用户体验与需求上进行创新是未来重要的改变方向之一。

# 7.4  可穿戴设备

## 7.4.1  可穿戴设备概述

可穿戴设备泛指内嵌在服装中，或以饰品、随身佩带物品形态存在的电子通信类设备。具体来说，可穿戴设备是把信息的采集、记录、存储、显示、传输、分析、解决方案等功能与人们的日常穿戴相结合，成为穿戴的一部分，如衣服、帽子、眼镜、手环、手表、鞋子等。可穿戴设备具备两个特点：首先，它是一种拥有计算、存储或传输功能的硬件终端；其次，它创新性地将多媒体、传感器和无线通信等技术嵌入人们的衣着当中或使其更便于携带，并创造出颠覆式的应用和交互体验。可穿戴设备的产品形态如图7-8所示。

图 7-8  可穿戴设备的产品形态

## 7.4.2  可穿戴设备的分类与功能

### 1. 医疗与健康类可穿戴设备

技术让人们更容易监测健康状况，而且更便宜、方便，人们可以通过各种各样的健身追踪器和智能手表这些应用程序以及可穿戴设备来监测。

（1）Wello个人健康监测器

Wello把手机的零件变成个人健康监测器。用户只要拿一会儿Wello，传感器就能测量到人的心脏血压、心电率（ECG）、心率、血氧浓度、体温和肺部功能。

Wello里含有微电子-纳米传感器，会即时收到监测的效果成像和数据分析。Wello可做远程访问，与其他健康和健身设备连接，如计步器和睡眠跟踪器，并同步到现有的设备（如Fitbit或Jawbone Up），如图7-9所示。

（2）手腕系列

Basis Peak可以跟踪人们的运动、出汗情况、皮肤温度、心率情况。它可监测一系列的运动情况，如散步、骑自行车和跑步，它也可以通过监测佩戴者睡眠，捕获REM、视力、深睡眠的数据。

Peak防水系数5 ATM可以通过蓝牙与iOS或Android应用程序连接，并同步将用户每个活动或睡眠的所有记录数据传输到手机端，如图7-10所示。未来版本的更新将允许用户通过手机查看短信通知。

图 7-9　Wello 个人健康监测器

图 7-10　Peak 防水系数 5 ATM

### 2. 医疗与健康类可穿戴设备

（1）Striker Ⅱ头盔

英国的航太系统（BAE Systems）公布了搭载 Striker Ⅱ系统的军用头盔。借助夜视模式下的摄像头拍摄获取相关信息，收集的信息将会反馈到头盔的显示屏中。通过这样的方式，这个头盔实现了即便没有眼镜也具备夜视能力的功能。设备如图7-11所示。

（2）智能防弹衣

智能防弹衣采用模块式、可伸缩、可感应和暗藏等技术，使其不仅具备防弹功能，还能够让穿戴者成为一个移动的电路网。上面的插头可以用来连接数据并随时随地为智能穿戴设备提供电力支持。与此同时，如果一个插头坏了，还能迅速转换到另一插头中。考虑到战争的特殊性，这些插头无论是左边还是右边都很容易连接。设备如图7-12所示。

图 7-11　Striker Ⅱ头盔

图 7-12　智能防弹衣

### 3. 信息娱乐可穿戴设备

（1）Virglass

Virglass将定位为"随身IMAX 3D影院"，支持1 080 dpi（1 920×1 080）3D播放，虚拟画面尺寸甚至可达1 045英寸（相当于20 m处观看1 045英寸的3D巨幕）。

（2）索尼虚拟现实设备 Project Morpheus

日本索尼公司在社交媒体上宣布，虚拟现实头戴设备PlayStation VR2配置4K分辨率的高清显示屏，支持90 Hz或120 Hz的刷新频率，拥有110° 视角。该设备支持"注视点渲染"技术，从而减轻对游戏设备的负担（VR2将会使用索尼的PS5游戏机作为计算设备）。效果如图7-13所示。

图 7-13　索尼虚拟现实设备

### 7.4.3　可穿戴设备未来发展趋势

① 许多新型健康跟踪设备和智能手表纷纷亮相，对吸引消费者和流量起到了重要的促进作用。除了传统的手环、手表外，越来越多其他类型的产品开始进入可穿戴设备领域，包括智能戒指、与人体健康相关的可穿戴设备等。

② 可穿戴设备的卖点将聚焦于健康保健领域。尽管目前运动是可穿戴设备的主要关注点，但是在未来，重点将逐渐转移到健康保健领域。

③ 智能衣物已经出现，未来将会呈现出巨大的进步和市场。一些公司已经发布运动相关的周边产品，如智能运动鞋、智能运动衫等，这些产品能够跟踪用户步数、行走距离等。

④ 在未来，可穿戴设备产品的针对性和目标性会更强。届时，手机将成为一个大的中控平台，作为所有可穿戴技术设备的数据处理大本营。

⑤ VR技术成为科技界关注的焦点，与此同时，全息影像头盔也正迎来发展的春天。

## ▌ 习　　题

结合本章介绍的移动互联网产生的原因、背景与现状，思考如何通过移动互联网建立自己的品牌、深化自己的影响；如何依靠移动互联网更好地为企业和个人服务，为人们的生活和工作添加动力。